21世纪高等学校通识教育规划教材

Introduction to Python

Python基础入门

微课视频版

夏敏捷 宋宝卫 ◎ 编著

清华大学出版社
北京

内容简介

本书以 Python 3.7 为编程环境，基于基本的程序设计思想，逐步展开 Python 语言教学，是一本面向广大编程学习者的程序设计类图书。全书分为两篇，共 11 章。基础篇（第 1～9 章）主要讲解 Python 的基础语法知识、控制语句、函数、文件、面向对象编程基础、Tkinter 图形界面设计、网络编程和多线程、Python 数据库应用等知识，并以小游戏案例作为各章的阶段性任务。提高篇（第 10、11 章）介绍 Python 最流行的科学计算和可视化第三方库，最后讲解一个综合性案例——推箱子游戏。本书最大的特色在于以游戏开发案例为导向，让学习枯燥的 Python 语言充满乐趣，在开发过程中，读者自然而然地能学会这些枯燥的技术。书中不仅列出了完整的源代码，而且对所有的源代码进行了非常详细的解释，做到通俗易懂，图文并茂。

本书既可作为高等院校相关专业 Python 课程的教材，也可作为 Python 语言学习者、程序设计人员和游戏编程爱好者的参考用书。

图书在版编目(CIP)数据

Python 基础入门：微课视频版/夏敏捷，宋宝卫编著. —北京：清华大学出版社，2020.8（2022.1 重印）
（21 世纪高等学校通识教育规划教材）
ISBN 978-7-302-55512-4

Ⅰ. ①P… Ⅱ. ①夏… ②宋… Ⅲ. ①软件工具－程序设计 Ⅳ. ①TP311.561

中国版本图书馆 CIP 数据核字(2020)第 084286 号

策划编辑：魏江江
责任编辑：王冰飞
封面设计：刘 键
责任校对：白 蕾
责任印制：杨 艳

出版发行：清华大学出版社
网 址：http://www.tup.com.cn，http://www.wqbook.com
地 址：北京清华大学学研大厦 A 座　**邮 编**：100084
社 总 机：010-62770175　**邮 购**：010-83470235
投稿与读者服务：010-62776969，c-service@tup.tsinghua.edu.cn
质量反馈：010-62772015，zhiliang@tup.tsinghua.edu.cn
课件下载：http://www.tup.com.cn，010-83470236
印 装 者：三河市龙大印装有限公司
经 销：全国新华书店
开 本：185mm×260mm　**印 张**：18　**字 数**：430 千字
版 次：2020 年 9 月第 1 版　**印 次**：2022 年 1 月第 6 次印刷
印 数：10501～13500
定 价：39.80 元

产品编号：088186-01

前　言

Python 语言自从 20 世纪 90 年代初诞生至今，逐渐被广泛应用于处理系统管理任务和科学计算，是最受欢迎的程序设计语言之一。

学习编程是工程专业学生学习的重要部分。除了直接的应用外，学习编程还是了解计算机科学本质的方法。计算机科学对现代社会产生了毋庸置疑的影响。Python 是新兴程序设计语言，是一种解释型、面向对象、动态数据类型的高级程序设计语言。由于 Python 语言的简洁、易读以及可扩展性，在国外用 Python 做科学计算的研究机构日益增多。最近几年，随着社会需求的逐渐增加，许多高校纷纷开设 Python 程序设计课程。例如，卡内基·梅隆大学的编程基础、麻省理工学院的计算机科学及编程导论就使用 Python 语言讲授。

本书作者长期从事程序设计语言教学与应用开发，在长期的工作中，积累了丰富的经验，了解在学习编程的时候需要什么样的书，如何才能提高 Python 开发能力，如何以最少的时间投入得到最快的实际应用。

本书内容

基础篇（第 1～9 章）主要讲解 Python 的基础知识和面向对象编程基础、Tkinter 图形界面设计、网络编程和多线程、Python 数据库应用等知识，每章最后都有应用本章知识点的游戏案例，如猜数字、网络五子棋、扑克牌游戏等。

提高篇（第 10、11 章）介绍科学计算和可视化第三方库，最后讲解一个综合性案例——推箱子游戏。

本书特点

（1）Python 程序设计涉及的范围非常广泛，本书内容编排并不求全、求深，而是考虑零基础读者的接受能力，语言语法介绍以够用、实用和应用为原则，选择 Python 中必备、实用的知识进行讲解，强化程序思维能力培养。

（2）以小游戏案例作为每章的阶段性任务，游戏案例选取贴近生活，有助于提高学习兴趣。每款游戏案例均提供详细的设计思路。

（3）改变了传统教材以语言、语法学习为重点的缺陷，本书从基本的语言、语法学习上升到程序的“设计、算法、编程”层次。为了让学生更好地掌握程序开发思想、方法和算法，书中提供了大量简短精辟的案例代码，有助于初学者学习解决问题的精髓。

需要说明的是，学习编程是一个实践的过程，而不仅限于看书、看资料，亲自动手编写、调试程序才是至关重要的。通过实际的编程以及积极的思考，读者可以很快地积累并掌握许多宝贵的编程经验，这些编程经验对开发者尤其显得不可或缺。

本书由夏敏捷（中原工学院）和宋宝卫（郑州轻工业大学）主持编写，宋宝卫编写第 3 章，夏辉丽（郑州经贸学院）编写第 7 章，张锦歌（河南工业大学）编写第 8 章及参与校对工作，牛利月（中原工学院）编写第 9 章，其余章节由夏敏捷编写。

在本书的编写过程中，为确保内容的正确性，参阅了很多资料，并且得到了中原工学院计算机学院郑秋生教授和资深 Web 程序员的支持，在此谨向他们表示衷心的感谢。

本书提供丰富的配套资源，包括教学大纲、教学课件、电子教案、程序源码、在线作业、在线资源、上机实训和习题答案，扫描封底的课件二维码可以下载；本书还提供 400 分钟的微课视频，扫描书中对应位置的二维码可以在线学习。

需要本书源代码的读者，也可以扫描下方二维码获取。

源代码下载

由于编者水平有限，书中难免有疏漏之处，敬请广大读者批评、指正。

夏敏捷

2020 年 4 月

目录

基础篇

提 高 篇

基础篇

第 1 章　Python 语言介绍

Python 是一种跨平台、开源、免费的解释型高级动态编程语言，Python 作为动态语言更适合初学者。Python 可以让初学者把精力集中在编程对象和思维方法上，而不用担心语法、类型等外在因素。Python 易于学习，拥有大量的库，可以高效地开发各种应用程序。本章介绍 Python 语言的优缺点、安装 Python 和 Python 开发环境 IDLE 的使用。

1.1　Python 语言简介

Python 的创始人为吉多范罗・苏姆(Guido van Rossum)，于 1989 年底发明 Python 语言，其被广泛应用于处理系统管理任务和科学计算，是最受欢迎的程序设计语言之一。2011 年 1 月，它被 TIOBE 编程语言排行榜评为 2010 年度语言。自从 2004 年以后，Python 的使用率呈线性增长。2017 年 7 月，根据 IEEE Spectrum 公布的研究报告显示，Python 已成为世界上最受欢迎的语言。在 TIOBE 公布的 2019 年编程语言指数排行榜中，Python 的排名为第 3 位(前 2 位是 Java、C)。

Python 支持命令式编程、函数式编程，完全支持面向对象程序设计，语法简洁清晰，并且拥有大量的几乎支持所有领域应用开发的成熟扩展库。

众多开源的科学计算软件包都提供了 Python 的调用接口，例如著名的计算机视觉库 OpenCV、三维可视化库 VTK、医学图像处理库 ITK。而 Python 专用的科学计算扩展库就更多了，例如，下面 3 个十分经典的科学计算扩展库：Numpy、SciPy 和 Matplotlib，它们分别为 Python 提供了快速数组处理、数值运算以及绘图功能。因此，Python 语言及其众多的扩展库所构成的开发环境十分适合工程技术、科研人员处理实验数据、制作图表，甚至开发科学计算应用程序。

Python 为我们提供了非常完善的基础代码库，覆盖了网络、文件、GUI、数据库、文本等大量内容。用 Python 开发，许多功能不必从零编写，直接使用现成的即可。除了内置的库外，Python 还有大量的第三方库，也就是别人开发的，供你直接使用的东西。当然，如果你开发的代码通过很好的封装，也可以作为第三方库给别人使用。Python 就像胶水一样，可以把多种不同语言编写的程序融合到一起实现无缝拼接，更好地发挥不同语言和工具的优势，满足不同应用领域的需求。所以 Python 程序看上去总是简单易懂，初学者学 Python，不但入门容易，而且将来容易深入下去，可以编写非常复杂的程序。

Python 同时也支持伪编译将 Python 源程序转换为字节码来优化程序和提高运行速度，可以在没有安装 Python 解释器和相关依赖包的平台上运行。

许多大型网站就是用 Python 开发的，例如 YouTube、Instagram，还有国内的豆瓣等。很多大公司，包括 Google、Yahoo 等，甚至 NASA(美国航空航天局)都大量地使用 Python。

任何编程语言都有缺点，Python 缺点主要如下：

(1) 运行速度慢。Python 和 C 程序相比非常慢，因为 Python 是解释型语言，代码在执行时会一行一行地翻译成 CPU 能理解的机器码，这个翻译过程非常耗时，所以很慢。而 C 程序是运行前直接编译成 CPU 能执行的机器码，所以非常快。

(2) 代码不能加密。发布你的 Python 程序，实际上就是发布源代码，这一点跟 C 语言不同，C 语言不用发布源代码，只需要把编译后的机器码（也就是在 Windows 上常见的 xxx.exe 文件）发布出去。要从机器码反推出 C 代码是不可能的，所以凡是编译型的语言，都没有这个问题，而解释型的语言，则必须把源码发布出去。

(3) 用缩进来区分语句关系的方式给很多初学者带来了困惑，即便是很有经验的 Python 程序员也可能陷入陷阱之中。最常见的情况是 tab 和空格的混用会导致错误。

1.2 安装与配置 Python 环境

视频讲解

Python 是跨平台的，它可以运行在 Windows、Mac 和各种 Linux/UNIX 系统上。在 Windows 上编写 Python 程序，放到 Linux 上也是能够运行的。

学习 Python 编程，首先需要把 Python 安装到计算机中。安装后会得到 Python 解释器（负责运行 Python 程序）、一个命令行交互环境，还有一个简单的集成开发环境。

目前，Python 有两个版本：一个是 2.x 版，另一个是 3.x 版。这两个版本是不兼容的。由于 3.x 版越来越普及，本书将以 Python 3.7 版本为基础。

1.2.1 安装 Python

1) 在 Mac 上安装 Python

如果使用 Mac，系统是 OS X 10.8～10.10，那么系统自带的 Python 版本是 2.7。要安装 Python 3.7，有以下两个方法。

方法一：从 Python 官网（http://www.python.org）下载 Python 3.7 的安装程序，双击运行并安装。

方法二：如果安装了 Homebrew，直接通过命令 brew install python3 安装即可。

2) 在 Linux 上安装 Python

如果使用 Linux，假定你有 Linux 系统管理经验，下载 Python-3.7.0b4.tgz，使用解压命令 tar -zxvf Python-3.7.0b4.tgz，切换到解压的安装目录，执行：

```
[root@www python]#cd Python-3.7.0
[root@www Python-3.7.0]#./configure
[root@www Python-3.7.0]#make
[root@www Python-3.7.0]#makeinstall
```

至此，安装完成。

输入 python 如果出现下面的提示：

```
Python 3.7.0 (#1, Aug 06 2015, 14:04:52)
[GCC 4.1.1 20061130 (Red Hat 4.1.1-43)] on linux2
Type "help", "copyright", "credits" or "license" for more information.
```

则说明安装成功了。因为 Linux 系统不一样，所以第二行有可能不同。

3）在 Windows 上安装 Python

首先，根据你的 Windows 版本(64 位还是 32 位)从 Python 的官方网站下载 Python 3.7 对应的 64 位安装程序或 32 位安装程序，然后，运行下载的 exe 安装包。安装界面如图 1-1 所示。

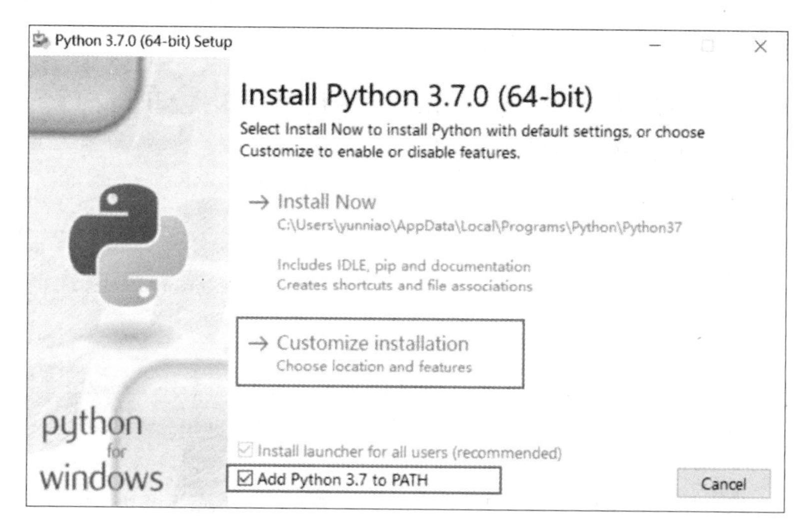

图 1-1　Windows 上安装 Python 3.7 界面

特别要注意在图 1-1 中选中 Add Python 3.7 to PATH，然后单击 Install Now 即可完成安装。

1.2.2　运行 Python

安装成功后，输入 cmd，打开命令提示符窗口，输入 python 后，会出现图 1-2 所示的命令提示符窗口。在窗口中看到 Python 的版本信息的画面，就说明 Python 安装成功。

提示符>>>表示已经在 Python 交互式环境中了，可以输入任何 Python 代码，按回车(即 Enter)键会立刻得到执行结果。现在，输入 exit()并按回车键，就可以退出 Python 交互式环境(直接关掉命令行窗口也可以)。

图 1-2　命令提示符窗口

假如得到一个错误："python 不是内部或外部命令，也不是可运行的程序或批处理文件"，这是因为 Windows 会根据 Path 环境变量设定的路径去查找 python.exe，如果没找到，就会报错。如果在安装时漏掉了选中 Add Python 3.7 to PATH，那就要把 python.exe 所在的路径添加到 Path 环境变量中。如果不知道怎么修改环境变量，建议把 Python 安装程序重新运行一遍，务必选中 Add Python 3.7 to PATH。

1.3 Python 开发环境 IDLE 简介

1.3.1 IDLE 的启动

安装 Python 后，可选择“开始”→“所有程序”→Python 3.7→IDLE(Python 3.7)来启动 IDLE。IDLE 启动后的初始窗口如图 1-3 所示。

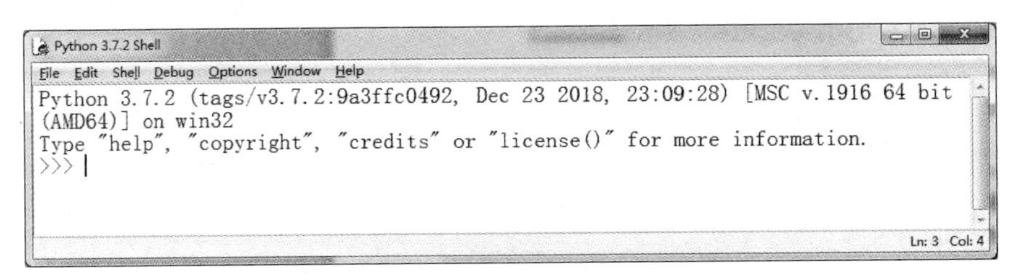

图 1-3 IDLE 的交互式编程模式(Python Shell)

如图 1-3 所示，启动 IDLE 后首先映入眼帘的是它的 Python Shell，通过它可以在 IDLE 内部使用交互式编程模式来执行 Python 命令。

如果使用交互式编程模式，那么直接在 IDLE 提示符>>>后面输入相应的命令并按回车键执行即可，如果执行顺利，马上就可以看到执行结果，否则会抛出异常。

例如，查看已安装版本的方法(在所启动的 IDLE 界面标题栏也可以直接看到)：

```
>>> import sys
>>> sys.version
```

结果：'3.7.2 (tags/v3.7.2:9a3ffc0492, Dec 23 2018, 23:09:28) [MSC v.1916 64 bit (AMD64)]'

```
>>> 3 + 4
```

结果：7

```
>>> 5/0
```

结果：

```
Traceback (most recent call last):
  File "<pyshell#3>", line 1, in <module>
    5/0
ZeroDivisionError: division by zero
```

除此之外，IDLE还带有一个编辑器，用来编辑Python程序（或者脚本）文件；还有一个调试器来调试Python脚本。下面从IDLE的编辑器开始介绍。

可在IDLE界面中选择File→New File菜单项启动编辑器（如图1-4所示），来创建一个程序文件，输入代码并保存为文件（务必要保证扩展名为.py）。

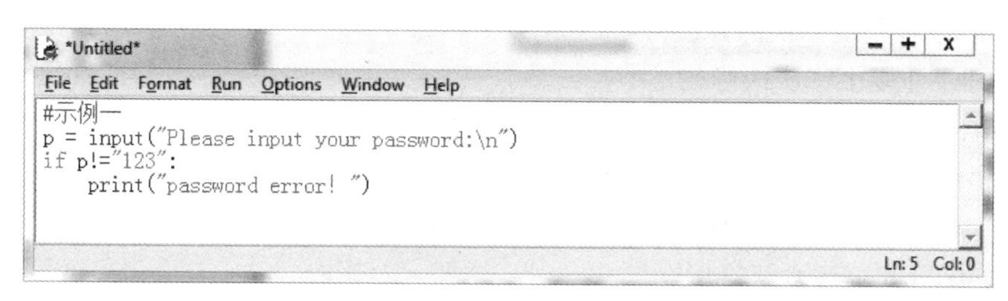

图1-4 IDLE的编辑器

1.3.2 利用IDLE创建Python程序

IDLE为开发人员提供了许多有用的特性，如自动缩进、语法高亮显示、单词自动完成以及命令历史等。这些功能的帮助，能够有效提高开发效率。下面通过一个实例来对这些特性分别加以介绍。示例程序的源代码如下：

```
#示例一
p = input("Please input your password:\n")
if p!= "123":
    print("password error!")
```

从图1-4可见不同部分颜色不同，即所谓语法高亮显示，就是给代码不同的元素使用不同的颜色进行显示。默认时，关键字显示为橘红色，注释显示为红色，字符串为绿色，解释器的输出显示为蓝色。在输入代码时，会自动应用这些颜色突出显示。语法高亮显示的好处是，可以更容易区分不同的语法元素，从而提高可读性；与此同时，语法高亮显示还降低了出错的可能性。例如，如果输入的变量名显示为橘红色，那么就需要注意了，这说明该名称与预留的关键字冲突，所以必须给变量更换名称。

单词自动完成指的是，当用户输入单词的一部分后，从Edit菜单中选择Expand word项，或者直接按Alt+/组合键自动完成该单词。

当在if关键字所在行的冒号后面按回车键之后，IDLE自动进行了缩进。一般情况下，IDLE将代码缩进一级，即4个空格。如果想改变这个默认的缩进量，可以从Format菜单中选择New indent width项来进行修改。对初学者来说，需要注意的是尽管自动缩进功能非常方便，但是不能完全依赖它，因为有时自动缩进未必完全合我们的心意，所以还需要仔细检查一下。

创建程序之后，从File菜单中选择Save项保存程序。如果是新文件，会弹出Save as对话框，可以在该对话框中指定文件名和保存位置。保存后，文件名会自动显示在屏幕顶部的蓝色标题栏中。如果文件中存在尚未存盘的内容，标题栏的文件名前后会有星号出现。

1.3.3 IDLE常用编辑功能

现在介绍编写Python程序时常用的IDLE选项，下面按照不同的菜单分别列出，供初学者参考。对于Edit菜单，除了上面介绍的几个选项之外，常用的选项及解释如下：

➢ Undo：撤销上一次的修改。
➢ Redo：重复上一次的修改。
➢ Cut：将所选文本剪切至剪贴板。
➢ Copy：将所选文本复制到剪贴板。
➢ Paste：将剪贴板的文本粘贴到光标所在位置。
➢ Find：在窗口中查找单词或模式。
➢ Find in files：在指定的文件中查找单词或模式。
➢ Replace：替换单词或模式。
➢ Go to line：将光标定位到指定行首。

对于Format菜单，常用的选项及解释如下：

➢ Indent region：使所选内容右移一级，即增加缩进量。
➢ Dedent region：使所选内容左移一级，即减少缩进量。
➢ Comment out region：将所选内容变成注释。
➢ Uncomment region：去除所选内容每行前面的注释符。
➢ New indent width：重新设定制表位缩进宽度，范围为2～16，宽度为2相当于1个空格。
➢ Expand word：单词自动完成。
➢ Toggle tabs：打开或关闭制表位。

1.3.4 在IDLE中运行和调试Python程序

1. 运行Python程序

要使用IDLE执行程序，可以从Run菜单中选择Run Module菜单项(或按F5键)，该菜单项的功能是执行当前文件。对于示例程序，执行情况如图1-5所示。

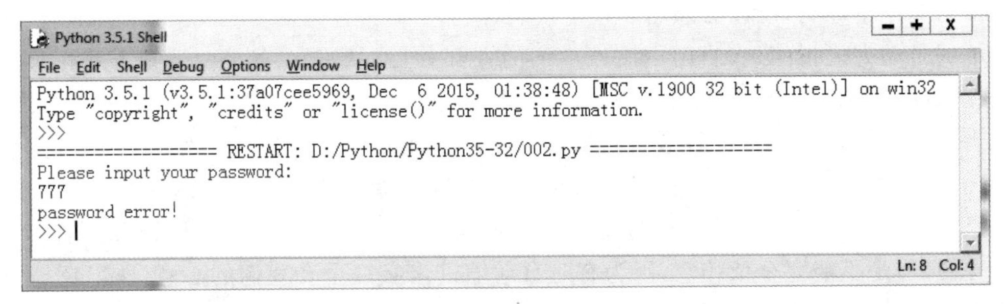

图1-5 运行界面

用户输入的密码是777，由于错误，出现输出“password error!”。

2. 使用IDLE的调试器调试程序

软件开发过程中，总免不了这样或那样的错误，其中有语法方面的，也有逻辑方面的。

对于语法错误,Python 解释器能很容易地检测出来,这时它会停止程序的运行并给出错误提示。对于逻辑错误,解释器就鞭长莫及了,这时程序会一直执行下去,但是得到的运行结果却是错误的。所以,常常需要对程序进行调试。

最简单的调试方法是直接显示程序数据,例如可以在某些关键位置用 print 语句显示出变量的值,从而确定有没有出错。但是这个办法比较麻烦,因为开发人员必须在所有可疑的地方都插入打印语句。等到程序调试完后,还必须将这些打印语句全部清除。

除此之外,还可以使用调试器来进行调试。利用调试器,可以分析被调试程序的数据,并监视程序的执行流程。调试器的功能包括暂停程序执行、检查和修改变量、调用方法而不更改程序代码等。IDLE 也提供了一个调试器,帮助开发人员来查找逻辑错误。下面简单介绍 IDLE 的调试器的使用方法。

在 Python Shell 窗口中选择 Debug 菜单的 Debugger 菜单项,就可以启动 IDLE 的交互式调试器。这时,IDLE 会打开如图 1-6 所示的 Debug Control 窗口,在 Python Shell 窗口中输出[DEBUG ON]并且其后跟一个>>>提示符。这样,就能像平时那样使用这个 Python Shell 窗口了,只不过现在输入的任何命令都是在调试器下。

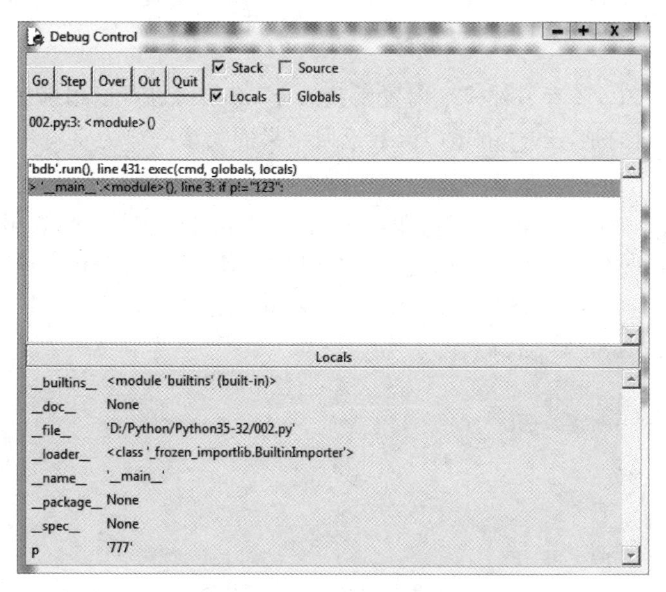

图 1-6 Debug Control 的调试窗口

可以在 Debug Control 窗口查看局部变量和全局变量等有关内容。如果要退出调试器,可以再次选择 Debug 菜单的 Debugger 菜单项,IDLE 会关闭 Debug Control 窗口,并在 Python Shell 窗口中输出[DEBUG OFF]。

1.4 Python 基本输入/输出

1.4.1 Python 基本输入

用 Python 进行程序设计,输入是通过 input()函数来实现的。input()的一般格式为：

```
x = input('提示：')
```

该函数返回输入的对象。可输入数字、字符串和其他任意类型对象。

尽管 Python 2.7 和 Python 3.x 形式一样，但是它们对该函数的解释略有不同。在 Python 2.7 中，该函数返回结果的类型由输入值时所使用的界定符来决定，例如下面的 Python 2.7 代码：

```
>>> x = input("Please input:")
Please input:3                                  # 没有界定符，整数
>>> print type(x)
<type 'int'>
>>> x = input("Please input:")
Please input:'3'                                # 单引号，字符串
>>> print type(x)
<type 'str'>
```

在 Python 2.7 中，还有另外一个内置函数 raw_input()也可以用来接收用户输入的值。与 input()函数不同的是，raw_input()函数返回结果的类型一律为字符串，而不论用户使用什么界定符。

在 Python 3.7 中，不存在 raw_input()函数，只提供了 input()函数用来接收用户的键盘输入。在 Python 3.7 中，不论用户输入数据时使用什么界定符，input()函数的返回结果都是字符串，需要将其转换为相应的类型再处理，相当于 Python 2.7 中的 raw_input()函数。例如下面的 Python 3.7 代码：

```
>>> x = input('Please input:')
Please input:3
>>> print(type(x))
<class 'str'>
>>> x = input('Please input:')
Please input:'1'
>>> print(type(x))
<class 'str'>
>>> x = input('Please input:')
Please input:[1,2,3]
>>> print(type(x))
<class 'str'>
```

1.4.2 Python 基本输出

Python 2.7 和 Python 3.7 的输出方法也不完全一致。在 Python 2.7 中，使用 print 语句进行输出，而在 Python 3.7 中使用 print()函数进行输出。

另外一个重要的不同是，对于 Python 2.7 而言，在 print 语句之后加上逗号“,”则表示

输出内容之后不换行，例如：

```
for i in range(10):
    print i,
```

结果：0 1 2 3 4 5 6 7 8 9

在 Python 3.7 中，为了实现上述功能则需要使用下面的方法：

```
for i in range(10,20):
    print(i, end='')
```

结果：10 11 12 13 14 15 16 17 18 19

1.5 Python 代码规范

(1) 缩进。Python 程序是依靠代码块的缩进来体现代码之间的逻辑关系的，缩进结束就表示一个代码块结束了。对于类定义、函数定义、选择结构、循环结构，行尾的冒号表示缩进的开始。同一个级别的代码块的缩进量必须相同。

例如：

```
for i in range(10):            #循环输出数字 0～9
    print (i, end='')
```

一般而言，以 4 个空格为基本缩进单位，而不要使用制表符 tab。可以在 IDLE 开发环境中通过下面的操作进行代码块的缩进和反缩进：选择 Fortmat→Indent Region/Dedent Region 命令。

(2) 注释。一个好的、可读性强的程序一般包含 20%以上的注释。常用的注释方式主要有以下两种。

方法一：以#开始，表示本行#之后的内容为注释。

```
#循环输出数字 0～9
for i in range(10):
    print (i, end='')
```

方法二：包含在一对三引号'''…'''或"""…"""之间且不属于任何语句的内容将被解释器认为是注释。

```
'''循环输出数字 0～9,可以为多行文字'''
for i in range(10):
    print (i, end='')
```

在 IDLE 开发环境中，可以通过下面的操作快速注释/解除注释大段内容：选择 Format→

Comment Out Region/Uncomment Region 命令。

(3) 每个 import 只导入一个模块，而不要一次导入多个模块。

```
>>> import math                     # 导入 math 数学模块
>>> math.sin(0.5)                   # 求 0.5 的正弦
>>> import random                   # 导入 random 随机模块
>>> x = random.random()             # 获得[0,1) 内的随机小数
>>> y = random.random()
>>> n = random.randint(1,100)       # 获得[1,100]上的随机整数
```

import math,random 可以一次导入多个模块，语法上可以但不提倡。

import 的次序是，先 import Python 内置模块，再 import 第三方模块，最后 import 自己开发的项目中的其他模块。

不要使用 from module import * ，除非是 import 常量定义模块或其他可以确保不会出现命名空间冲突的模块。

(4) 如果一行语句太长，可以在行尾加上反斜杠“\”来换行分成多行，但是建议使用圆括号来包含多行内容。如：

```
x = '这是一个非常长非常长非常长非常长 \
     非常长非常长非常长非常长非常长的字符串'        # "\"来换行
x = ('这是一个非常长非常长非常长非常长 '
     '非常长非常长非常长非常长非常长的字符串')      # 圆括号中的行会连接起来
```

又如：

```
if (width == 0 and height == 0 and
     color == 'red' and emphasis == 'strong'):  # 圆括号中的行会连接起来
     y = '正确'
else:
     y = '错误'
```

(5) 必要的空格与空行。运算符两侧、函数参数之间、逗号两侧建议使用空格分开。不同功能的代码块之间、不同的函数定义之间建议增加一个空行以增加可读性。

(6) 类名中首字母大写。

(7) 常量名中所有字母大写，由下画线连接各个单词，如：

```
WHITE = 0XFFFFFF
THIS_IS_A_CONSTANT = 1
```

1.6 使用帮助

使用 Python 的帮助对学习和开发都是很重要的。在 Python 中可以使用 help()方法来获取帮助信息。使用格式如下：

```
help(对象)
```

下面分 3 种情况进行说明。

1. 查看内置函数和类型的帮助信息

```
>>> help(max)
```

在 IDLE 的环境下输入上述命令，则出现内置 max 函数帮助信息，如图 1-7 所示。

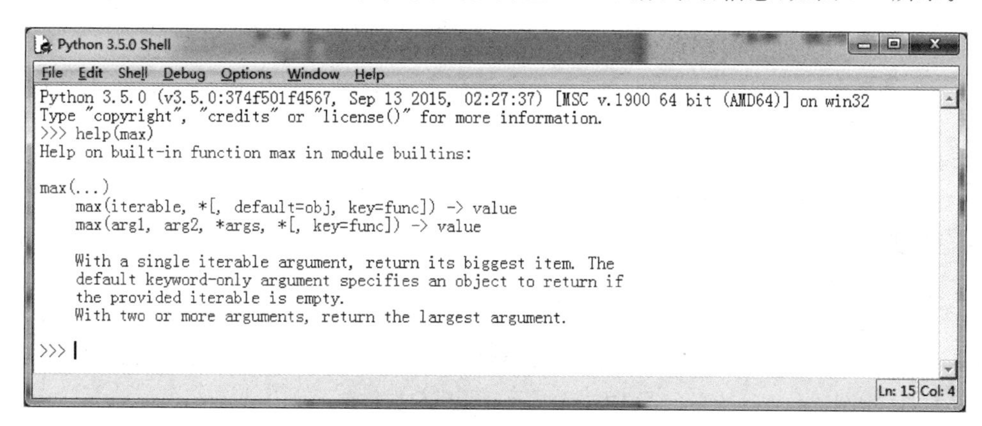

图 1-7　内置 max 函数帮助信息

```
>>> help(list)          #可以获取 list 列表类型的成员方法
>>> help(tuple)         #可以获取 tuple 元组类型的成员方法
```

2. 查看模块中的成员函数信息

```
>>> import os
>>> help(os.fdopen)
```

上例查看 os 模块中的 fdopen 成员函数信息，则得到如下提示：

```
Help on function fdopen in module os:
fdopen(fd, *args, **kwargs)
    #Supply os.fdopen()
```

3. 查看整个模块的信息

使用 help(模块名)就能查看整个模块的帮助信息。注意，先用 import 导入该模块。例如，查看 math 模块的方法：

```
>>> import math
>>> help(math)
```

帮助信息如图 1-8 所示。

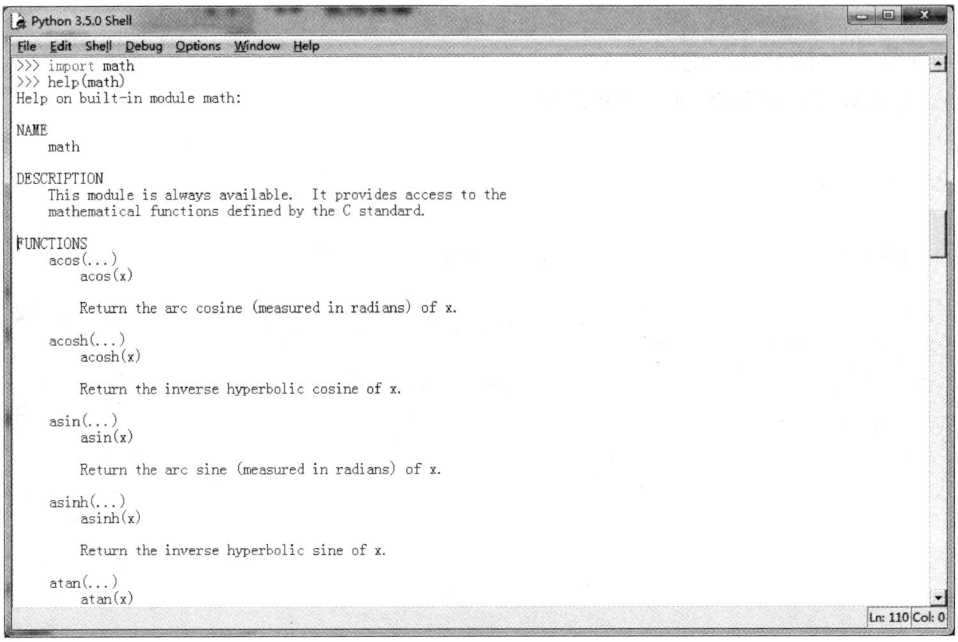

```
Python 3.5.0 Shell
File Edit Shell Debug Options Window Help
>>> import math
>>> help(math)
Help on built-in module math:

NAME
    math

DESCRIPTION
    This module is always available.  It provides access to the
    mathematical functions defined by the C standard.

FUNCTIONS
    acos(...)
        acos(x)

        Return the arc cosine (measured in radians) of x.

    acosh(...)
        acosh(x)

        Return the inverse hyperbolic cosine of x.

    asin(...)
        asin(x)

        Return the arc sine (measured in radians) of x.

    asinh(...)
        asinh(x)

        Return the inverse hyperbolic sine of x.

    atan(...)
        atan(x)
Ln: 110 Col: 0
```

图 1-8　内置 max 函数帮助信息

查看 Python 中所有的模块(modules)的方法：

```
>>> help("modules")
```

1.7　习　　题

1. Python 语言有哪些特点和缺点？
2. Python 基本输入输出函数是什么？
3. 如何在 IDLE 中运行和调试 Python 程序？
4. 为什么要在程序中加入注释？怎样在程序中加入注释？

第 2 章 Python 语法基础

数据类型是程序中最基本的概念。确定了数据类型，才能确定变量的存储及操作。表达式是表示一个计算求值的式子。数据类型和表达式是程序员编写程序的基础。因此，本章所介绍的这些内容都是进行 Python 程序设计的基础内容。

2.1 Python 数据类型

计算机程序理所当然地可以处理各种数值。计算机能处理的远不止数值，还可以处理文本、图形、音频、视频、网页等各种各样的数据。不同的数据需要定义不同的数据类型。

视频讲解

2.1.1 数值类型

Python 数值类型用于存储数值。Python 支持以下 4 种不同的数值类型。

- 整型(int)：通常被称为是整数，是正整数或负整数，不带小数点。
- 长整型(long)：无限大小的整数，整数最后是一个大写或小写的 L。在 Python 3 里，只有一种整数类型 int，没有 Python 2 中的 long。
- 浮点型(float)：由整数部分与小数部分组成。浮点型也可以使用科学计数法表示 (2.78e2 就是 $2.78\times10^2=278$)。
- 复数(complex)：由实数部分和虚数部分构成，可以用 a + bj 或者 complex(a,b)表示，复数的虚部以字母 j 或 J 结尾，如 2+3j。

数据类型是不允许改变的，这就意味着如果改变数值数据类型的值，将重新分配内存空间。

2.1.2 字符串

字符串是 Python 中最常用的数据类型。可以使用引号来创建字符串。Python 不支持字符类型，单字符在 Python 中也是作为一个字符串使用。Python 使用单引号和双引号来表示字符串效果是一样的。

1. 创建和访问字符串

创建字符串很简单，只要为变量分配一个值即可。例如：

```
var1 = 'Hello World!'
var2 = "Python Programming"
```

Python 访问子字符串，可以使用方括号来截取字符串。例如：

```
var1 = 'Hello World!'
var2 = "Python Programming"
print ("var1[0]: ", var1[0])        #取索引 0 的字符,注意索引号从 0 开始
print ("var2[1:5]: ", var2[1:5])  #切片
```

以上实例的执行结果：

```
var1[0]: H
var2[1:5]: ytho
```

说明：切片是字符串(或序列等)后跟一个方括号，方括号中有一对可选的数字，并用冒号分割，如[1:5]。切片操作中的第一个数(冒号之前)表示切片开始的位置，第二个数(冒号之后)表示切片到哪里结束。

切片操作中如果没有指定第一个数，Python 就从字符串(或序列等)首开始。如果没有指定第二个数，则 Python 会停止在字符串(或序列等)尾。注意，返回的切片内容从开始位置开始，刚好在结束位置之前结束。如[1:5]取第 2 个字符到第 6 个字符之前(第 5 个字符)。

2. Python 转义字符

需要在字符中使用特殊字符时，Python 用反斜杠(\)转义字符，如表 2-1 所示。

表 2-1 转义字符

转义字符	描　述	转义字符	描　述
\(在行尾时)	续行符	\n	换行
\\	反斜杠符号	\v	纵向制表符
\'	单引号	\t	横向制表符
\"	双引号	\r	回车
\a	响铃	\f	换页
\b	退格(Backspace)	\e	转义
\oyy	八进制数，yy 代表的字符，例如：\o12 代表换行	\000	空
\xyy	十六进制数，yy 代表的字符，例如：\x0a 代表换行		

3. Python 字符串运算符

Python 字符串运算符如表 2-2 所示。实例 a 变量值为字符串"Hello"，b 变量值为"Python"。

表 2-2 Python 字符串运算符

操作符	描　述	实　例
+	字符串连接	a + b 输出结果：HelloPython
*	重复输出字符串	a * 2 输出结果：HelloHello
[]	通过索引获取字符串中字符	a[1]输出结果：e
[:]	截取字符串中的一部分	a[1:4]输出结果：ell
in	成员运算符，如果字符串中包含给定的字符则返回 True	'H' in a 输出结果：True

操作符	描　　述	实　　例
not in	成员运算符,如果字符串中不包含给定的字符则返回 True	'M' not in a 输出结果: True
r 或 R	原始字符串,所有的字符串都是直接按照字面的意思来使用,没有转义特殊或不能打印的字符。原始字符串除在字符串的第一个引号前加上字母"r"(可以为大写或小写)以外,与普通字符串有着几乎完全相同的语法	print(r'\n prints \n')和 print(R'\n prints \n')

4. 字符串格式化

Python 支持格式化字符串的输出。尽管这样可能会用到非常复杂的表达式,但最基本的用法是将一个值插入有字符串格式符的模板中。

在 Python 中,字符串格式化使用与 C 语言中 printf 函数一样的语法。

```
print ("我的名字是 %s 年龄是 %d " % ('xmj', 41))
```

Python 用一个元组将多个值传递给模板,每个值对应一个字符串格式符。上例将'xmj'插入到%s 处,41 插入%d 处。所以输出结果:

```
我的名字是 xmj 年龄是 41
```

Python 字符串格式化符如表 2-3 所示。

表 2-3　Python 字符串格式化符

符号	描　　述	符号	描　　述
%c	格式化字符	%f	格式化浮点数字,可指定小数点后的精度
%s	格式化字符串	%e	用科学计数法格式化浮点数
%d	格式化十进制整数	%E	作用同%e,用科学计数法格式化浮点数
%u	格式化无符号整数	%g	%f 和%e 的简写
%o	格式化八进制数	%G	%f 和%E 的简写
%x	格式化十六进制数	%p	用十六进制数格式化变量的地址
%X	格式化十六进制数(大写)		

字符串格式化举例:

```
charA = 65
charB = 66
print("ASCII 码 65 代表: %c" % charA)
print("ASCII 码 66 代表: %c" % charB)
Num1 = 0xFF
Num2 = 0xAB03
print('转换成十进制分别为: %d 和 %d' % (Num1, Num2))
Num3 = 1200000
print('转换成科学计数法为: %e' % Num3)
Num4 = 65
print('转换成字符为: %c' % Num4)
```

输出结果：

```
ASCII 码 65 代表：A
ASCII 码 66 代表：B
转换成十进制分别为：255 和 43779
转换成科学计数法为：1.200000e+06
转换成字符为：A
```

2.1.3 布尔类型

Python 支持布尔类型的数据，布尔类型只有 True 和 False 两种值，但是布尔类型有以下几种运算。

and(与运算)：只有两个布尔值都为 True 时，计算结果才为 True。

```
True and True      #结果是 True
True and False     #结果是 False
False and True     #结果是 False
False and False    #结果是 False
```

or(或运算)：只要有一个布尔值为 True，计算结果就是 True。

```
True or True      #结果是 True
True or False     #结果是 True
False or True     #结果是 True
False or False    #结果是 False
```

not(非运算)：把 True 变为 False，或者把 False 变为 True。

```
not True     #结果是 False
not False    #结果是 True
```

布尔运算在计算机中用来做条件判断，根据计算结果为 True 或者 False，计算机可以自动执行不同的后续代码。

在 Python 中，布尔类型还可以与其他数据类型做 and、or 和 not 运算，这时下面的几种情况会被认为是 False：为 0 的数字，包括 0、0.0；空字符串''、""；表示空值的 None；空集合，包括空元组()、空序列[]、空字典{}；其他的值都为 True。例如：

```
a = 'python'
print (a and True)      #结果是 True
b = ''
print (b or False)      #结果是 False
```

2.1.4 空值

空值是 Python 里一个特殊的值，用 None 表示。它不支持任何运算，也没有任何内置函数方法。None 和任何其他的数据类型比较永远返回 False。在 Python 中未指定返回值的函数会自动返回 None。

2.1.5 Python 数字类型转换

Python 数字类型转换函数如表 2-4 所示。

表 2-4 数字类型转换函数

操 作 符	描 述
int(x [,base])	将 x 转换为一个整数
long(x [,base])	将 x 转换为一个长整数
float(x)	将 x 转换到一个浮点数
complex(real [,imag])	创建一个复数
str(x)	将对象 x 转换为字符串
repr(x)	将对象 x 转换为表达式字符串
eval(str)	用来计算在字符串中的有效 Python 表达式,并返回一个对象
tuple(s)	将序列 s 转换为一个元组
list(s)	将序列 s 转换为一个列表
chr(x)	将一个 ASCII 整数(Unicode 编码)转换为一个字符
ord(x)	将一个字符转换为它的 ASCII 整数值(汉字为 Unicode 编码)
bin(x)	将整数 x 转换为二进制字符串,例如 bin(24)结果是'0b11000'
oct(x)	将整数 x 转化为八进制字符串,例如 oct(24)结果是'0o30'
hex(x)	将整数 x 转换为十六进制字符串,例如 hex(24)结果是'0x18'
chr(i)	返回整数 i 对应的 ASCII 字符,例如 chr(65)结果是'A'

例如:

```
x = 20                          #八进制为 24
y = 345.6
print(oct(x))                   #打印结果是 0o24
print(int(y))                   #打印结果是 345
print(float(x))                 #打印结果是 20.0
print(chr(65))                  #A 的 ASCII 为 65,打印结果是 A
print(ord('B'))                 #B 的 ASCII 为 66,打印结果是 66
print(ord('中'))                #'中'的 Unicode 为 20013,打印结果是 20013
print(chr(20018))               #'串'的 Unicode 为 20018,打印结果是'串'
```

2.2 常量和变量

2.2.1 变量

变量的概念基本上和初中代数方程中的变量是一致的,只是在计算机程序中,变量不仅可以是数字,还可以是任意数据类型。

视频讲解

变量在程序中就是用一个变量名表示,变量名必须是大小写英文、数字和_的组合,且不能用数字开头,例如:

```
a = 1             #变量 a 是一个整数
t_007 = 'T007'  #变量 t_007 是一个字符串
Answer = True   #变量 Answer 是一个布尔值 True
```

在 Python 中,等号“=”是赋值语句,可以把任意数据类型赋值给变量,同一个变量可以反复赋值,而且可以是不同类型的变量,例如:

```
a = 123          #a 是整数
a = 'ABC'        #a 变为字符串
```

这种变量本身类型不固定的语言称为动态语言,与之对应的是静态语言。静态语言在定义变量时必须指定变量类型,如果赋值的时候类型不匹配,就会报错。例如,C 语言是静态语言,赋值语句如下(//表示注释):

```
int a = 123;      // a 是整数类型变量
a = "ABC";        // 错误,不能把字符串赋给整型变量
```

和静态语言相比,动态语言更灵活,就是这个原因。

不要把赋值语句的等号等同于数学的等号。例如下面的代码:

```
x = 10
x = x + 2
```

如果从数学上理解 x = x + 2,那无论如何是不成立的。在程序中,赋值语句先计算右侧的表达式 x + 2,得到结果 12,再赋给变量 x。由于 x 之前的值是 10,重新赋值后 x 的值变成 12。

理解变量在计算机内存中的表示也非常重要。例如:

```
a = 'ABC'
```

Python 解释器做了如下两件事情。

➢ 在内存中创建一个'ABC'的字符串。
➢ 在内存中创建一个名为 a 的变量,并把它指向'ABC',如图 2-1 所示。

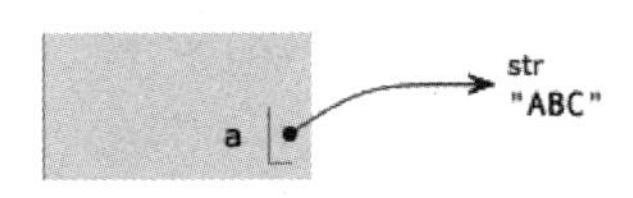

图 2-1 a 的变量指向'ABC'

也可以把一个变量 a 赋值给另一个变量 b,这个操作实际上是把变量 b 指向变量 a 所指向的数据,例如下面的代码:

```
a = 'ABC'
b = a
a = 'XYZ'
print(b)
```

最后一行打印出变量 b 的内容到底是'ABC'还是'XYZ'呢？如果从数学意义上理解，就会错误地得出 b 和 a 相同，也应该是'XYZ'，但实际上 b 的值是'ABC'。我们一行一行地执行代码，就可以看到到底发生了什么事。

(1) 执行 a = 'ABC'，Python 解释器创建了字符串'ABC'和变量 a，并把 a 指向'ABC'。

(2) 执行 b = a，解释器创建了变量 b，并把 b 指向 a 指向的字符串'ABC'，如图 2-2 所示。

(3) 执行 a = 'XYZ'，解释器创建了字符串'XYZ'，并把 a 的指向改为'XYZ'，但 b 没有更改，如图 2-3 所示。

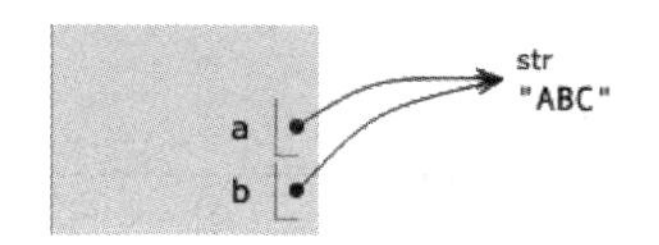

图 2-2　a、b 变量指向'ABC'

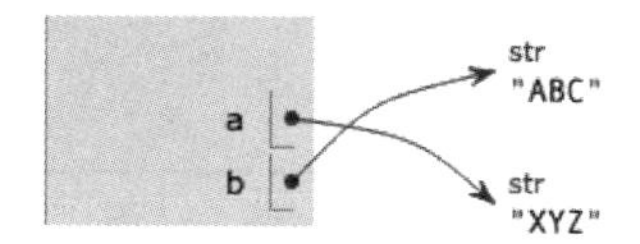

图 2-3　a 的变量指向'XYZ'

所以，最后打印变量 b 的结果自然是'ABC'了。

当变量不再需要时，Python 会自动回收内存空间，也可以使用 del 语句删除一些变量。

del 语句的语法是：

```
del var1[,var2[,var3[ ⋯ ,varN]]]
```

可以通过使用 del 语句删除单个或多个变量对象，例如：

```
del a             #删除单个变量对象
del a, b          #删除多个变量对象
```

2.2.2　常量

所谓常量就是不能变的变量，例如常用的数学常数 π 就是一个常量。在 Python 中，通常用全部大写的变量名表示常量。例如：

```
PI = 3.14159265359
```

但事实上 PI 仍然是一个变量，Python 根本没有任何机制保证 PI 不会被改变，所以，用全部大写的变量名表示常量只是一个习惯上的用法，实际上可以改变变量 PI 的值。

2.3　运算符与表达式

视频讲解

在程序中，表达式是用来计算求值的，它是由运算符（操作符）和运算数（操作数）组成的式子。运算符是表示进行某种运算的符号。运算数包含常

量、变量和函数等。例如,表达式 4 + 5,在这里 4 和 5 被称为操作数,+被称为运算符。

下面分别对 Python 中的运算符和表达式进行介绍。

2.3.1 运算符

Python 语言支持以下几种运算符：算术运算符、比较(即关系)运算符、逻辑运算符、赋值运算符、位运算符、成员运算符、标识运算符。

1. 算术运算符

算术运算符实现数学运算。Python 语言算术运算符如表 2-5 所示。假设其中变量 a=10 和变量 b=20。

表 2-5 Python 语言算术运算符

运算符	描　　述	例　　子
+	加法	a + b = 30
-	减法	a - b = -10
*	乘法	a * b = 200
/	除法	b / a = 2
%	模运算符或称求余运算符,返回余数	b % a = 0　7%3=1
**	指数,执行对操作数的幂计算	a ** b = 10^{20}(10 的 20 次方)
//	整除,其结果是将商的小数点后的数舍去	9//2 =4,而 9.0//2.0 = 4.0

注意：

(1) Python 语言算术表达式的乘号(*)不能省略。例如,数学式 b^2-4ac 相应的表达式应该写成 b*b-4*a*c。

(2) Python 语言表达式中只能出现字符集允许的字符。例如,数学 πr^2 相应的表达式应该写成 math.pi*r*r,其中 math.pi 是 Python 已经定义的模块变量。

例如：

```
>>> import math
>>> math.pi
```

结果为 3.141592653589793。

(3) Python 语言算术表达式只使用圆括号改变运算的优先顺序(不能使用{}或[])。可以使用多层圆括号,此时左右括号必须配对,运算时从内层括号开始,由内向外依次计算表达式的值。

2. 关系运算符

关系运算符用于对两个值进行比较,运算结果为 True(真)或 False(假)。Python 语言关系运算符如表 2-6 所示。假设其中变量 a=10 和变量 b=20。

表 2-6　Python 语言关系运算符

运算符	描　　述	示　　例
==	检查两个操作数的值是否相等，如果是则结果为 True	(a == b)为 False
!=	检查两个操作数的值是否相等，如果否则结果为 True	(a != b)为 True
>	检查左操作数的值是否大于右操作数的值，如果是则结果为 True	(a > b)为 False
<	检查左操作数的值是否小于右操作数的值，如果是则结果为 True	(a < b)为 True
>=	检查左操作数的值是否大于或等于右操作数的值，如果是则结果为 True	(a >= b)为 False
<=	检查左操作数的值是否小于或等于右操作数的值，如果是则结果为 True	(a <= b)为 True

关系运算符的优先级低于算术运算符。例如，a+b>c 等价于(a+b)>c。

3. 逻辑运算符

Python 中提供了三种逻辑运算符，它们是：

- and：逻辑与，二元运算符。
- or：逻辑或，二元运算符。
- not：逻辑非，一元运算符。

设 a 和 b 是两个参加运算的逻辑量，a and b 的意义是，当 a、b 均为真时，表达式的值为真，否则为假；a or b 的含义是，当 a、b 均为假时，表达式的值为假，否则为真；not a 的含义是，当 a 为假时，表达式的值为真，否则为假。逻辑运算符如表 2-7 所示。

表 2-7　Python 语言逻辑运算符

运算符	描　　述	示　　例
and	逻辑与运算符。如果两个操作数都是真(非零)，则结果为真	(True and True)为 True
or	逻辑或运算符。如果有两个操作数至少一个为真(非零)，则结果为真	(True or False)为 True
not	逻辑非运算符，用于反转操作数的逻辑状态。如果操作数为真，则将返回 False；否则返回 True	not (True and True)为 False

例如：

```
x = True
y = False
print("x and y = ", x and y)
print("x or y = ", x or y)
print("not x = ", not x)
print("not y = ", not y)
```

以上实例执行结果：

```
x and y = False
x or y = True
```

```
not x = False
not y = True
```

注意：

（1）x>1 and x<5 是判断某数 x 是否大于 1 且小于 5 的逻辑表达式。

（2）如果逻辑表达式的操作数不是逻辑值 True 和 False 时，Python 则将非 0 作为真，0 作为假进行运算。

例如，当 a=0，b=4 时，a and b 结果为假(0)，a or b 结果为真。

```
>>> a = 0
>>> b = 4
>>> print(a and b)          #结果 0
0
>>> print(a or b)           #结果 4
4
```

说明：Python 中的 or 是从左到右计算表达式，返回第一个为真的值。

Python 中若逻辑值 True 作为数值则为 1，若逻辑值 False 作为数值则为 0。

```
>>> True + 5      #结果 6
6
```

由于 True 作为数值则为 1，所以 True+5 结果为 6。

```
>>> False + 5      #结果 5
5
```

逻辑值 False 作为数值则为 0，所以 False+5 结果为 5。

4. 赋值运算符

赋值运算符“=”的一般格式为：

```
变量 = 表达式
```

它表示将其右侧的表达式求出结果，赋给其左侧的变量。例如：

```
i = 3 * (4 + 5)          #i 的值变为 27
```

说明：

（1）赋值运算符左边必须是变量，右边可以是常量、变量、函数调用或常量、变量、函数调用组成的表达式。例如：

```
x = 10
y = x + 10
y = func()
```

都是合法的赋值表达式。

(2) 赋值符号"="不同于数学的等号，它没有相等的含义。

例如，x=x+1是合法的(数学上不合法)。它的含义是取出变量x的值加1，再存放到变量x中。

赋值运算符如表2-8所示。

表2-8 Python语言赋值运算符

运算符	描　　述	示　　例
=	直接赋值	c = a
+=	加法赋值	c += a 相当于 c = c + a
-=	减法赋值	c -= a 相当于 c = c - a
*=	乘法赋值	c *= a 相当于 c = c * a
/=	除法赋值	c /= a 相当于 c= c / a
%=	取模赋值	c %= a 相当于 c= c % a
**=	指数幂赋值	c **= a 相当于 c = c ** a
//=	整除赋值数	c //= a 相当于 c = c // a

5. 位运算符

位(bit)是计算机中表示信息的最小单位，位运算符作用于位和位操作。Python中位运算符如下：按位与(&)、按位或(|)、按位异或(^)、按位求反(~)、左移(<<)、右移(>>)。

位运算符是对其操作数按其二进制形式逐位进行运算，参加位运算的操作数必须为整数。下面分别进行介绍。假设a=60且b =13，现在以二进制格式表示它们的位运算，如下：

```
a =      0011 1100
b =      0000 1101
------------------
a&b =    0000 1100
a|b =    0011 1101
a^b =    0011 0001
~a =     1100 0011
```

1) 按位与(&)

运算符"&"将其两边的操作数的对应位逐一进行逻辑与运算。每一位二进制数(包括符号位)均参加运算。例如：

```
          a = 3
          b = 18
          c = a & b
          a  0 0 0 0   0 0 1 1
&         b  0 0 0 1   0 0 1 0
-------------------------------
          c  0 0 0 0   0 0 1 0
```

所以，变量 c 的值为 2。

2）按位或（|）

运算符“|”将其两边的操作数的对应位逐一进行逻辑或运算。每一位二进制数（包括符号位）均参加运算。例如：

```
        a=3
        b=18
        c=a | b
        a    0000  0011
|       b    0001  0010
----------------------
        c    0001  0011
```

所以，变量 c 的值为 19。

注意：尽管在位运算过程中，按位进行逻辑运算，但位运算表达式的值不是一个逻辑值。

3）按位异或（^）

运算符“^”将其两边的操作数的对应位逐一进行逻辑异或运算。每一位二进制数（包括符号位）均参加运算。异或运算的定义是：若对应位相异，则结果为 1；若对应位相同，则结果为 0。

例如：

```
        a=3
        b=18
        c=a^ b
        a    0000  0011
^       b    0001  0010
----------------------
        c    0001  0001
```

所以，变量 c 的值为 17。

4）按位求反（～）

运算符“～”是一元运算符，结果将操作数的对应位逐一取反。

例如：

```
        a=3
        c=～a
～      a    00000011
---------------------
        c    11111100
```

所以，变量 c 的值为－4。因为补码形式带符号二进制数的最高位为 1，所以是负数。

5）左移（<<）

设 a、n 是整型量，左移运算一般格式为：a << n，其意义是，将 a 按二进制位向左移动 n 位，移出的高 n 位舍弃，最低位补 n 个 0。

例如 a=7，a 的二进制形式是 0000 0000 0000 0111，做 x=a << 3 运算后 x 的值是 0000 0000 0011 1000，其十进制数是 56。

左移一个二进制位，相当于乘以 2 操作。左移 n 个二进制位，相当于乘以 2^n 操作。

左移运算有溢出问题，因为整数的最高位是符号位，当左移一位时，若符号位不变，则相当于乘以 2 操作，但若符号位变化时，就发生溢出。

6）右移(>>)

设 a、n 是整型量，右移运算一般格式为：a >> n，其意义是，将 a 按二进制位向右移动 n 位，移出的低 n 位舍弃，高 n 位补 0 或 1。若 a 是有符号的整型数，则高位补符号位；若 a 是无符号的整型数，则高位补 0。

右移一个二进制位，相当于除以 2 操作。右移 n 个二进制位相当于除以 2^n 操作。例如：

```
>>> a = 7
>>> x = a >> 1
>>> print(x)      # 输出结果 3
```

a=7，做 x=a >> 1 运算后 x 的值是 3。

6. 成员运算符

除了前面讨论的运算符，Python 语言成员运算符判断序列中是否有某个成员。成员运算符如表 2-9 所示。

表 2-9　Python 语言成员运算符

运算符	描　述	示　例
in	x in y，如果 x 是序列 y 的成员则计算结果为 True，否则为 False	3 in [1,2,3,4]计算结果为 True 5 in [1,2,3,4]计算结果为 False
not in	x not in y，如果 x 不是序列 y 的成员则计算结果为 True，否则为 False	3 not in [1,2,3,4]计算结果为 False 5 not in [1,2,3,4]计算结果为 True

7. 标识运算符

标识运算符比较两个对象的内存位置。标识运算符如表 2-10 所示。

表 2-10　Python 语言标识运算符

运算符	描　述	例　子
is	如果操作符两侧的变量指向相同的对象计算结果为 True，否则为 False	如果 id(x)的值为 id(y)，x 为 y，这里结果是 True
is not	如果两侧的变量操作符指向相同的对象计算结果为 False，否则为 True	当 id(x)不等于 id(y)，x 不为 y，这里结果是 True

8. 运算符优先级

在一个表达式中出现多种运算时，将按照预先确定的顺序计算并解析各个部分，这个顺序称为运算符优先级。当表达式包含不止一种运算符时，按照表 2-11 所示的优先级规则进行计算。表 2-11 列出了从最高优先级到最低优先级的所有运算符。

表 2-11　Python 运算符优先级

优先级	运　算　符	描　　述	优先级	运　算　符	描　　述
1	**	幂	8	<=、<>、>=	比较(即关系)运算符
2	~、+、-	求反、一元加号和减号	9	<>、==、!=	比较(即关系)运算符
3	*、/、%、//	乘、除、取模和整除	10	=、%=、/=、//=、-=、+=、*=、**=	赋值运算符
4	+、-	加法和减法	11	is、is not	标识运算符
5	>>、<<	左、右按位移动	12	in、not in	成员运算符
6	&	按位与	13	not、or and	逻辑运算符
7	^、|	按位异或和按位或			

2.3.2　表达式

表达式是一个或多个运算的组合。Python 语言的表达式与其他语言的表达式没有显著的区别。每个符合 Python 语言规则的表达式的计算都是一个确定的值。对于常量、变量的运算和对于函数的调用都可以构成表达式。

在本书后续章节中介绍的序列、函数、对象都可以成为表达式一部分。

2.4　序列数据结构

数据结构是计算机存储、组织数据的方式。序列是 Python 中最基本的数据结构。序列中的每个元素都分配一个数字，即它的位置或索引，第一个索引是 0，第二个索引是 1，以此类推。也可以使用负数索引值访问元素，-1 表示最后一个元素，-2 表示倒数第二个元素。序列都可以进行的操作包括索引、截取(切片)、加、乘、成员检查。此外，Python 已经内置确定序列的长度以及确定最大和最小元素的方法。Python 内置序列类型最常见的是列表、元组和字符串。另外，Python 提供了字典和集合这样的数据结构，它们属于无顺序的数据集合体，不能通过位置索引来访问数据元素。

2.4.1　列表

视频讲解

列表(list)是最常用的 Python 数据类型，列表的数据项不需要具有相同的类型。列表类似其他语言的数组，但功能比数组强大得多。

创建一个列表，只要把逗号分隔的不同数据项使用方括号括起来即可。实例如下：

```
list1 = ['中国', '美国', 1997, 2000];
list2 = [1, 2, 3, 4, 5 ];
list3 = ["a", "b", "c", "d"];
```

列表索引从 0 开始。列表可以进行截取(切片)、组合等。

1. 访问列表中的值

可以使用下标索引来访问列表中的值，同样也可以使用方括号切片的形式截取。实例如下：

```
list1 = ['中国', '美国', 1997, 2000];
list2 = [1, 2, 3, 4, 5, 6, 7 ];
print("list1[0]: ", list1[0] )
print ("list2[1:5]: ", list2[1:5] )
```

以上实例输出结果：

```
list1[0]: 中国
list2[1:5]: [2, 3, 4, 5]
```

2. 更新列表

可以对列表的数据项进行修改或更新。实例如下：

```
list = ['中国', 'chemistry', 1997, 2000];
print( "Value available at index 2 : ")
print (list[2] )
list[2] = 2001;
print( "New value available at index 2 : ")
print (list[2] )
```

以上实例输出结果：

```
Value available at index 2 :
1997
New value available at index 2 :
2001
```

3. 删除列表元素

方法一：使用 del 语句删除列表的元素。实例如下：

```
list1 = ['中国', '美国', 1997, 2000]
print (list1)
del list1[2]
print ("After deleting value at index 2 : ")
print(list1)
```

以上实例输出结果：

```
['中国', '美国', 1997, 2000]
After deleting value at index 2 :
['中国', '美国', 2000]
```

方法二：使用 remove()方法删除列表的元素。实例如下：

```
list1 = ['中国', '美国', 1997, 2000]
list1.remove(1997)
list1.remove('美国')
print(list1)
```

以上实例输出结果：

```
['中国', 2000]
```

方法三：使用 pop()方法来删除列表的指定位置的元素，无参数时删除最后一个元素。实例如下：

```
list1 = ['中国', '美国', 1997, 2000]
list1.pop(2)              #删除位置 2 元素 1997
list1.pop()               #删除最后一个元素 2000
print(list1)
```

以上实例输出结果：

```
['中国', '美国']
```

4. 添加列表元素

可以使用 append()方法在列表末尾添加元素。实例如下：

```
list1 = ['中国', '美国', 1997, 2000]
list1.append(2003)
print (list1)
```

以上实例输出结果：

```
['中国', '美国', 1997, 2000, 2003]
```

5. 定义多维列表

可以将多维列表视为列表的嵌套，即多维列表的元素值也是一个列表，只是维度比父列表小 1。二维列表(即其他语言的二维数组)的元素值是一维列表，三维列表的元素值是二维列表。例如，定义一个二维列表。

```
list2 = [["CPU", "内存"], ["硬盘","声卡"]]
```

二维列表比一维列表多一个索引，可以通过如下方式获取元素：

```
列表名[索引 1][索引 2]
```

例如，定义 3 行 6 列的二维列表，打印出元素值。

```
rows = 3
cols = 6
matrix = [[0 for col in range(cols)] for row in range(rows)]      #列表生成式
```

```
for i in range(rows):
    for j in range(cols):
        matrix[i][j] = i * 3 + j
        print (matrix[i][j],end = ",")
    print ('\n')
```

以上实例输出结果：

```
0,1,2,3,4,5,
3,4,5,6,7,8,
6,7,8,9,10,11,
```

列表生成式即 List Comprehensions，是 Python 内置的一种极其强大的生成 list 的表达式，详见 3.2.5 节。本例中第 3 行生成的列表如下：

```
matrix = [[0, 0, 0, 0, 0, 0], [0, 0, 0, 0, 0, 0], [0, 0, 0, 0, 0, 0]]
```

6. Python 列表的操作符

列表对＋和 * 的操作符与字符串相似。＋用于组合列表，* 用于重复列表。Python 列表的操作符如表 2-12 所示。

表 2-12　Python 列表的操作符

Python 表达式	描　述	结　果
len([1, 2, 3])	长度	3
[1, 2, 3] ＋ [4, 5, 6]	组合	[1, 2, 3, 4, 5, 6]
['Hi!'] * 4	重复	['Hi!', 'Hi!', 'Hi!', 'Hi!']
3 in [1, 2, 3]	元素是否存在于列表中	True
for x in [1, 2, 3]: print(x, end＝" ")	迭代	1 2 3

Python 列表的方法和内置函数如表 2-13 所示。假设列表名为 list。

表 2-13　Python 列表的方法和内置函数

方　法	功　能
list. append(obj)	在列表末尾添加新的对象
list. count(obj)	统计某个元素在列表中出现的次数
list. extend(seq)	在列表末尾一次性追加另一个序列中的多个值(用新列表扩展原来的列表)
list. index(obj)	从列表中找出某个值第一个匹配项的索引位置
list. insert(index, obj)	将对象插入列表
list. pop(index)	移除列表中的一个元素(默认最后一个元素)，并且返回该元素的值
list. remove(obj)	移除列表中某个值的第一个匹配项
list. reverse()	反转列表中元素顺序
list. sort([func])	对原列表进行排序
len(list)	内置函数，返回列表元素个数
max(list)	内置函数，返回列表元素最大值
min(list)	内置函数，返回列表元素最小值
list(seq)	内置函数，将元组转换为列表

2.4.2 元组

视频讲解

Python 的元组(tuple)与列表类似,不同之处在于元组的元素不能修改。元组使用圆括号(),列表使用方括号[]。元组中的元素类型也可以不相同。

1. 创建元组

元组创建很简单,只需要在圆括号中添加元素,并使用逗号隔开即可。实例如下:

```
tup1 = ('中国', '美国', 1997, 2000)
tup2 = (1, 2, 3, 4, 5 )
tup3 = "a", "b", "c", "d"
```

如果创建空元组,只需写个空括号即可。

```
tup1 = ()
```

元组中只包含一个元素时,需要在第一个元素后面添加逗号。

```
tup1 = (50,)
```

元组与字符串类似,下标索引从 0 开始,可以进行截取、组合等。

2. 访问元组

元组可以使用下标索引来访问元组中的值。实例如下:

```
tup1 = ('中国', '美国', 1997, 2000)
tup2 = (1, 2, 3, 4, 5, 6, 7 )
print ("tup1[0]: ", tup1[0])            #输出元组的第一个元素
print ("tup2[1:5]: ", tup2[1:5])        #切片,输出从第二个元素开始到第五个元素
print (tup2[2:])                        #切片,输出从第三个元素开始的所有元素
print (tup2 * 2)                        #输出元组两次
```

以上实例输出结果:

```
tup1[0]: 中国
tup2[1:5]: (2, 3, 4, 5)
(3, 4, 5, 6, 7)
(1, 2, 3, 4, 5, 6, 7, 1, 2, 3, 4, 5, 6, 7)
```

3. 元组连接

元组中的元素值是不允许修改的,但可以对元组进行连接组合。实例如下:

```
tup1 = (12, 34,56)
tup2 = (78, 90)
#tup1[0] = 100          #修改元组元素操作是非法的
tup3 = tup1 + tup2      #连接元组,创建一个新的元组
print (tup3)
```

以上实例输出结果：

```
(12, 34,56, 78, 90)
```

4. 删除元组

元组中的元素值是不允许删除的，但可以使用 del 语句来删除整个元组。实例如下：

```
tup = ('中国', '美国', 1997, 2000);
print (tup)
del tup
print ("After deleting tup : ")
print(tup)
```

以上实例元组被删除后，输出变量会有异常信息，输出如下：

```
('中国', '美国', 1997, 2000)
After deleting tup :
NameError: name 'tup' is not defined
```

5. 元组运算符

与字符串一样，元组之间可以使用＋和 * 进行运算。这就意味着它们可以组合和复制，运算后会生成一个新的元组。Python 元组的操作符如表 2-14 所示。

表 2-14　Python 元组的操作符

Python 表达式	描　述	结　果
len((1, 2, 3))	计算元素个数	3
(1, 2, 3) + (4, 5, 6)	连接	(1, 2, 3, 4, 5, 6)
('a','b') * 4	复制	('a','b','a','b','a','b','a','b')
3 in (1, 2, 3)	元素是否存在	True
for x in (1, 2, 3): print(x, end=" ")	遍历元组	1 2 3

Python 元组包含了表 2-15 所示的内置函数。

表 2-15　Python 元组的内置函数

方　法	描　述	方　法	描　述
len(tuple)	计算元组元素个数	min(tuple)	返回元组中元素最小值
max(tuple)	返回元组中元素最大值	tuple(seq)	将列表转换为元组

例如：

```
tup1 = (12, 34, 56, 6, 77)
y = min (tup1)
print (y)              #输出结果: 6
```

注意：可以使用元组来一次性对多个变量赋值。例如：

```
>>>(x,y,z) = (1,2,3)   #或者 x,y,z = 1,2,3 也可以
>>> print (x,y,z)      #输出结果 1 2 3
```

如下代码可以实现 x、y 的交换：

```
>>> x,y = y,x
>>> print(x,y)    #输出结果 2 1
```

6. 元组与列表转换

因为元组数不能改变，所以可以将元组转换为列表，从而可以改变数据。实际上列表、元组和字符串之间是可以互相转换的，需要使用三个函数：str()、tuple()和 list()。

可以使用下面方法将元组转换为列表：

列表对象=list(元组对象)

```
tup = (1, 2, 3, 4, 5)
list1 =  list(tup)          #元组转为列表
print (list1)               #返回[1, 2, 3, 4, 5]
```

可以使用下面方法将列表转换为元组：

列表对象= tuple (列表对象)

```
nums = [1, 3, 5, 7, 8, 13, 20]
print (tuple(nums))         #列表转为元组,返回(1, 3, 5, 7, 8, 13, 20)
```

将列表转换成字符串，代码如下：

```
nums = [1, 3, 5, 7, 8, 13, 20]
str1 =  str(nums)       #列表转为字符串,返回含方括号及逗号的'[1, 3, 5, 7, 8, 13, 20]'字符串
print (str1[2])         #打印出逗号,因为字符串中索引号 2 的元素是逗号
num2 = ['中国', '美国', '日本', '加拿大']
str2 =  "%"
str2 =  str2.join(num2)     #用百分号连接起来的字符串——'中国%美国%日本%加拿大'
str2 =  ""
str2 =  str2.join(num2)     #用空字符连接起来的字符串——'中国美国日本加拿大'
```

2.4.3 字典

视频讲解

Python 字典(dictionary)是一种可变容器模型，且可存储任意类型对象，如字符串、数字、元组等其他容器模型。字典也被称作关联数组或哈希表。

1. 创建字典

字典由键和对应值(key=> value)成对组成。字典的每个键/值对里面键

和值用冒号分隔,键/值对之间用逗号分隔,整个字典包括在花括号中。基本语法如下:

```
d = {key1 : value1, key2 : value2 }
```

注意:键必须是唯一的,但值则不必。值可以取任何数据类型,但键必须是不可变的,如字符串、数字或元组。

一个简单的字典实例:

```
dict = {'xmj': 40,'zhang': 91,'wang': 80}
```

也可如此创建字典:

```
dict1 = { 'abc': 456 };
dict2 = { 'abc': 123, 98.6: 37 };
```

字典有如下特性。

(1) 字典值可以是任何 Python 对象,如字符串、数字、元组等。

(2) 不允许同一个键出现两次。创建时如果同一个键被赋值两次,后一个值会覆盖前面的值。

```
dict = {'Name': 'xmj', 'Age': 17, 'Name': 'Manni'};
print ("dict['Name']: ", dict['Name']);
```

以上实例输出结果:

```
dict['Name']: Manni
```

(3) 键必须不可变,所以可以用数字、字符串或元组充当,用列表就不行。实例如下:

```
dict = {['Name']: 'Zara', 'Age': 7};
```

以上实例输出错误结果:

```
Traceback (most recent call last):
  File "<pyshell#0>", line 1, in <module>
    dict = {['Name']: 'Zara', 'Age': 7}
TypeError: unhashable type: 'list'
```

2. 访问字典里的值

访问字典里的值时把相应的键放入方括号里。实例如下:

```
dict = {'Name': '王海', 'Age': 17, 'Class': '计算机一班'}
print ("dict['Name']: ", dict['Name'])
print ("dict['Age']: ", dict['Age'])
```

以上实例输出结果：

```
dict['Name']: 王海
dict['Age']: 17
```

如果用字典里没有的键访问数据，会输出错误信息：

```
dict = {'Name': '王海', 'Age': 17, 'Class': '计算机一班'}
print ("dict['sex']: ", dict['sex'] )
```

由于没有 sex 键，以上实例输出错误结果：

```
Traceback (most recent call last):
  File "<pyshell#10>", line 1, in <module>
    print ("dict['sex']: ", dict['sex'] )
KeyError: 'sex''
```

3. 修改字典

向字典添加新内容的方法是增加新的键/值对、修改或删除已有键/值对。实例如下：

```
dict = {'Name': '王海', 'Age': 17, 'Class': '计算机一班'}
dict['Age'] = 18                          #更新键/值对(update existing entry)
dict['School'] = "中原工学院"              #增加新的键/值对(add new entry)
print ("dict['Age']: ", dict['Age'] )
print ( "dict['School']: ", dict['School'];
```

以上实例输出结果：

```
dict['Age']: 18
dict['School']: 中原工学院
```

4. 删除字典元素

del()方法允许使用键从字典中删除元素(条目)。clear()方法可以清空字典所有元素。删除一个字典用 del 命令。实例如下：

```
dict = {'Name': '王海', 'Age': 17, 'Class': '计算机一班'}
del dict['Name']        #删除键是'Name'的元素(条目)
dict.clear()            #清空词典所有元素
del dict                #删除词典,用 del 后字典不再存在
```

5. in 运算

字典里的 in 运算用于判断某键是否在字典里，对于 value 值不适用。功能与 has_key(key)方法相似。

```
dict = {'Name': '王海', 'Age': 17, 'Class': '计算机一班'}
print ('Age' in dict )      #等价于 print(dict.has_key('Age'))
```

以上实例输出结果：

```
True
```

6. 获取字典中的所有值

values()以列表返回字典中的所有值。

```
dict = {'Name': '王海', 'Age': 17, 'Class': '计算机一班'}
print (dict.values ())
```

以上实例输出结果：

```
[17, '王海', '计算机一班']
```

7. items()方法

items()方法把字典中每对 key 和 value 组成一个元组，并把这些元组放在列表中返回。

```
dict = {'Name': '王海', 'Age': 17, 'Class': '计算机一班'}
for key,value in dict.items():
    print( key,value)
```

以上实例输出结果：

```
Name 王海
Class 计算机一班
Age 17
```

注意：字典打印出来的顺序与创建之初的顺序不同，这不是错误。字典中各个元素并没有顺序之分(因为不需要通过位置查找元素)，因此，存储元素时进行了优化，使字典的存储和查询效率最高。这也是字典和列表的另一个区别：列表保持元素的相对关系，即序列关系；而字典是完全无序的，也称为非序列。如果想保持一个集合中元素的顺序，需要使用列表，而不是字典。需要知道从 Python 3.6 版本开始，字典进行优化后变成有顺序的，字典输出顺序与创建之初的顺序相同，但仍不能使用位置下标索引访问。

字典方法和内置函数如表 2-16 所示。假设字典名为 dict1。

表 2-16　字典方法和内置函数

函　　数	函 数 描 述
dict1. clear()	删除字典内所有元素
dict1. copy()	返回一个字典副本(浅复制)
dict1. fromkeys(seq,value)	创建一个新字典，以序列 seq 中的元素作为字典的键，value 为字典所有键对应的初始值
dict1. get(key, default=None)	返回指定键的值，如果值不在字典中则返回 default 值
dict1. has_key(key)	如果键在字典 dict 中则返回 true，否则返回 false(Python 3.0 以后版本已经删除此方法)

续表

函　　数	函数描述
dict1.items()	以列表返回可遍历的(键,值)元组数组
dict1.keys()	以列表返回一个字典所有的键
dict1.setdefault(key, default=None)	和get()类似,但如果键不存在于字典中,将会添加键并将值设为default
dict1.update(dict2)	把字典dict2的键/值对更新到dict1里
dict1.values()	以列表返回字典中的所有值
cmp(dict1, dict2)	内置函数,比较两个字典元素
len(dict)	内置函数,计算字典元素个数,即键的总数
str(dict)	内置函数,输出字典可打印的字符串表示
type(variable)	内置函数,返回输入的变量类型,如果变量是字典则返回字典类型

2.4.4　集合

集合(set)是一个无序不重复元素的序列。集合基本功能是进行成员关系测试和删除重复元素。

1. 创建集合

可以使用花括号{}或者set()函数创建集合。注意,创建一个空集合必须用set()而不是{ },因为{ }用来创建一个空字典。

```
student = {'Tom', 'Jim', 'Mary', 'Tom', 'Jack', 'Rose'}
print(student)  #输出集合,重复的元素被自动去掉
```

以上实例输出结果:

```
{'Jack', 'Rose', 'Mary', 'Jim', 'Tom'}
```

2. 成员测试

```
if('Rose' in student) :
    print('Rose 在集合中')
else :
    print('Rose 不在集合中')
```

以上实例输出结果:

```
Rose 在集合中
```

3. 集合运算

可以使用"-""|""&"运算符进行集合的差集、并集、交集运算。

```
#set可以进行集合运算
a = set('abcd')
b = set('cdef')
print(a)
print("a和b的差集: ", a - b)              #a和b的差集
print("a和b的并集: ", a | b)              #a和b的并集
print("a和b的交集: ", a & b)              #a和b的交集
print("a和b中不同时存在的元素: ", a ^ b)   #a和b中不同时存在的元素
```

以上实例输出结果：

```
{'a', 'b', 'd', 'c'}
a和b的差集: {'a', 'b'}
a和b的并集: {'b', 'a', 'f', 'd', 'c', 'e'}
a和b的交集: {'c', 'd'}
a和b中不同时存在的元素: {'a', 'e', 'f', 'b'}
```

2.5 习　　题

1. Python 数据类型有哪些？分别有什么用途？

2. 把下列数学表达式转换成等价的 Python 表达式。

(1) $\frac{-b+\sqrt{b^2-4ac}}{2a}$　　(2) $\frac{x^2+y^2}{2a^2}$　　(3) $\frac{x+y+z}{\sqrt{x^3+y^3+z^3}}$

(4) $\frac{(3+a)^2}{2c+4d}$　　(5) $2\sin\left(\frac{x+y}{2}\right)\cos\left(\frac{x-y}{2}\right)$

提示：math.sin(x)函数返回 x 弧度的正弦值，math.cos(x)函数返回 x 弧度的余弦值，math.sqrt(x)函数返回数字 x 的平方根。函数请参考第 4 章。

3. 数学上 $3<x<10$ 表示成正确的 Python 表达式为(　　)。

4. 计算下列表达式的值(可在上机时验证)，设 a=7，b=-2，c=4。

(1) 3 * 4 ** 5 / 2　　(2) a * 3 % 2

(3) a%3 +b * b- c//5　　(4) b ** 2-4 * a * c

5. 求列表 s=[9,7,8,3,2,1,55,6]中的元素个数、最大数、最小数。如何在列表 s 中添加一个元素 10？如何从列表 s 中删除一个元素 55？

6. 元组与列表的主要区别是什么？s=(9,7,8,3,2,1,55,6)能添加元素吗？

7. 已知有列表 lst=[54,36,75,28,50]，请完成以下操作：

(1)在列表尾部插入元素 52；(2)在元素 28 前面插入 66；(3)删除并输出 28；(4)将列表按降序排序；(5)清空整个列表。

8. 有以下 3 个集合，集合成员分别是会 Python、C、Java 语言的人名。

```
Pythonset = {'王海', '李黎明', '王铭年', '李晗'}
Cset = {'朱佳', '李黎明', '王铭年', '杨鹏'}
Javaset = {'王海', '杨鹏', '王铭年', '罗明', '李晗'}
```

请使用集合运算输出只会 Python 不会 C 的人和 3 种语言都会使用的人各有哪些。

第3章 Python控制语句

对于Python程序中的执行语句，默认是按照书写顺序依次执行的，这时称这样的语句是顺序结构的。但是，仅有顺序结构还是不够的，因为有时需要根据特定的情况，有选择地执行某些语句，这时就需要一种选择结构的语句。另外，有时还可以在给定条件下重复执行某些语句，这时称这些语句是循环结构的。有了这三种基本的结构，就能够构建任意复杂的程序了。

3.1 选择结构

视频讲解

三种基本程序结构中的选择结构，可用if语句、if…else语句和if…elif…else语句实现。

3.1.1 if语句

Python的if语句的功能跟其他语言非常相似，都是用来判定给出的条件是否满足，然后根据判断的结果（即真或假）决定是否执行给出的操作。if语句是一种单选结构，它选择的是做或不做。它由三部分组成：关键字if本身、测试条件真假的表达式（简称为条件表达式）和表达式结果为真（即表达式的值为非0）时要执行的代码。if语句的语法形式如下所示：

if 表达式：
　　语句1

if语句的流程图如图3-1所示。

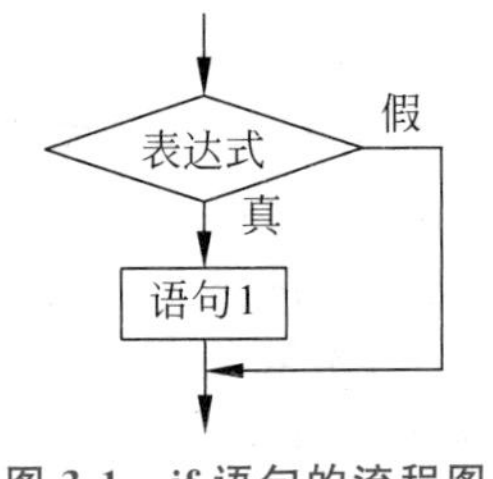

图3-1　if语句的流程图

if语句的表达式用于判断条件，可以用>（大于）、<（小于）、==（等于）、>=（大于或等于）、<=（小于或等于）来表示其关系。

现在用一个示例程序来演示一下if语句的用法。程序很简单，只要用户输入一个整数，如果这个数字大于6，那么就输出一行字符串；否则，直接退出程序。代码如下：

```
#比较输入的整数是否大于6
a = input("请输入一个整数：")        #取得一个字符串
a = int(a)                          #将字符串转换为整数
if a > 6:
    print ( a, "大于6")
```

通常,每个程序都会有输入输出,这样可以与用户进行交互。用户输入一些信息,你会对他输入的内容进行一些适当的操作,然后再输出用户想要的结果。Python 可以用 input 进行输入,用 print 进行输出,这些都是简单的控制台输入输出,复杂的有处理文件等。

3.1.2 if…else 语句

上面的 if 语句是一种单选结构,也就是说,如果条件为真(即表达式的值为非零),那么执行指定的操作;否则就会跳过该操作。而 if…else 语句是一种双选结构,在两种备选行动中选择哪一个的问题。if…else 语句由五部分组成:关键字 if、测试条件真假的表达式、表达式结果为真(即表达式的值为非零)时要执行的代码,以及关键字 else 和表达式结果为假(即表达式的值为零)时要执行的代码。if…else 语句的语法形式如下:

```
if 表达式:
    语句 1
else:
    语句 2
```

if…else 语句的流程图如图 3-2 所示。

下面对上面的示例程序进行修改,以演示 if…else 语句的使用方法。程序很简单,只要用户输入一个整数,如果这个数字大于 6,那么就输出一行信息,指出输入的数字大于 6;否则,输出另一行字符串,指出输入的数字小于或等于 6。代码如下:

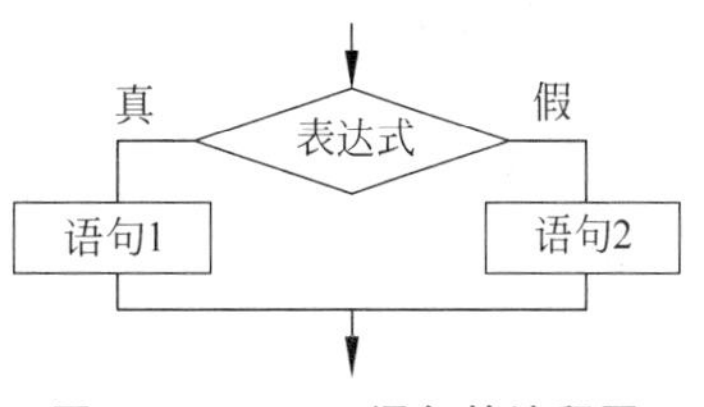

图 3-2　if…else 语句的流程图

```
a = input("请输入一个整数: ")   #取得一个字符串
a = int(a)                      #将字符串转换为整数
if a > 6:
    print ( a, "大于 6")
else:
    print ( a, "小于或等于 6")
```

【例 3-1】 任意输入三个数字,按从小到大的顺序输出。

分析:先将 x 与 y 比较,把较小者放入 x 中,较大者放入 y 中;再将 x 与 z 比较,把较小者放入 x 中,较大者放入 z 中,此时 x 为三者中的最小者;最后将 y 与 z 比较,把较小者放入 y 中,较大者放入 z 中,此时 x、y、z 已按由小到大的顺序排列。

```
x = input('x = ')                    #输入 x
y = input('y = ')                    #输入 y
z = input('z = ')                    #输入 z
if x > y:
    x, y = y, x                      #x, y 互换
if x > z:
    x, z = z, x                      #x, z 互换
if y > z:
    y, z = z, y                      #y, z 互换
print(x, y, z)
```

假如 x、y、z 分别输入 1、4、3，以上代码输出结果：

```
x = 1↙  (输入 x 的值,↙表示回车)
y = 4↙  (输入 y 的值)
z = 3↙  (输入 z 的值)
1 3 4
```

其中“x, y = y, x”这种语句是同时赋值，将赋值号右侧的表达式依次赋给左侧的变量。例如，“x, y = 1, 4”就相当于“x=1; y=4”的效果，可见 Python 语法多么简洁。

3.1.3 if…elif…else 语句

有时候，需要在多组动作中选择一组执行，这时就会用到多选结构，对于 Python 语言来说就是 if…elif…else 语句。该语句可以利用一系列条件表达式进行检查，并在某个表达式为真的情况下执行相应的代码。需要注意的是，虽然 if…elif…else 语句的备选动作较多，但是有且只有一组动作被执行。该语句的语法形式如下：

```
if 表达式 1:
    语句 1
elif 表达式 2:
    语句 2
    ⋮
elif 表达式 n:
    语句 n
else:
    语句 n+1
```

注意：最后一个 elif 子句之后的 else 子句没有进行条件判断，它实际上处理跟前面所有条件都不匹配的情况，所以 else 子句必须放在最后。

if…elif…else 语句的流程图如图 3-3 所示。

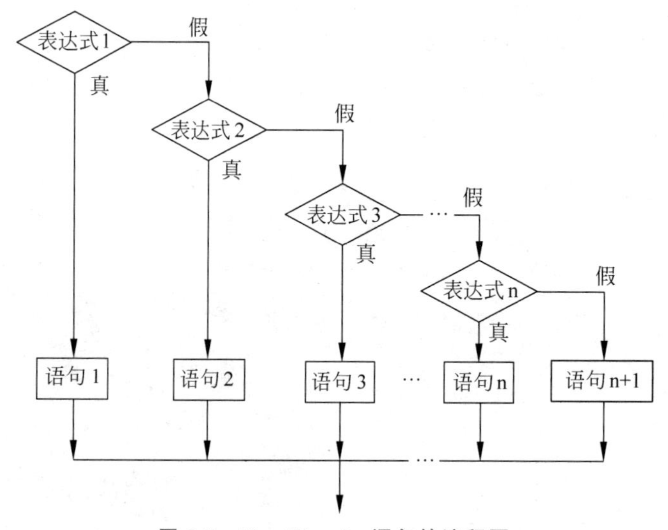

图 3-3 if…elif…else 语句的流程图

下面继续对上面的示例程序进行修改，以演示 if…elif…else 语句的使用方法。我们还是要用户输入一个整数，如果这个数字大于 6，那么就输出一行信息，指出输入的数字大于 6；如果这个数字小于 6，则输出另一行字符串，指出输入的数字小于 6；否则，指出输入的数字等于 6。具体的代码如下：

```
a = input("请输入一个整数: ")  #取得一个字符串
a = int(a)                    #将字符串转换为整数
if a > 6:
    print ( a, "大于 6")
elif a == 6:
    print ( a, "等于 6")
else:
    print ( a, "小于 6")
```

【例 3-2】 输入学生的成绩 score，按分数输出其等级：score≥90 为优，90 > score≥80 为良，80 > score≥70 为中等，70 > score≥60 为及格，score < 60 为不及格。

```
score = int(input("请输入成绩"))        #int()转换字符串为整型
if score >= 90:
    print("优")
elif score >= 80:
    print("良")
elif score >= 70:
    print("中")
elif score >= 60:
    print("及格")
else :
    print("不及格")
```

说明：三种选择语句中，条件表达式都是必不可少的组成部分。当条件表达式的值为 0 时，表示条件为假；当条件表达式的值为非 0 时，表示条件为真。那么哪些表达式可以作为条件表达式呢？基本上，最常用的是关系表达式和逻辑表达式。例如：

```
if a == x and b == y :
    print ("a = x, b = y")
```

除此之外，条件表达式还可以是任何数值类型表达式，甚至字符串也可以。例如：

```
if 'a': #'abc':也可以
    print ("a = x, b = y")
```

另外，C 语言是用花括号{}来区分语句体，但是 Python 的语句体是用缩进形式来表示的，如果缩进不正确，则会导致逻辑错误。

3.1.4 pass 语句

Python 提供了一个关键字 pass，类似于空语句，可以用在类和函数的定义中或者选择结构中。当暂时没有确定如何实现功能，或者为以后的软件升级预留空间，又或其他类型功能时，可以使用该关键字来“占位”。例如下面的代码是合法的：

```
if a<b:
    pass        #什么操作也不做
else:
    z=a
class A:        #类的定义
    pass
def demo():     #函数的定义
    pass
```

3.2 循环结构

程序在一般情况下是按顺序执行的。编程语言提供了各种控制结构，允许更复杂的执行路径。循环语句允许执行一个语句或语句组多次，Python 提供了 while 循环（在 Python 中没有 do…while 循环）和 for 循环。

视频讲解

3.2.1 while 语句

Python 编程中 while 语句用于循环执行程序，即在某条件下，循环执行某段程序，以处理需要重复处理的相同任务。while 语句的流程图如图 3-4 所示。其基本形式为：

while 判断条件：

　　执行语句

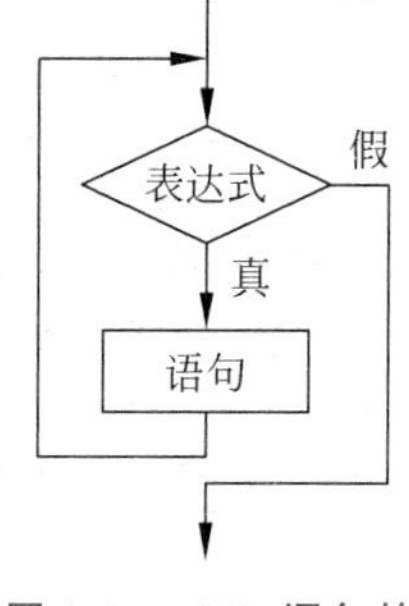

图 3-4 while 语句的流程图

判断条件可以是任何表达式，任何非零或非空（null）的值均为真。当判断条件为假时，循环结束。执行语句可以是单个语句或语句块。注意程序中的冒号和缩进。例如：

```
count = 0
while count < 9:
   print ('The count is:', count)
   count = count + 1
print ("Good bye!" )
```

以上代码输出结果：

```
The count is: 0
The count is: 1
The count is: 2
The count is: 3
```

```
The count is: 4
The count is: 5
The count is: 6
The count is: 7
The count is: 8
Good bye!
```

此外，while 语句中判断条件还可以是个常值，表示循环必定成立。例如：

```
count = 0
while 1:                                    #判断条件是个常值 1
    print ('The count is:', count)
    count = count + 1
print ("Good bye!" )
```

这样就形成无限循环，可以借助后面学习的 break 语句结束循环。

【例 3-3】 输入两个正整数，求它们的最大公约数。

分析：求最大公约数可以用“辗转相除法”，方法如下：

(1) 比较两数 m 和 n，并使 m 大于 n。

(2) 将 m 作为被除数，n 作为除数，相除后余数为 r。

(3) 循环判断 r，若 r=0，则 n 为最大公约数，结束循环。若 r≠0，执行步骤 m←n，n←r；将 m 作为被除数，n 作为除数，相除后余数为 r。

```
num1 = int(input("输入第一个数字: "))   #用户输入两个数字
num2 = int(input("输入第二个数字: "))
m = num1
n = num2
if m < n:                               #m,n 交换值
    t = m
    m = n
    n = t
r = m % n
while r!= 0:
    m = n
    n = r
    r = m % n
print( num1,"和", num2,"的最大公约数为", n)
```

以上代码执行输出结果：

```
输入第一个数字: 36
输入第二个数字: 48
36 和 48 的最大公约数为 12
```

3.2.2 for 语句

视频讲解

for 语句可以遍历任何序列的项目,如一个列表、元组或者一个字符串。

1. for 循环的语法

for 循环的语法格式如下:

for 迭代变量 in 序列:
循环体

for 语句的执行过程是:每次循环从序列中依次取出一个元素,存放于迭代变量,该元素值提供给循环体内的语句使用;直到所有元素取完为止,则结束循环。例如:

for 循环把字符串中字符遍历出来。

```
for letter in 'Python':                 #第一个实例
   print( '当前字母 :', letter )
```

以上实例输出结果:

```
当前字母 : P
当前字母 : y
当前字母 : t
当前字母 : h
当前字母 : o
当前字母 : n
```

for 循环把列表中元素遍历出来。

```
fruits = ['banana', 'apple', 'mango']
for fruit in fruits:                          #第二个实例
   print ( '元素 :', fruit)
print( "Good bye!" )
```

会依次打印 fruits 的每一个元素。以上实例输出结果:

```
元素 : banana
元素 : apple
元素 : mango
Good bye!
```

【例 3-4】 计算 1~10 的整数之和,可以用一个 sum 变量做累加。

```
sum = 0
for x in [1, 2, 3, 4, 5, 6, 7, 8, 9, 10]:
    sum = sum + x
print(sum)
```

如果要计算 1～100 的整数之和，从 1 写到 100 有点困难，幸好 Python 提供一个 range()内置函数，可以生成一个整数序列，再通过 list()函数可以转换为 list。

例如，range(0, 5)或 range(5)生成的序列是从 0 开始到小于 5 的整数，不包括 5。实例如下：

```
>>> list(range(5))
[0, 1, 2, 3, 4]
```

range(1, 101)就可以生成 1～100 的整数序列。计算 1～100 的整数之和代码如下：

```
sum = 0
for x in range(1,101):
    sum = sum + x
print(sum)
```

请自行运行上述代码，看看结果是不是当年高斯同学心算出的 5050。

2. 通过索引循环

对于一个列表，另外一种执行循环的遍历方式是通过索引(元素下标)。实例如下：

```
fruits = ['banana', 'apple', 'mango']
for i in range(len(fruits)):
   print( '当前水果 :', fruits[i] )
print ("Good bye!")
```

以上实例输出结果：

```
当前水果 : banana
当前水果 : apple
当前水果 : mango
Good bye!
```

以上实例使用了内置函数 len()和 range()。函数 len()返回列表的长度，即元素的个数，通过索引 i 访问每个元素 fruits[i]。

3.2.3 continue 和 break 语句

continue 语句的作用是终止当前循环，并忽略 continue 之后的语句，然后回到循环的顶端，提前进入下一次循环。

break 语句在 while 循环和 for 循环中都可以使用，一般放在 if 选择结构中，一旦 break 语句被执行，将使得整个循环提前结束。

除非 break 语句让代码更简单或更清晰，否则不要轻易使用。

【例 3-5】 continue 和 break 用法示例。

```
#continue 和 break 用法
i = 1
```

```
while i < 10:
    i += 1
    if i % 2 > 0:            # 非双数时跳过输出
        continue
    print (i)                # 输出双数 2、4、6、8、10
i = 1
while 1:                     # 循环条件为 1 必定成立
    print (i)                # 输出 1～10
    i += 1
    if i > 10:               # 当 i 大于 10 时跳出循环
        break
```

3.2.4 循环嵌套

Python 语言允许在一个循环体里面嵌入另一个循环。可以在循环体内嵌入其他的循环体，如在 while 循环中可以嵌入 for 循环；也可以在 for 循环中嵌入 while 循环。嵌套层次一般不超过 3 层，以保证可读性。

注意：

(1) 循环嵌套时，外层循环和内层循环间是包含关系，即内层循环必须被完全包含在外层循环中。

(2) 当程序中出现循环嵌套时，程序每执行一次外层循环，其内层循环必须循环所有的次数(即内层循环结束)后，才能进入外层循环的下一次循环。

【例 3-6】 打印九九乘法表。

```
for i in range(1,10):
    for j in range(1,i+1):
        print (i,'*',j,'=',i*j,'\t',end="")      # end=""作用是不换行
    print("")                                    # 仅起换行作用
```

以上代码执行输出结果如图 3-5 所示。

```
1 * 1 = 1
2 * 1 = 2    2 * 2 = 4
3 * 1 = 3    3 * 2 = 6    3 * 3 = 9
4 * 1 = 4    4 * 2 = 8    4 * 3 = 12    4 * 4 = 16
5 * 1 = 5    5 * 2 = 10   5 * 3 = 15    5 * 4 = 20    5 * 5 = 25
6 * 1 = 6    6 * 2 = 12   6 * 3 = 18    6 * 4 = 24    6 * 5 = 30    6 * 6 = 36
7 * 1 = 7    7 * 2 = 14   7 * 3 = 21    7 * 4 = 28    7 * 5 = 35    7 * 6 = 42    7 * 7 = 49
8 * 1 = 8    8 * 2 = 16   8 * 3 = 24    8 * 4 = 32    8 * 5 = 40    8 * 6 = 48    8 * 7 = 56    8 * 8 = 64
9 * 1 = 9    9 * 2 = 18   9 * 3 = 27    9 * 4 = 36    9 * 5 = 45    9 * 6 = 54    9 * 7 = 63    9 * 8 = 72    9 * 9 = 81
```

图 3-5 九九乘法表

【例 3-7】 使用嵌套循环输出 2～100 的素数。

素数是除 1 和本身外，不能被其他任何整数整除的整数。判断一个数 m 是否为素数，只要依次用 2，3，4，…，m－1 作为除数去除 m，如果有一个能被整除，m 就不是素数。

```
m = int(input("请输入一个整数"))
j = 2
```

```
while j <= m - 1 :
    if m % j == 0: break #退出循环
    j = j + 1
if (j > m-1) :
    print (m, "是素数")
else:
    print (m, "不是素数")
```

应用上述代码,对于一个非素数而言,判断过程往往可以很快结束。例如,判断 30 009 时,因为该数能被 3 整除,所以只需判断 j=2, 3 两种情况。而判断一个素数尤其是当该数较大时,例如判断 30 011,则要从 j=2, 3, 4, …,一直判断到 30 010 都不能被整除,才能得出其为素数的结论。实际上,只要从 2 判断到 $\sqrt{m}$,若 m 不能被其中任何一个数整除,则 m 即为素数。

```
#找出 100 以内的所有素数
import math                              #导入 math 数学模块
m = 2
while m < 100 :                          #外层循环
    j = 2
    while j <= math.sqrt(m) :            #内层循环, math.sqrt()是求平方根
        if m % j == 0: break             #退出内层循环
        j = j + 1
    if (j > math.sqrt(m)) :
        print (m, "是素数")
    m = m + 1
print ("Good bye!")
```

【例 3-8】 使用嵌套循环输出如图 3-6 所示的金字塔图案。

图 3-6 金字塔图案

分析:观察图形包含 8 行,因此外层循环执行 8 次;每行内容由两部分组成:空格和星号。假设第 1 行星号在第 10 列,则第 i 行空格的数量为 10−i,星号数量为 2*i−1。

```
for i in range(1,9):                     #外层循环
    for j in range(0,10 - i):            #循环输出每行空格
        print (" ", end = "")
```

```
    for j in range(0,2 * i - 1):                #循环输出每行星号
        print (" * ", end = "")
    print ("")                                  #仅起换行作用
```

也可以用如下代码实现：

```
for i in range(1,9):
    print (" " * (10 - i), " * " * (2 * i - 1))     #使用重复运算符输出每行空格、星号
```

3.2.5 列表生成式

列表生成式(List Comprehensions)是 Python 内置的一种极其强大的生成 list 列表的表达式。如果要生成一个 list [1 , 2 , 3 , 4 , 5 , 6 , 7 , 8 , 9]，可以用 range(1, 10)。

```
>>> L= list(range(1, 10))     #L是[1, 2, 3, 4, 5, 6, 7, 8, 9]
```

如果要生成[1 * 1, 2 * 2, 3 * 3, …, 10 * 10],可以使用循环：

```
>>> L= []
>>> for x in range(1 , 10):
    L.append(x * x)
>>> L
[1, 4, 9, 16, 25, 36, 49, 64, 81]
```

而使用列表生成式,可以用一句代替以上烦琐循环来完成上面的操作：

```
>>> [x * x for x in range(1 , 11)]
[1, 4, 9, 16, 25, 36, 49, 64, 81, 100]
```

列表生成式的书写格式：把要生成的元素 x * x 放到前面,后面跟上 for 循环。这样就可以把 list 创建出来。for 循环后面还可以加上 if 判断。例如筛选出偶数的平方：

```
>>> [x * x for x in range(1 , 11) if x % 2  ==  0]
[4, 16, 36, 64, 100]
```

再如,把一个 list 列表中所有的字符串变成小写形式：

```
>>> L = ['Hello', 'World', 'IBM', 'Apple']
>>> [s.lower() for s in L]
['hello', 'world', 'ibm', 'apple']
```

当然,列表生成式也可以使用两层循环。例如,生成'ABC'和'XYZ'中字母的全部组合：

```
>>> print( [m + n for m in 'ABC' for n in 'XYZ'] )
['AX', 'AY', 'AZ', 'BX', 'BY', 'BZ', 'CX', 'CY', 'CZ']
```

再例如生成所有的扑克牌的列表。

```
>>> color = ["草花","方块","红桃","黑桃"]
>>> rank = ["A","1","2","3","4","5","6","7","8","9","10","J","Q","K"]
>>> print ( [m + n for m in color for n in rank])
['草花 A', '草花 1', '草花 2', '草花 3', '草花 4', '草花 5', '草花 6', '草花 7', '草花 8', '草花
9', '草花 10', '草花 J', '草花 Q', '草花 K', '方块 A', '方块 1', '方块 2', '方块 3', '方块 4', '方
块 5', '方块 6', '方块 7', '方块 8', '方块 9', '方块 10', '方块 J', '方块 Q', '方块 K', '红桃 A', '红
桃 1', '红桃 2', '红桃 3', '红桃 4', '红桃 5', '红桃 6', '红桃 7', '红桃 8', '红桃 9', '红桃 10', '红
桃 J', '红桃 Q', '红桃 K', '黑桃 A', '黑桃 1', '黑桃 2', '黑桃 3', '黑桃 4', '黑桃 5', '黑桃 6', '黑
桃 7', '黑桃 8', '黑桃 9', '黑桃 10', '黑桃 J', '黑桃 Q', '黑桃 K']
```

for 循环其实可以同时使用两个甚至多个变量，例如字典的 items()可以同时迭代 key 和 value：

```
>>> d = {'x': 'A', 'y': 'B', 'z': 'C' }            #字典(dict)
>>> for k, v in d.items():
        print(k, '键 = ', v, endl = ';')
```

输出结果：

```
y 键 = B; x 键 = A; z 键 = C;
```

因此，列表生成式也可以使用两个变量来生成 list：

```
>>> d = {'x': 'A', 'y': 'B', 'z':'C' }
>>>[ k + '=' + v for k, v in d.items()]
['y=B', 'x=A', 'z=C']
```

3.3 常用算法及应用实例

3.3.1 累加与累乘

累加与累乘是最常见的一类算法，这类算法就是在原有的基础上不断地加上或乘以一个新的数。如求 1+2+3+…+n、求 n 的阶乘、计算某个数列前 n 项的和，以及计算一个级数的近似值等。

【例 3-9】 求自然对数 e 的近似值，近似公式为：

$$e=1+1/1!+1/2!+1/3!+\cdots+1/n!$$

分析：这是一个收敛级数，可以通过求其前 n 项和来实现近似计算。通常该类问题会给出一个计算误差，例如，可设定当某项的值小于 10^{-5} 时停止计算。

此题既涉及累加，也包含了累乘。程序如下：

```
i = 1
p = 1
sum_e = 1;
t = 1/p
while t > 0.00001
    p = p * i;              // 计算 i 的阶乘
    t = 1/ p;
    sum_e = sum_e + t;
    i = i + 1;              //为计算下一项做准备
print("自然对数 e 的近似值" ,sum_e);
```

运行结果：

```
自然对数 e 的近似值 2.7182815255731922
```

3.3.2 求最大数和最小数

求数据中的最大数和最小数的算法是类似的，可采用“打擂”算法。以求最大数为例，可先用其中第一个数作为最大数，再用其与其他数逐个比较，并将找到的较大的数替换为最大数。

【例 3-10】 求区间[100，200]内 10 个随机整数中的最大数。

分析：本题随机产生整数，所以引入 random 模块随机数函数，其中 random. randrange()可以从指定范围内获取一个随机数。例如，random. randrange (6)，从 0～5 中随机挑选一个整数，不包括数字 6；random.randrange (2,6)，从 2～5 中随机挑选一个整数，不包括数字 6。

```
import random
x = random.randrange(100,201)           #产生一个[100, 200]的随机数 x
maxn = x                                 #设定最大数
print(x,end = " ")
for i in range(2, 11):
    x = random.randrange(100,201)       #再产生一个[100, 200]的随机数 x
    print(x,end = " ")
    if x > maxn :
        maxn = x;                        #若新产生的随机数大于最大数，则进行替换
print ("最大数: ",maxn)
```

运行结果：

```
185 173 112 159 116 168 111 107 190 188 最大数: 190
```

当然，在 Python 中求最大数有相应的函数 max(序列)。例如：

```
print ("最大数: ",max([185,173, 112, 159, 116, 168, 111, 107, 190, 188]) #求序列最大数
```

运行结果：

```
最大数: 190
```

所以上例可以修改如下：

```
import random
a = []                                    #列表
for i in range(1, 11):
```

```
    x = random.randrange(100,201)       #产生一个[100, 200]的随机数 x
    print(x,end = " ")
    a.append(x)
print ("最大数: ",max(a))
```

3.3.3 枚举法

枚举法又称为穷举法，此算法将所有可能出现的情况一一进行测试，从中找出符合条件的所有结果。如计算“百钱买百鸡”问题，又如列出满足 x * y=100 的所有组合等。

【例 3-11】 公鸡每只 5 元，母鸡每只 3 元，小鸡 3 只 1 元，现要求用 100 元钱买 100 只鸡，问公鸡、母鸡和小鸡各买几只？

分析：设买公鸡 x 只，母鸡 y 只，小鸡 z 只。根据题意可列出以下方程组：

$$\begin{cases} x+y+z=100 \\ 5x+3y+z/3=100 \end{cases}$$

由于 2 个方程式中有 3 个未知数，属于无法直接求解的不定方程，故可采用“枚举法”进行试根，即逐一测试各种可能的 x、y、z 组合，并输出符合条件者。

```
for x in range(0, 100):
    for y in range(0, 100):
        z = 100 - x - y
        if z >= 0 and 5 * x + 3 * y + z/3 == 100 :
            print ('公鸡 %d 只,母鸡 %d 只,小鸡 %d 只' % (x, y, z))
```

运行结果：

```
公鸡 0 只,母鸡 25 只,小鸡 75 只
公鸡 4 只,母鸡 18 只,小鸡 78 只
公鸡 8 只,母鸡 11 只,小鸡 81 只
公鸡 12 只,母鸡 4 只,小鸡 84 只
```

【例 3-12】 输出“水仙花数”。所谓水仙花数是指一个 3 位的十进制数，其各位数字的立方和等于该数本身。例如，153 是水仙花数，因为 $153=1^3+5^3+3^3$。

```
for i in range(100,1000):
    ge = i % 10
    shi = i // 10 % 10
    bai = i // 100
    if ge ** 3 + shi ** 3 + bai ** 3 == i:
        print (i,end = " ")
```

运行结果：

```
153 370 371 407
```

【例 3-13】 编写程序，输出由 1、2、3、4 这 4 个数字组成的每位数都不相同的所有 3 位数。

```
digits = (1, 2, 3, 4)
for i in digits:
    for j in digits:
        for k in digits:
            if i!= j and j!= k and i!= k:
                print(i * 100 + j * 10 + k)
```

3.3.4 递推与迭代

1. 递推

利用递推算法或迭代算法，可以将一个复杂的问题转换为一个简单的过程重复执行。这两种算法的共同特点是，通过前一项的计算结果推出后一项。不同点是，递推算法不存在变量的自我更迭，而迭代算法则在每次循环中用变量的新值取代其原值。

【例 3-14】 输出斐波那契(Fibonacci)数列的前 20 项。该数列的第 1 项和第 2 项为 1，从第 3 项开始，每一项均为其前面 2 项之和，即 1,1,2,3,5,8,…。

分析：设数列中相邻的 3 项分别为变量 f1、f2 和 f3，则有如下递推算法。

(1) f1 和 f2 的初值为 1。

(2) 每次执行循环，用 f1 和 f2 产生后项，即 f3 = f1 + f2。

(3) 通过递推产生新的 f1 和 f2，即 f1 = f2，f2 = f3。

(4) 如果未达到规定的循环次数，则返回步骤(2)；否则停止计算。

```
f1 = 1
f2 = 1
print("1:", f1)
print("2:", f2)
```

```
for i in range(3, 21):
    f3 = f1 + f2          #递推公式
    print (i,":",f3)
    f1 = f2
    f2 = f3
```

说明：解决递推问题必须具备两个条件，即初始条件和递推公式。本题的初始条件为f1＝1和f2＝1，递推公式为f3＝f1＋f2，f1＝f2，f2＝f3。

【例3-15】 有一分数序列：2/1，3/2，5/3，8/5，13/8，21/13，…，求出这个数列的前20项之和。

分析：根据分子与分母的变化规律，可知后项分母为前项分子，后项分子为前项分子分母之和。

```
number = 20
a = 2
b = 1
s = 0
for n in range(1,number + 1):
    s = s + a/b
    #以下三句是程序的关键
    t = a
    a = a + b
    b = t
print(s)
```

2. 迭代

迭代法也称辗转法，是一种不断用变量的旧值递推新值的过程。迭代法是用计算机解决问题的一种基本方法。它利用计算机运算速度快、适合做重复性操作的特点，让计算机对一组指令（或一定步骤）进行重复执行，在每次执行这组指令（或这些步骤）时，都从变量的原值推出它的一个新值。

【例3-16】 迭代法求a的平方根。求平方根的公式为：$x_{n+1}=(x_n+a/x_n)/2$，求出的平方根精度是前后项差的绝对值小于10^{-5}。

分析：迭代法求a的平方根的算法如下：

(1) 设定一个x的初值x0（在如下程序中取x0＝a/2）。

(2) 用求平方根的公式x1＝(x0＋a/x0)/2求出x的下一个值x1；求出的x1与真正的平方根相比，误差很大。

(3) 判断x1－x0的绝对值是否满足大于10^{-5}，如果满足，则将x1作为x0，重新求出新x1，如此继续下去，直到前后两次求出的x值（x1和x0）的差的绝对值满足小于10^{-5}。

```
a = int(input("Input a positive number:"))       #输入被开方数
x0 = a / 2;                                      #任取的初值
x1 = (x0 + a / x0)/2                             #x0, x1 分别代表前一项和后一项
while abs(x1 - x0)> 0.00001 :                    #abs(x)函数用来求参数 x 的绝对值
```

```
        x0 = x1
        x1 = (x0 + a / x0) / 2
    print("The square root is: " ,x1)
```

运行结果：

```
Input a positive number:2 ↙
The square root is: 1.4142137800471977
```

3.4　游戏初步——猜单词游戏

视频讲解

【案例 3-1】 游戏初步——猜单词游戏。计算机随机产生一个单词，打乱字母顺序，供玩家去猜。

分析：游戏中需要随机产生单词以及随机数字，所以引入 random 模块随机数函数，其中 random.choice()可以从序列中随机选取元素。例如：

```
WORDS = ("python", "jumble", "easy", "difficult", "answer", "continue",
         "phone", "position", "pose", "game")
#从序列中随机挑出一个单词
word = random.choice(WORDS)
```

word 就是从单词序列中随机挑出的一个单词。

从游戏中随机挑出一个单词 word 后，如何把单词 word 的字母顺序打乱，方法是随机从单词字符串中选择一个位置 position，把 position 位置上的那个字母加入乱序后单词 jumble，同时将原单词 word 中 position 位置上的那个字母删去（通过连接 position 位置前字符串和其后字符串实现）。通过多次循环就可以产生新的乱序后单词 jumble。

```
while word: #word 不是空串循环
    #根据 word 长度，产生 word 的随机位置
    position = random.randrange(len(word))
    #将 position 位置上的字母组合到乱序后单词
    jumble += word[position]
    #通过切片，将 position 位置上的字母从原单词中删除
    word = word[:position] + word[(position + 1):]
print("乱序后单词:", jumble)
```

猜单词游戏程序代码如下：

```
#Word Jumble 猜单词游戏
import random
#创建单词序列
WORDS = ("python", "jumble", "easy", "difficult", "answer", "continue",
        "phone", "position", "position", "game")
```

```
#start the game
print(
"""
    欢迎参加猜单词游戏
  把字母组合成一个正确的单词.
"""
)
iscontinue = "y"
while iscontinue == "y" or iscontinue == "Y":
    #从序列中随机挑出一个单词
    word = random.choice(WORDS)
    #一个用于判断玩家是否猜对的变量
    correct = word
    #创建乱序后单词
    jumble = ""
    while word: #word 不是空串时循环
        #根据 word 长度,产生 word 的随机位置
        position = random.randrange(len(word))
        #将 position 位置字母组合到乱序后单词
        jumble += word[position]
        #通过切片,将 position 位置字母从原单词中删除
        word = word[:position] + word[(position + 1):]
    print("乱序后单词:", jumble)
    guess = input("\n 请你猜: ")
    while guess != correct and guess != "":
        print("对不起,不正确.")
        guess = input("继续猜: ")
    if guess == correct:
        print("真棒,你猜对了!\n")
    iscontinue = input("\n\n 是否继续(Y/N): ")
```

运行结果:

```
    欢迎参加猜单词游戏
  把字母组合成一个正确的单词.
乱序后单词: yaes
请你猜: easy
真棒,你猜对了!
是否继续(Y/N): y
乱序后单词: diufctlfi
请你猜: difficutl
对不起,不正确.
继续猜: difficult
真棒,你猜对了!
是否继续(Y/N): n
>>>
```

3.5 习　　题

1. 输入一个整数n，判断其能否同时被5和7整除，如能则输出"xx能同时被5和7整除"，否则输出"xx不能同时被5和7整除"。要求xx为输入的具体数据。

2. 输入一个百分制的成绩，经判断后输出该成绩的对应等级。其中，90分以上为A，80～89分为B，70～79分为C，60～69分为D，60分以下为E。

3. 某百货公司为了促销，采用购物打折的办法。消费1000元以上者，按九五折优惠；消费2000元以上者，按九折优惠；消费3000元以上者，按八五折优惠；消费5000元以上者，按八折优惠。编写程序，输入购物款数，计算并输出优惠价。

4. 编写一个求整数n的阶乘(n!)的程序。

5. 利用循环创建一个包含10个奇数的列表，并计算该列表的和与平均值。

6. 编写程序，求1!+3!+5!+7!+9!。

7. 编写程序，计算下列公式中s的值(n是运行程序时输入的一个正整数)。

$$s = 1 + (1 + 2) + (1 + 2 + 3) + \cdots + (1 + 2 + 3 + \cdots + n)$$

$$s = 12 + 22 + 32 + \cdots + (10 \times n + 2)$$

$$s = 1 \times 2 - 2 \times 3 + 3 \times 4 - 4 \times 5 + \cdots + (-1)^{(n-1)} \times n \times (n + 1)$$

8. 百马百瓦问题：有100匹马驮100块瓦，大马驮3块，小马驮2块，两个马驹驮1块。问：大马、小马和马驹各有多少匹。

9. 有一个数列，其前三项分别为1、2、3，从第四项开始，每项均为其相邻的前三项之和的1/2，问：该数列从第几项开始，其数值超过1200。

10. 找出1～100的全部同构数。同构数是这样一种数：它出现在它的平方数的右端。例如，5的平方是25，5是25中右端的数，5就是同构数，25也是一个同构数，它的平方是625。

11. 猴子吃桃问题：猴子第一天摘下若干个桃子，当即吃了一半，还不过瘾，又多吃了一个，第二天早上将剩下的桃子吃掉一半，又多吃了一个。以后每天早上都吃前一天剩下的一半再加一个。到第10天早上想再吃时，发现只剩下一个桃子。求第一天共摘了多少个桃子。

12. 输入一个字符串，然后依次显示该字符串的每个字符以及该字符的ASCII码。

13. 开发猜数字小游戏。计算机随机生成100以内数字，玩家去猜，如果猜的数字过大或过小都会给出提示，直到猜中该数，显示"恭喜！你猜对了"，同时要统计玩家猜的次数。

14. 已知abc+cba=1333，其中a,b,c均为1位数，编写程序求出a,b,c分别代表什么数字。

第4章 Python 函数与模块

到目前为止，所编写的代码都是以一个代码块的形式出现的。当某些任务，例如求一个数的阶乘，需要在一个程序中不同位置重复执行时，这样会造成代码的重复率高，应用程序代码烦琐。解决这个问题的方法就是使用函数。无论在哪门编程语言当中，函数（在类中称作方法，其意义是相同的）都扮演着至关重要的角色。模块是 Python 的代码组织单元，它将函数、类和数据封装起来以便重用，模块往往对应 Python 程序文件，Python 标准库和第三方提供了大量的模块。

4.1 函数的定义和使用

在 Python 程序开发过程中，将完成某一特定功能并经常使用的代码编写成函数，放在函数库（模块）中供大家选用，在需要使用时直接调用，这就是程序中的函数。开发人员要善于使用函数，以提高编码效率，减少编写程序段的工作量。

视频讲解

4.1.1 函数的定义

在某些编程语言当中，函数声明和函数定义是区分开的（在这些编程语言当中函数声明和函数定义可以出现在不同的文件中，如 C 语言），但是在 Python 中，函数声明和函数定义是视为一体的。在 Python 中，函数定义的基本形式如下：

```
def 函数名(函数参数):
    函数体
    return 表达式或者值
```

在这里说明几点：

（1）在 Python 中采用 def 关键字进行函数的定义，不用指定返回值的类型。

（2）函数参数可以是零个、一个或者多个。同样地，函数参数也不用指定参数类型，因为在 Python 中变量都是弱类型的，Python 会自动根据值来维护其类型。

（3）Python 函数的定义中缩进部分是函数体。

（4）函数的返回值是通过函数中的 return 语句获得的。return 语句是可选的，它可以在函数体内任何地方出现，表示函数调用执行到此结束。如果没有 return 语句，会自动返回 None（空值）；如果有 return 语句，但是 return 后面没有接表达式或者值，也是返回 None

(空值)。

下面定义 3 个函数:

```
def printHello():                    #打印'hello'字符串
    print ('hello')
def printNum():                      #输出数字 0~9
    for i in range(0,10):
        print (i)
    return
def add(a,b):                        #实现求两个数的和
    return a+b
```

4.1.2 函数的使用

在定义了函数之后,就可以使用该函数了。但是在 Python 中要注意一个问题,就是在 Python 中不允许前向引用,即在函数定义之前,不允许调用该函数。看一个例子就明白了。

```
print (add(1,2))
def add(a,b):
    return a+b
```

这段程序运行的错误提示是:

```
Traceback (most recent call last):
  File "C:/Users/xmj/4-1.py", line 1, in <module>
    print (add(1,2))
NameError: name 'add' is not defined
```

从报错的信息可以知道,名字为 add 的函数未进行定义。所以在任何时候调用某个函数,必须确保其定义在调用之前。

【例 4-1】 编写函数实现最大公约数算法,通过函数调用代码实现求最大公约数。

分析:这里求两个数 x、y 最大公约数的算法是遍历法。循环变量 i 从 1 到最小数,用 x、y 同时去除它,如果能整除则赋值给 hcf;最后返回最大的 hcf(当然最后一次赋值最大)。

```
#Filename : 4-1.py
#定义一个函数
def hcf(x, y):
    """该函数返回两个数的最大公约数"""
    #获取最小值
    if x > y:
        smaller = y
    else:
        smaller = x
    for i in range(1,smaller + 1):
```

```
        if((x % i == 0) and (y % i == 0)):              #x,y同时整除i,则i是最大公约数
            hcf = i
    return hcf
#用户输入两个数字
num1 = int(input("输入第一个数字: "))
num2 = int(input("输入第二个数字: "))
print( num1,"和", num2,"的最大公约数为", hcf(num1, num2)) #hcf(num1, num2)函数调用
```

程序运行结果为：

```
输入第一个数字: 54
输入第二个数字: 24
54 和 24 的最大公约数为 6
```

4.1.3 Lambda 表达式

Lambda 表达式可以用来声明匿名函数，即没有函数名字的临时使用的小函数，它只可以包含一个表达式，且该表达式的计算结果为函数的返回值，不允许包含其他复杂的语句，但在表达式中可以调用其他函数。

例如：

```
f = lambda x,y,z:x + y + z
print (f(1,2,3))
```

执行以上代码输出结果为：

```
6
```

等价于定义：

```
def f(x,y,z):
    return x + y + z
print (f(1,2,3))
```

可以将 Lambda 表达式作为列表的元素，从而实现跳转表的功能，也就是函数的列表。Lambda 表达式列表的定义方法如下：

列表名 =［(Lambda 表达式 1)，(Lambda 表达式 2)，…］

调用列表中 Lambda 表达式的方法如下：

列表名[索引](Lambda 表达式的参数列表)

例如：

```
L = [(lambda x:x ** 2),(lambda x:x ** 3),(lambda x:x ** 4)]
print(L[0](2),L[1](2),L[2](2))
```

程序分别计算并打印2的平方、立方和四次方。执行以上代码输出结果为：

```
4 8 16
```

4.1.4 函数的返回值

函数使用return返回值，也可以将Lambda表达式作为函数的返回值。

【例4-2】 定义一个函数math。当参数k等于1时返回计算加法的Lambda表达式；当参数k等于2时返回计算减法的Lambda表达式；当参数k等于3时返回计算乘法的Lambda表达式；当参数k等于4时返回计算除法的Lambda表达式。代码如下：

```
def math(k):
    if(k == 1):
        return lambda x,y : x + y
    if(k == 2):
        return lambda x,y : x - y
    if(k == 3):
        return lambda x,y : x * y
    if(k == 4):
        return lambda x,y : x/y
#调用函数
action = math(1)                #返回加法Lambda表达式
print("10 + 2 = ", action(10,2))
action = math(2)                #返回减法Lambda表达式
print("10 - 2 = ",action(10,2))
action = math(3)                #返回乘法Lambda表达式
print("10 * 2 = ",action(10,2))
action = math(4)                #返回除法Lambda表达式
print("10/2 = ",action(10,2))
```

程序运行结果为：

```
10 + 2 =  12
10 - 2 =  8
10 * 2 =  20
10/2 =  5.0
```

最后需要补充一点：Python中函数是可以返回多个值的，如果返回多个值，会将多个值放在一个元组或者其他类型的集合中来返回。

```
def function():
    x = 2
```

```
    y = [3,4]
    return (x,y)
print (function())
```

程序运行结果为：

```
(2, [3, 4])
```

【例 4-3】 编写函数实现求字符串中大写、小写字母的个数。

分析：需要返回大写、小写字母的个数，返回两个数，所以使用列表返回。

```
def demo(s):
    result = [0,0]
    for ch in s:
        if 'a'<= ch<= 'z':
            result[1] += 1
        elif 'A'<= ch<= 'Z':
            result[0] += 1
    return result              #返回列表
print(demo('aaaabbbbC'))
```

程序运行结果为：

```
[1, 8]
```

4.2 函数参数

在学习 Python 语言函数的时候，遇到的问题主要有形参和实参的区别、参数的传递和改变、变量的作用域。下面来逐一讲解。

视频讲解

4.2.1 函数形参和实参的区别

形参全称是形式参数，在用 def 关键字定义函数时函数名后面括号里的变量称为形式参数。实参全称为实际参数，在调用函数时提供的值或者变量称为实际参数。例如：

```
#这里的 a 和 b 就是形参
def add(a,b):
    return a + b
#下面是调用函数
add(1,2)            #这里的 1 和 2 是实参
x = 2
y = 3
add(x,y)            #这里的 x 和 y 是实参
```

4.2.2 参数的传递

在大多数高级语言中,对参数的传递方式这个问题的理解一直是个难点和重点,因为它理解起来并不是那么直观明了,但是不理解的话在编写程序的时候又极其容易出错。下面来探讨 Python 中函数参数的传递问题。

在讨论这个问题之前,首先需要明确一点,就是在 Python 中一切皆对象,变量中存放的是对象的引用。这个确实有点难以理解,“一切皆对象”在 Python 中确实是这样,之前经常用到的字符串常量、整型常量都是对象。不信可以验证一下:

```
x = 2
y = 2
print (id(2))
print (id(x))
print (id(y))
z = 'hello'
print (id('hello'))
print (id(z))
```

程序运行结果为:

```
1353830160
1353830160
1353830160
51231464
51231464
```

先解释一下函数 id()的作用。id(object)函数是返回对象 object 的 id 标识(在内存中的地址),id 函数的参数类型是一个对象,因此对于这个语句 id(2)没有报错,就可以知道 2 在这里是一个对象。

从结果可以看出,id(x)、id(y)和 id(2)的值是一样的,id(z)和 id('hello')的值也是一样的。

在 Python 中一切皆对象,像 2、'hello'这样的值都是对象,只不过 2 是一个整型对象,而'hello'是一个字符串对象。上面的 x=2,在 Python 中实际的处理过程是这样的:先申请一段内存分配给一个整型对象来存储整型值 2,然后让变量 x 去指向这个对象,实际上就是指向这段内存(这里和 C 语言中的指针有点类似)。而 id(2)和 id(x)的结果一样,说明 id 函数在作用于变量时,其返回的是变量指向的对象的地址。在这里可以将 x 看成是对象 2 的一个引用。同理,y=2,所以变量 y 也指向这个整型对象 2,如图 4-1 所示。

下面就来讨论函数的参数传递问题。

在 Python 中参数传递采用的是值传递,这和 C 语言有点类似。在绝大多数情况下,在函数内部直接修改形参的值不会影响实参。例如下面的示例:

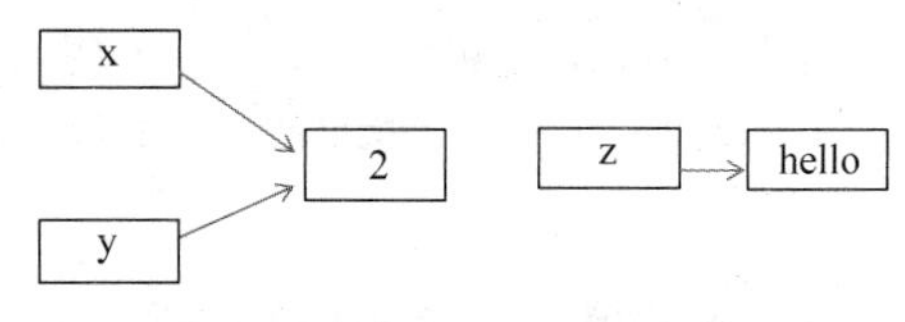

图 4-1 两个变量引用同一个对象示意图

```
def addOne(a):
    a += 1
    print(a)        #输出 4
a = 3
addOne(a)
print(a)            #输出 3
```

在有些情况下，可以通过特殊的方式在函数内部修改实参的值。例如下面的代码：

```
def modify1(m,K):
    m = 2
    K = [4,5,6]
    return
def modify2(m,K):
    m = 2
    K[0] = 0        #同时修改了实参的内容
    return
#主程序
n = 100
L = [1,2,3]
modify1(n,L)
print (n)
print (L)
modify2(n,L)
print (n)
print (L)
```

程序运行结果为：

```
100
[1, 2, 3]
100
[0, 2, 3]
```

从结果可以看出，执行 modify1()之后，n 和 L 都没有发生任何改变；执行 modify2()后，n 还是没有改变，L 发生了改变。因为在 Python 中参数传递采用的是值传递方式，在执行函数 modify1()时，先获取 n 和 L 的 id()值，然后为形参 m 和 K 分配空间，让 m 和 K 分别指向对象 100 和对象[1,2,3]。m=2 这句让 m 重新指向对象 2，而 K=[4,5,6]这句让 K 重新指向对象[4,5,6]。这种改变并不会影响到实参 n 和 L，所以在执行 modify1()之后，n 和 L 没有发生任何改变。

同理，在执行函数 modify2()时，让 m 和 K 分别指向对象 2 和对象[1,2,3]，然而 K[0]=0 让 K[0]重新指向了对象 0(注意这里 K 和 L 指向的是同一段内存)，所以对 K 指向的内存数据进行的任何改变也会影响 L，因此在执行 modify2()后，L 发生了改变，如图 4-2 所示。

下面两个例子也是函数内部修改实参的值。

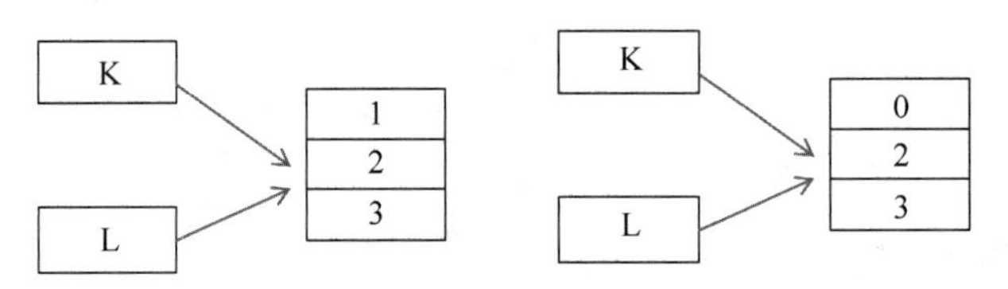

图 4-2　执行 modify2()前后示意图

```
def modify(v, item):  #为列表增加元素
    v.append(item)
#主程序
a = [2]
modify(a,3)
print(a)              #输出为[2, 3]
```

程序运行结果为：

```
[2, 3]
```

再如修改字典元素值：

```
def modify(d):    #修改字典元素值或为字典增加元素
    d['age'] = 38
#主程序
a = {'name':'Dong', 'age':37, 'sex':'Male'}
print(a)          #输出为{'age': 37, 'name': 'Dong', 'sex': 'Male'}
modify(a)
print(a)          #输出为{'age': 38, 'name': 'Dong', 'sex': 'Male'}
```

程序运行结果为：

```
{'sex': 'Male', 'age': 37, 'name': 'Dong'}
{'sex': 'Male', 'age': 38, 'name': 'Dong'}
```

4.2.3　函数参数的类型

在 C 语言中，调用函数时必须依照函数定义时的参数个数以及类型来传递参数，否则将会发生错误，这是进行严格规定的。然而在 Python 中函数参数定义和传递的方式相比而言就灵活多了。

1. 默认值参数

默认值参数是指它能够给函数参数提供默认值。例如：

```
def display(a = 'hello',b = 'wolrd'):
    print (a + b)
```

```
#主程序
display()
display(b = 'world')
display(a = 'hello')
display('world')
```

程序运行结果为：

```
hellowolrd
helloworld
hellowolrd
worldwolrd
```

在上面的代码中，分别给 a 和 b 指定了默认参数，即如果不给 a 或者 b 传递参数时，它们就分别采用默认值。在给参数指定了默认值后，如果传递参数时不指定参数名，则会从左到右依次进行传递参数，如 display('world')没有指定'world'是传递给 a 还是 b，则默认从左向右匹配，即传递给 a。

默认值参数如果使用不当，会导致很难发现的逻辑错误。

2. 关键字参数

前面接触到的那种函数参数定义和传递方式叫作位置参数，即参数是通过位置进行匹配的，从左到右依次进行匹配，这对参数的位置和个数都有严格的要求。而在 Python 中还有一种是通过参数名字来匹配的，不需要严格按照参数定义时的位置来传递参数，这种参数叫作关键字参数。关键字参数避免了用户需要牢记位置参数顺序的麻烦。下面举两个例子：

```
def display(a,b):
    print (a)
    print (b)
#主程序
display('hello','world')
```

这段程序是想输出'hello world'，可以正常运行。如果像下面这样编写，结果可能就不是预期的样子了。

```
def display(a,b):
    print (a)
    print (b)
#主程序
display('hello')                #这样会报错，参数不足
display('world','hello')        #这样会输出'world hello'
```

可以看出，在 Python 中默认的是采用位置参数来传递参数。调用函数时必须严格按照函数定义时的参数个数和位置来传递参数，否则将会出现预想不到的结果。下面这段代

码采用的就是关键字参数：

```
def display(a,b):
    print (a)
    print (b)
```

下面两句达到的效果是相同的。

```
display(a = 'world',b = 'hello')
display(b = 'hello',a = 'world')
```

可以看到，通过指定参数名字传递参数时，参数位置对结果是没有影响的。

3. 任意个数参数

一般情况下在定义函数时，函数参数的个数是确定的，然而某些情况下是不能确定参数的个数的，如要存储某个人的名字和他的小名，某些人的小名可能有 2 个或者更多个，此时无法确定参数的个数，只需在参数前面加上'*'或者'**'。

```
def storename(name, * nickName):
    print ('real name is % s' % name)
    for nickname in nickName:
        print ('小名',nickname)
#主程序
storename('张海')
storename('张海','小海')
storename('张海','小海','小豆豆')
```

程序运行结果为：

```
real name is 张海
real name is 张海
小名小海
real name is 张海
小名小海
小名小豆豆
```

'*'和'**'表示能够接受 0 到任意多个参数，'*'表示将没有匹配的值都放在同一个元组中，'**'表示将没有匹配的值都放在一个字典中。

假如使用'**'：

```
def demo( ** p):
    for item in p.items():
        print(item)
demo(x = 1,y = 2,z = 3)
```

程序运行结果为：

```
('x', 1)
('y', 2)
('z', 3)
```

假如使用'*'：

```
def demo(*p):
    for item in p:
        print(item,end=" ")
demo(1,2,3)
```

程序运行结果为：

```
1 2 3
```

4.2.4 变量的作用域

当引入函数的概念之后，就出现了变量作用域的问题。变量起作用的范围称为变量的作用域。一个变量在函数外部定义和在函数内部定义，其作用域是不同的。如果用特殊的关键字定义一个变量，也会改变其作用域。本节讨论变量的作用域规则。

1. 局部变量

在函数内定义的变量只在该函数内起作用，称为局部变量。它们与函数外具有相同名称的其他变量没有任何关系，即变量名称对于函数来说是局部的。所有局部变量的作用域是它们被定义的块，从它们的名称被定义处开始。函数结束时，其局部变量被自动删除。下面通过一个例子说明局部变量的使用。

```
def fun():
    x=3
    count=2
    while count>0:
        print (x)
        count=count-1
fun()
print (x)           #错误：NameError: name 'x' is not defined
```

在函数 fun 中，定义变量 x，在函数内部定义的变量作用域都仅限于函数内部，在函数外部是不能够调用的。所以在函数外 print (x)会出现错误提示。

2. 全局变量

还有一种变量叫作全局变量，它是在函数外部定义的，作用域是整个程序。全局变量可以直接在函数里面使用，但是如果要在函数内部改变全局变量值，必须使用 global 关键字进行声明。

```
x = 2                          # 全局变量
def fun1():
    print (x, end = " ")
def fun2():
    global x                   # 在函数内部改变全局变量值必须使用 global 关键字
    x = x + 1
    print (x, end = " ")
fun1()
fun2()
print (x, end = " ")
```

程序运行结果为：

```
2 3 3
```

fun2()函数中如果没有 global x 声明，则编译器认为 x 是局部变量，而局部变量 x 又没有创建，从而出错。

在函数内部直接将一个变量声明为全局变量，而在函数外没有定义，在调用这个函数之后，将变量增加为新的全局变量。

如果一个局部变量和一个全局变量重名，则局部变量会“屏蔽”全局变量，也就是局部变量起作用。

4.3 闭包和函数的递归调用

4.3.1 闭包

视频讲解

在 Python 中，闭包(closure)指函数的嵌套。可以在函数内部定义一个嵌套函数，将嵌套函数视为一个对象，所以可以将嵌套函数作为定义它的函数的返回结果。

【例 4-4】 使用闭包的例子。

```
def func_lib():
    def add(x, y):
        return x + y
    return add          # 返回函数对象

fadd = func_lib()
print(fadd(1, 2))
```

在函数 func_lib()中定义了一个嵌套函数 add(x, y)，并作为函数 func_lib()的返回值。程序运行结果为 3。

4.3.2 函数的递归调用

1. 递归调用

函数在执行的过程中直接或间接调用自己本身，称为递归调用。Python 语言允许递归调用。

【例 4-5】 求 1～5 的平方和。

```
def f(x):
    if x == 1:                          #递归调用结束的条件
        return 1
    else:
        return(f(x - 1) + x * x)        #调用 f()函数本身
print(f(5))
```

在调用 f()函数的过程中，又调用了 f()函数，这是直接调用本函数。如果在调用 f1()函数过程中要调用 f2()函数，而在调用 f2()函数过程中又要调用 f1()函数，这是间接调用本函数，如图 4-3 所示。

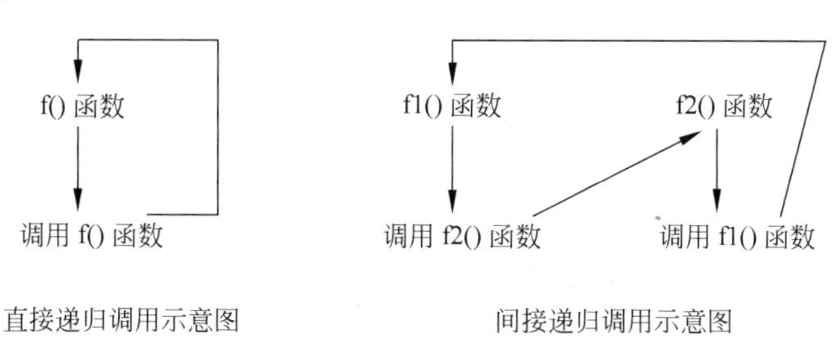

图 4-3 函数的递归调用示意图

从图 4-3 可以看到，递归调用都是无终止地调用自己。程序中不应该出现这种无止境的递归调用，而应该出现有限次数、有终止的递归调用。这可以使用 if 语句来控制，当满足某一条件时递归调用结束。例如，求 1～5 的平方和中递归调用结束的条件是 x=1。

【例 4-6】 从键盘输入一个整数，求该数的阶乘。

根据求一个数 n 的阶乘的定义 n!=n(n-1)!，可写成如下形式：

```
fac(n) = 1                  n = 1
fac(n) = n * fac(n - 1)     (n > 1)
```

程序如下：

```
def fac(n):
    if n == 1:                  #递归调用结束的条件
        p = 1
    else:
        p = (fac(n - 1) * n)    #调用 fac() 函数本身
    return p
x = int(input("输入一个正整数:"))
print(fac(x))
```

执行以上代码输出结果为：

```
输入一个正整数：4↙
24
```


思考：根据递归的处理过程，若 fac()函数中没有语句 if n==1:p=1，程序的运行结果将如何？

2. 递归调用的执行过程

递归调用的执行过程分为递推过程和回归过程两部分。这两个过程由递归终止条件控制，即逐层递推，直至递归终止条件，然后逐层回归。递归调用同普通的函数调用一样利用了先进后出的栈结构来实现。每次调用时，在栈中分配内存单元保存返回地址以及参数和局部变量；而与普通的函数调用不同的是，由于递推的过程是一个逐层调用的过程，因此存在一个逐层连续的参数入栈过程，调用过程每调用一次自身，把当前参数压栈，每次调用时都首先判断递归终止条件，直到达到递归终止条件为止；接着回归过程不断从栈中弹出当前的参数，直到栈空返回到初始调用处为止。

图 4-4 显示了例 4-3 的递归调用过程。

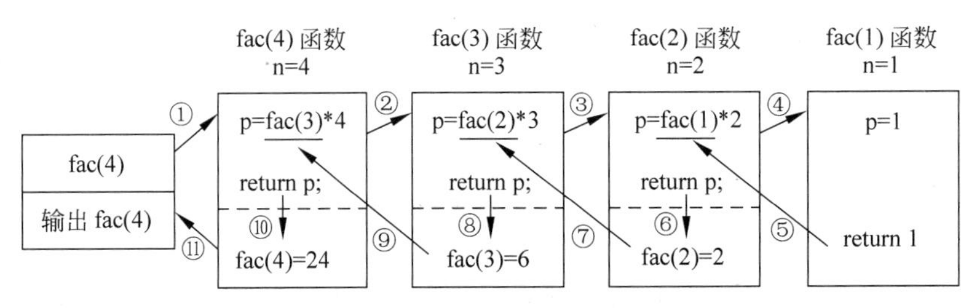

图 4-4　递归调用 n! 的执行过程

注意：无论是直接递归还是间接递归都必须保证在有限次调用之后能够结束，即递归必须有结束条件并且递归能向结束条件发展。例如，fac()函数中的参数 n 在递归调用中每次减 1，总可达到 n==1 的状态而结束。

函数递归调用解决的问题，也可用非递归函数实现，例如上例中，可用循环实现求 n!。但在许多情形下如果不用递归方法，程序算法将十分复杂，很难编写。

下面的实例显示了递归设计技术的效果。

【例 4-7】 汉诺塔(Hanoi)问题。汉诺塔源自古印度，是非常著名的智力趣题，在很多算法书籍和智力竞赛中都有涉及。有 A、B、C 三根柱子(如图 4-5 所示)，A 柱上有 n 个大小不等的盘子，大盘在下，小盘在上。要求将所有盘子由 A 柱搬动到 C 柱上，每次只能搬动一个盘子，搬动过程中可以借助任何一根柱子，但必须满足大盘在下，小盘在上。

编程求解汉诺塔问题并打印出搬动的步骤。

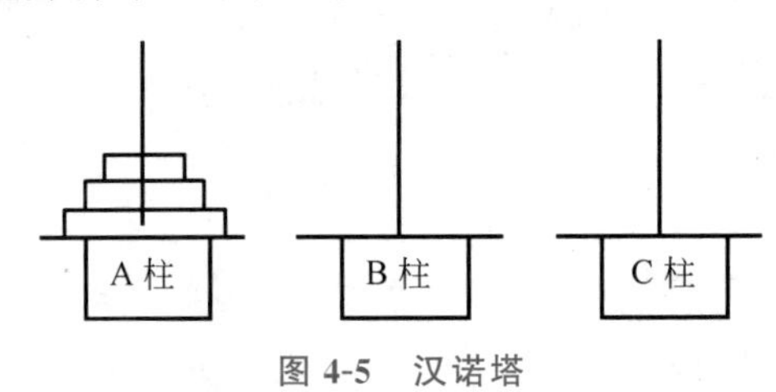

图 4-5　汉诺塔

分析：

(1) A柱只有一个盘子的情况：A柱→C柱。

(2) A柱有两个盘子的情况：小盘A柱→B柱，大盘A柱→C柱，小盘B柱→C柱。

(3) A柱有n个盘子的情况：将此问题看成上面n−1个盘子和最下面第n个盘子的情况。n−1个盘子A柱→B柱，第n个盘子A柱→C柱，n−1个盘子B柱→C柱。问题转化成搬动n−1个盘子的问题，同样，将n−1个盘子看成上面n−2个盘子和下面第n−1个盘子的情况，进一步转化为搬动n−2个盘子的问题，……，类推下去，一直到最后成为搬动一个盘子的问题。

这是一个典型的递归问题，递归结束于只搬动一个盘子。

算法可以描述为：

① n−1个盘子A柱→B柱，借助于C柱。

② 第n个盘子A柱→C柱。

③ n−1个盘子B柱→C柱，借助于A柱。

其中步骤①和步骤③继续递归下去，直到搬动一个盘子为止。由此，可以定义两个函数：一个是递归函数，命名为hanoi(n, source, temp, target)，实现将n个盘子从源柱source借助中间柱temp搬到目标柱target；另一个命名为move(source, target)，用来输出搬动一个盘子的提示信息。

```
def move(source, target):
    print(source,"==>",target)
def hanoi(n, source, temp, target):
    if(n==1):
        move(source,target)
    else:
        hanoi(n-1,source,target,temp)     #将n-1个盘子搬到中间柱
        move(source,target)               #将最后一个盘子搬到目标柱
        hanoi(n-1,temp,source,target)     #将n-1个盘子搬到目标柱
#主程序
n=int(input("输入盘子数："))
print(" 移动 ",n ," 个盘子的步骤是：")
hanoi(n,'A','B','C')
```

执行以上代码输出结果为：

```
输入盘子数：3↙
移动 3 个盘子的步骤是：
A==>C
A==>B
C==>B
A==>C
B==>A
B==>C
A==>C
```

注意：计算一个数的阶乘的问题可以利用递归函数和非递归函数解决，对于汉诺塔问题，为其设计一个非递归程序却不是一件简单的事情。

4.4 内置函数

视频讲解

内置函数(built-in functions)又称系统函数或内建函数，是指 Python 本身所提供的函数，任何时候都可以使用。Python 常用的内置函数有数学运算函数、集合操作函数、字符串函数、反射函数和 I/O 函数等。

4.4.1 数学运算函数

数学运算函数完成算术运算，如表 4-1 所示。

表 4-1　数学运算函数

函　数	具体说明
abs(x)	求绝对值。参数可以是整型，也可以是复数；若参数是复数，则返回复数的模
complex([real[, imag]])	创建一个复数
divmod(a, b)	分别取商和余数。例如，divmod(20,6)结果是(3,2)
float(x)	将一个字符串或数转换为浮点数。如果无参数将返回 0.0。例如，float('123')结果是 123.0
int([x[, base]])	将一个字符转换为 int 类型，base 表示进制。例如，int('100',base=2)结果是 4
pow(x, y)	返回 x 的 y 次幂。例如，pow(2,3)结果是 8
range([start], stop[, step])	产生一个序列，默认从 0 开始
round(x[, n])	对参数 x 的第 n+1 位小数进行四舍五入，返回一个小数位数为 n 的浮点数
sum(iterable[, start])	对集合求和
bool(x)	将 x 转换为 boolean 类型。例如，bool(5)结果是 True，bool(0)结果是 False
oct(x)	将整数 x 转化为八进制字符串
hex(x)	将整数 x 转换为十六进制字符串
chr(i)	返回整数 i 对应的 ASCII 字符
bin(x)	将整数 x 转换为二进制字符串
bool(x)	将 x 转换为 boolean 类型
eval(str)	将字符串 str 当成有效的表达式来求值并返回计算结果。例如，eval("1+2*3") 结果是 7

4.4.2 集合操作函数

集合操作函数完成对集合操作，如表 4-2 所示。

表 4-2　集合操作函数

函　数	具体说明
format(value [, format_spec])	格式化输出字符串。格式化的参数顺序从 0 开始，如“I am {0}, I like {1}”
unichr(i)	返回给定 int 类型的 unicode

函　　数	具体说明
enumerate(sequence[,start = 0])	返回一个可枚举的对象,该对象的 next()方法将返回一个元组
max(iterable[, args…][key])	返回集合中的最大值
min(iterable[, args…][key])	返回集合中的最小值
dict([arg])	创建数据字典
list([iterable])	将一个集合类转换为列表
set()	set 对象实例化
frozenset([iterable])	产生一个不可变的 set
str([object])	转换为 string 类型
sorted(iterable)	集合排序
tuple([iterable])	生成一个 tuple 类型
len(s)	返回集合长度

4.4.3 字符串函数

常用的 Python 字符串操作有字符串的替换、删除、截取、复制、连接、比较、查找、分割等。具体字符串函数如表 4-3 所示。

表 4-3 字符串函数

函　　数	描　　述
string. capitalize()	把字符串的第一个字符大写
string. count(str, beg=0, end=len(string))	返回 str 在 string 里面出现的次数,如果 beg 或者 end 指定则返回指定范围内 str 出现的次数
string. decode(encoding='UTF-8')	以 encoding 指定的编码格式解码 string
string. endswith(obj, beg=0, end=len(string))	检查字符串是否以 obj 结束,如果 beg 或者 end 指定范围,则检查指定的范围内是否以 obj 结束,如果是则返回 True,否则返回 False
string. find(str, beg=0, end=len(string))	检测 str 是否包含在 string 中,如果 beg 和 end 指定范围,则检查是否包含在指定范围内,如果是则返回开始的索引值,否则返回−1
string. index(str, beg=0, end=len(string))	跟 find()方法一样,只不过如果 str 不在 string 中则会报一个异常
string. isalnum()	如果 string 至少有一个字符并且所有字符都是字母或数字,则返回 True,否则返回 False
string. isalpha()	如果 string 至少有一个字符并且所有字符都是字母,则返回 True,否则返回 False
string. isdecimal()	如果 string 只包含十进制数字则返回 True,否则返回 False
string. isdigit()	如果 string 只包含数字则返回 True,否则返回 False
string. islower()	如果 string 中包含至少一个区分大小写的字符,并且所有这些(区分大小写的)字符都是小写,则返回 True,否则返回 False
string. isnumeric()	如果 string 中只包含数字字符,则返回 True,否则返回 False
string. isspace()	如果 string 中只包含空格,则返回 True,否则返回 False
string. istitle()	如果 string 是标题化的[见 title()]则返回 True,否则返回 False

续表

函　　数	描　　述
string. isupper()	如果 string 中包含至少一个区分大小写的字符,并且所有这些(区分大小写的)字符都是大写,则返回 True,否则返回 False
string. join(seq)	以 string 作为分隔符,将 seq 中所有的元素(的字符串表示)合并为一个新的字符串
string. ljust(width)	返回一个原字符串左对齐,并使用空格填充至长度 width 的新字符串
string. lower()	转换 string 中所有大写字符为小写
string. lstrip()	截掉 string 左边的空格
max(str)	返回字符串 str 中最大的字母
min(str)	返回字符串 str 中最小的字母
string. replace(str1, str2, num)	把 string 中 str1 替换成 str2,如果 num 指定则替换不超过 num 次
string. rfind(str, beg=0, end=len(string))	类似于 find()函数,不过是从右边开始查找
string. rindex(str, beg=0, end=len(string))	类似于 index(),不过是从右边开始
string. rstrip()	删除 string 字符串末尾的空格
string. split(str="", num=string. count(str))	以 str 为分隔符切片 string,如果 num 有指定值,则仅分隔 num 个子字符串
string. startswith(obj, beg=0, end=len(string))	检查字符串是不是以 obj 开头,是则返回 True,否则返回 False。如果 beg 和 end 指定值,则在指定范围内检查
string. upper()	转换 string 中的小写字母为大写

分割字和组合字符串函数应用实例如下:

```
str1 = "hello world Python";
list1 = str1.split(" ");                    #按空格分割字符串 str1,形成列表 list1
print(list1);                               #结果是['hello', 'world', 'Python']
str1 = "hello world\nPython";
list1 = str1.splitlines();                  #按换行符分割字符串 str1,形成列表 list1
print(list1);
list1 = ["hello", "world", "Python"]
str1 = "#"
print(str1.join(list1))                     #用#连接列表元素形成字符串 str1
```

结果是:

```
['hello', 'world', 'Python']
['hello world', 'Python']
hello#world#Python
```

4.4.4 反射函数

反射函数主要用于获取类型、对象的标识、基类等操作,如表 4-4 所示。

表 4-4　反射函数

函　数	具体说明
getattr(object, name [, defalut])	获取一个类的属性
globals()	返回一个描述当前全局符号表的字典
hasattr(object, name)	判断对象 object 是否包含名为 name 的特性
hash(object)	如果对象 object 为哈希表类型,返回对象 object 的哈希值
id(object)	返回对象的唯一标识
isinstance(object, classinfo)	判断 object 是不是 class 的实例
issubclass(class, classinfo)	判断是不是子类
locals()	返回当前的变量列表
map(function, iterable, …)	遍历每个元素,执行 function 操作
memoryview(obj)	返回一个内存镜像类型的对象
next(iterator[, default])	类似于 iterator. next()
object()	基类
property([fget[, fset[, fdel[, doc]]]])	属性访问的包装类,设置后可以通过 c. x=value 等来访问 setter 和 getter
reload(module)	重新加载模块
setattr(object, name, value)	设置属性值
repr(object)	将一个对象变换为可打印的格式
staticmethod	声明静态方法,是一个注解
super(type[, object-or-type])	引用父类
type(object)	返回该 object 的类型
vars([object])	返回对象的变量,若无参数则与 dict()方法类似

4.4.5　I/O 函数

I/O 函数主要用于输入输出等操作,如表 4-5 所示。

表 4-5　I/O 函数

函　数	描　述
file(filename[,mode[,bufsize]])	file 类型的构造函数,作用为打开一个文件,如果文件不存在且 mode 为写或追加时,文件将被创建。添加 b 到 mode 参数中,将对文件以二进制形式操作。添加+到 mode 参数中,将允许对文件同时进行读/写操作。 ➢ 参数 filename:文件名称。 ➢ 参数 mode:'r'(读)、'w'(写)、'a'(追加)。 ➢ 参数 bufsize:如果为 0 则表示不进行缓冲;如果为 1 则表示进行缓冲;如果是一个大于 1 的数则表示缓冲区的大小
input([prompt])	获取用户输入,输入都是作为字符串处理
open(name[,mode[,buffering]])	打开文件,推荐使用 open
print()	打印函数

4.5 模　　块

视频讲解

模块(module)能够有逻辑地组织 Python 代码段。把相关的代码分配到一个模块里能让代码更好用,更易懂。简单地说,模块就是一个保存了 Python 代码的文件。在模块里能定义函数、类和变量。

在 Python 中模块和 C 语言中的头文件以及 Java 中的包很类似,例如在 Python 中要调用 sqrt()函数,必须用 import 关键字引入 math 这个模块。下面就来学习 Python 中的模块。

4.5.1 import 导入模块

1. 导入模块方式

在 Python 中用关键字 import 来导入某个模块。方式如下:

import 模块名　　#导入模块

例如要引用模块 math,就可以在文件最开始的地方用 import math 来导入。

在调用模块中的函数时,必须这样调用:

模块名.函数名

例如:

```
import math                    #导入 math 模块
print ("50 的平方根: ", math.sqrt(50))
y = math. pow(5,3)
print ("5 的 3 次方: ",y)      #5 的 3 次方: 125.0
```

为什么调用时必须加上模块名呢?因为可能存在这样一种情况:在多个模块中含有相同名称的函数,此时如果只是通过函数名来调用,解释器无法知道到底要调用哪个函数。所以在像上述那样导入模块的时候,调用函数必须加上模块名。

有时只需用到模块中的某个函数,只需引入该函数即可,此时可以通过语句引入:

from 模块名 import 函数名 1,函数名 2,…

通过这种方式引入的时候,调用函数时只能给出函数名,不能给出模块名,但是当两个模块中含有相同名称函数的时候,后面一次引入会覆盖前一次引入。

也就是说假如模块 A 中有函数 fun(),在模块 B 中也有函数 fun(),如果引入 A 中的 fun()在先、B 中的 fun()在后,那么当调用 fun()函数的时候,会去执行模块 B 中的 fun()函数。

如果想一次性导入 math 中所有的东西,还可以通过:

```
from math import *
```

这种方式提供了一个简单的方式来导入模块中的所有项目,然而不建议过多地使用这种方式。

2. 模块位置的搜索顺序

当导入一个模块时，Python 解析器对模块位置的搜索顺序是：

(1) 当前目录。

(2) 如果不在当前目录，Python 则搜索在 PYTHON PATH 环境变量下的每个目录。

(3) 如果都找不到，Python 会查看由安装过程决定的默认目录。

模块搜索路径存储在 system 模块的 sys. path 变量中。变量里包含当前目录、PYTHON PATH 和由安装过程决定的默认目录。

例如：

```
>>> import sys
>>> print(sys.path)
```

输出结果：

```
['','D:\\Python\\Python35 - 32\\Lib\\idlelib', 'D:\\Python\\Python35 - 32\\python35.zip', 'D:
\\Python\\Python35 - 32\\DLLs', 'D:\\Python\\Python35 - 32\\lib', 'D:\\Python\\Python35 - 32',
'D:\\Python\\Python35 - 32\\lib\\site - packages']
```

3. 列举模块内容

dir(模块名)函数返回一个排好序的字符串列表，内容是模块里定义的变量和函数。

例如下面一个简单的实例：

```
import math        # 导入 math 模块
content = dir(math)
print (content)
```

输出结果：

```
['__doc__', '__loader__', '__name__', '__package__', '__spec__', 'acos', 'acosh', 'asin', 'asinh',
'atan', 'atan2', 'atanh', 'ceil', 'copysign', 'cos', 'cosh', 'degrees', 'e', 'erf', 'erfc', 'exp', 'expm1',
'fabs', 'factorial', 'floor', 'fmod', 'frexp', 'fsum', 'gamma', 'gcd', 'hypot', 'inf', 'isclose',
'isfinite','isinf', 'isnan', 'ldexp', 'lgamma', 'log', 'log10', 'log1p', 'log2', 'modf', 'nan', 'pi',
'pow', 'radians', 'sin', 'sinh', 'sqrt', 'tan', 'tanh', 'trunc']
```

在这里，特殊字符串变量__name__指模块的名字，__file__指该模块所在文件名，__doc__指该模块的文档字符串。

4.5.2 定义自己的模块

在 Python 中，每个 Python 文件都可以作为一个模块，模块的名字就是文件的名字。

例如有一个文件 fibo. py，在 fibo. py 中定义了 3 个函数 add()，fib()，fib2()：

```
#fibo.py
#斐波那契(Fibonacci)数列模块
def fib(n):               #定义到 n 的斐波那契数列
    a, b = 0, 1
    while b < n:
        print(b, end = ' ')
        a, b = b, a + b
    print()
def fib2(n):              #返回到 n 的斐波那契数列
    result = []
    a, b = 0, 1
    while b < n:
        result.append(b)
        a, b = b, a + b
    return result
def add(a,b):
    return a + b
```

那么在其他文件(如 test.py)中就可以如下使用：

```
#test.py
import fibo
```

加上模块名称来调用函数：

```
fibo.fib(1000)      #结果是 1 1 2 3 5 8 13 21 34 55 89 144 233 377 610 987
fibo.fib2(100)      #结果是[1, 1, 2, 3, 5, 8, 13, 21, 34, 55, 89]
fibo.add(2,3)       #结果是 5
```

当然也可以通过“from fibo import add, fib , fib2”来引入。

直接用函数名来调用函数：

```
fib(500)      #结果是 1 1 2 3 5 8 13 21 34 55 89 144 233 377
```

如果想列举 fibo 模块中定义的属性列表,可以如下使用：

```
import fibo
dir(fibo)      #得到自定义模块 fibo 中定义的变量和函数
```

输出结果：

```
['__name__', 'fib', 'fib2', 'add']
```

下面学习一些常用标准模块。

4.5.3 time 模块

视频讲解

在 Python 中,通常有以下两种方式来表示时间。

- 时间戳,是从 1970 年 1 月 1 日 00:00:00 开始到现在的秒数。
- 时间元组 struct_time,其中共有九个元素。具体有:tm_year(年,例如 2011),tm_mon(月),tm_mday(日),tm_hour(小时,0～23),tm_min(分,0～59),tm_sec(秒,0～59),tm_wday(星期,0～6,0 表示周日),tm_yday(一年中的第几天,1～366),tm_isdst(是不是夏令时,默认 1 为夏令时)。

time 模块中既有时间处理的函数,也有转换时间格式的函数,如表 4-6 所示。

表 4-6 time 模块中的函数

函 数	描 述
time.asctime([tupletime])	接收时间元组并返回一个可读的形式为"Tue Dec 11 18:07:14 2008"(2008 年 12 月 11 日周二 18 时 07 分 14 秒)的 24 个字符的字符串
time.clock()	用以浮点数计算的秒数返回当前的 CPU 时间。用来衡量不同程序的耗时,比 time.time()更有用
time.ctime([secs])	作用相当于 asctime(localtime(secs)),获取当前时间字符串
time.gmtime([secs])	接收时间戳(1970 纪元后经过的浮点秒数)并返回时间元组 t
time.localtime([secs])	接收时间戳(1970 纪元后经过的浮点秒数)并返回当地时间的时间元组 t
time.mktime(tupletime)	接收时间元组并返回时间戳(1970 纪元后经过的浮点秒数)
time.sleep(secs)	推迟调用线程的运行,secs 指秒数
time.strftime(fmt[,tupletime])	接收时间元组,并返回以可读字符串表示的当地时间,格式由 fmt 决定
time.strptime(str,fmt='%a %b %d %H:%M:%S %Y')	根据 fmt 的格式把一个时间字符串解析为时间元组
time.time()	返回当前时间的时间戳(1970 纪元后经过的浮点秒数)

例如:

```
>>> import time
>>> time.localtime()                          #将当前时间转换为 struct_time 时间元组
    time.struct_time(tm_year = 2016, tm_mon = 7, tm_mday = 30, tm_hour = 10, tm_min = 52, tm_
sec = 45, tm_wday = 5, tm_yday = 212, tm_isdst = 0)
>>> time.localtime(1469847200.2749472)        #将时间戳转换为 struct_time 时间元组
    time.struct_time(tm_year = 2016, tm_mon = 7, tm_mday = 30, tm_hour = 10, tm_min = 53, tm_
sec = 20, tm_wday = 5, tm_yday = 212, tm_isdst = 0)
>>> time.time()                               #返回当前时间的时间戳,是一个浮点数
    1469847200.2749472
>>> time.mktime(time.localtime())             #将一个 struct_time 转化为时间戳
    1469847200.2749472
>>> time.strptime('2016 - 05 - 05 16:37:06', '%Y - %m - %d %X')
                                              #把一个格式化时间字符串转为 struct_time
```

```
    time.struct_time(tm_year = 2016, tm_mon = 5, tm_mday = 5, tm_hour = 16, tm_min = 37, tm_
sec = 6, tm_wday = 3, tm_yday = 126, tm_isdst = - 1)
# 把一个时间元组 struct_time(如由 time.localtime()和 time.gmtime()返回)转化为格式化的时
# 间字符串
>>> time.strftime(" % Y - % m - % d % X", time.localtime())
    '2016 - 07 - 30 10:58:01'
```

4.5.4 calendar 模块

此模块的函数都是与日历相关的,例如打印某月的字符月历。星期一是默认的每周第一天,星期天是默认的最后一天。更改设置需调用 calendar. setfirstweekday() 函数。calendar 模块中的函数如表 4-7 所示。

表 4-7 日历(calendar)模块中的函数

函　　数	描　　述
calendar(year,w=2,l=1,c=6)	返回一个多行字符串格式的 year 年年历,3 个月一行,每日宽度间隔为 w 字符。间隔距离为 c。每行长度为 21 * w+18+2 * c。l 是每星期行数
firstweekday()	返回当前每周起始日期的设置。默认情况下,首次载入 calendar 模块时返回 0,即星期一
isleap(year)	是闰年返回 True,否则为 False
leapdays(y1,y2)	返回在 y1、y2 两年之间的闰年总数
month(year,month,w=2,l=1)	返回一个多行字符串格式的 year 年 month 月日历,两行标题,一周一行。每日宽度间隔为 w 字符。每行的长度为 7 * w+6。l 是每星期的行数
monthcalendar(year,month)	返回一个整数的单层嵌套列表。每个子列表装载代表一个星期的整数。year 年 month 月外的日期都设为 0;范围内的日子都由该月第几日表示,从 1 开始
monthrange(year,month)	返回两个整数。第一个是该月的星期几的日期码,第二个是该月的日期码。日从 0(星期一)到 6(星期日);月从 1 到 12
setfirstweekday(weekday)	设置每周的起始日期码。0(星期一)到 6(星期日)
timegm(tupletime)	和 time. gmtime 相反,接收一个时间元组形式,返回该时刻的时间戳(1970 纪元后经过的浮点秒数)
weekday(year,month,day)	返回给定日期的日期码。日从 0(星期一)到 6(星期日)。月份为 1(1 月)到 12(12 月)

4.5.5 datetime 模块

datetime 模块为日期和时间处理同时提供了更直观、更容易调用的函数方法;支持日期和时间运算的同时,还有更有效的处理和格式化输出;同时该模块还支持时区处理。

datetime 模块还包含三个类:date、time 和 datetime。

1. date 类

date 类对象表示一个日期。日期由年、月、日组成。

date 类的构造函数如下：

```
date(year, month, day)
```

构造函数，接收年、月、日三个参数，返回一个 date 对象。

其常用函数方法如下：

- timetuple()：返回一个 time 的时间格式对象，等价于 time.localtime()。
- today()：返回当前日期 date 对象，等价于 fromtimestamp(time.time())。
- toordinal()：返回公元公历开始到现在的天数。公元 1 年 1 月 1 日为 1。
- weekday()：返回星期几。0(星期一)到 6(星期日)。
- year，month，day：返回 date 对象的年、月、日。

2. time 类

time 类表示时间，由时、分、秒以及微秒组成。

time 类的构造函数如下：

```
class datetime.time(hour[ , minute[ , second[ , microsecond[ , tzinfo] ] ] ])
```

其中，hour 的范围为[0, 24)，minute 的范围为[0, 60)，second 的范围为[0, 60)，microsecond 的范围为[0, 1000000)。

其常用函数方法如下：

- time([hour[, minute[, second[, microsecond[, tzinfo]]]]])：构造函数，返回一个 time 对象。所有参数均为可选。
- dst()：返回时区信息的描述。如果实例中没有 tzinfo 参数则返回空。
- isoformat()：返回 HH:MM:SS[.mmmmmm][+HH:MM]格式字符串。

3. datetime 类

datetime 模块还包含一个 datetime 类，通过 from datetime import datetime 导入的才是 datetime 类。

如果仅导入 import datetime，则必须引用全名 datetime.datetime。

datetime 类的构造函数如下：

```
datetime(year, month, day[, hour[, minute[, second[, microsecond[,tzinfo]]]]])
```

该构造函数返回一个 datetime 对象。year, month, day 为必选参数。

其常用函数方法如下：

- datetime.now()：返回当前日期和时间，其类型是 datetime。
- combine()：根据给定 date、time 对象合并后，返回一个对应值的 datetime 对象。
- ctime()：返回 ctime 格式的字符串。
- date()：返回具有相同 year、month、day 的 date 对象。
- fromtimestamp()：根据时间戳数值，返回一个 datetime 对象。
- now()：返回当前时间。

例如：

```
>>> from datetime import date
>>> now = date.today()                         #创建表示今天日期的 date 类对象
>>> now
datetime.date(2016, 7, 30)
>>> now.year
2016
>>> now.timetuple()                            #将当前日期转换为 struct_time 时间元组
time.struct_time(tm_year = 2016, tm_mon = 7, tm_mday = 30, tm_hour = 0, tm_min = 0, tm_sec = 0,
tm_wday = 5, tm_yday = 212, tm_isdst = -1)
>>> birthday = date(1974, 7, 20)               #创建表示日期的 date 类对象
>>> age = now - birthday                       #age 是 datetime.timedelta
>>> age.days
15351                                          #两个日期相差的天数
#时间加减
>>> from datetime import datetime, timedelta
>>> now = datetime(2016, 5, 18, 16, 57, 13)   #2016 年 5 月 18 号 16 点 57 分 13 秒
>>> now + timedelta(hours = 10)                #增加 10 小时
datetime.datetime(2016, 5, 19, 2, 57, 13)
>>> now - timedelta(days = 1)                  #减 1 天
datetime.datetime(2016, 5, 17, 16, 57, 13)
>>> now + timedelta(days = 2, hours = 12)      #增加 2 天,12 个小时
datetime.datetime(2016, 5, 21, 4, 57, 13)
```

4.5.6 random 模块

随机数可以用于数学、游戏等领域中，还经常被嵌入算法中，用以提高算法效率，并提高程序的安全性。随机数函数在 random 模块中，random 模块中的函数如表 4-8 所示。

表 4-8 random 模块中的函数

函　　数	描　　述
random.choice(seq)	从序列的元素中随机挑选一个元素，如 random.choice(range(10))，从 0 到 9 中随机挑选一个整数
random.randrange ([start,] stop [,step])	从指定范围内，按指定 step 递增的集合中获取一个随机数，step 默认值为 1，如 random.randrange(6)，从 0 到 5 中随机挑选一个整数
random.random()	随机生成下一个实数，它在[0,1)内
random.seed([x])	改变随机数生成器的种子 seed。如果不了解其原理，不必特别去设定 seed，Python 会帮你选择 seed
random.shuffle(list)	将序列的所有元素随机排序
random.uniform(x, y)	随机生成下一个实数，它在[x,y]内

4.5.7 math 模块和 cmath 模块

math 模块实现了许多对浮点数的数学运算函数，这些函数一般是对 C 语言库中同名函数的简单封装。math 模块的数学运算函数如表 4-9 所示。

表 4-9 math 模块的数学运算函数

函　　数	说　　明
math.e	自然常数 e
math.pi	圆周率 pi
math.degrees(x)	弧度转度
math.radians(x)	度转弧度
math.exp(x)	返回 e 的 x 次方
math.expm1(x)	返回 e 的 x 次方减 1
math.log(x[,base])	返回 x 的以 base 为底的对数,base 默认为 e
math.log10(x)	返回 x 的以 10 为底的对数
math.pow(x,y)	返回 x 的 y 次方
math.sqrt(x)	返回 x 的平方根
math.ceil(x)	返回不小于 x 的整数
math.floor(x)	返回不大于 x 的整数
math.trunc(x)	返回 x 的整数部分
math.modf(x)	返回 x 的小数和整数
math.fabs(x)	返回 x 的绝对值
math.fmod(x,y)	返回 x%y(取余)
math.factorial(x)	返回 x 的阶乘
math.hypot(x,y)	返回以 x 和 y 为直角边的斜边长
math.copysign(x,y)	若 y<0,返回－1 乘以 x 的绝对值；否则,返回 x 的绝对值
math.ldexp(m,i)	返回 m 乘以 2 的 i 次方
math.sin(x)	返回 x(弧度)的三角正弦值
math.asin(x)	返回 x(弧度)的反三角正弦值
math.cos(x)	返回 x(弧度)的三角余弦值
math.acos(x)	返回 x(弧度)的反三角余弦值
math.tan(x)	返回 x(弧度)的三角正切值
math.atan(x)	返回 x(弧度)的反三角正切值
math.atan2(x,y)	返回 x/y(弧度)的反三角正切值

例如：

```
>>> import math
>>> math.pow(5,3)      #结果为 125.0
>>> math.sqrt(3)       #结果为 1.7320508075688772
>>> math.ceil(5.2)     #结果为 6.0
>>> math.floor(5.8)    #结果为 5.0
>>> math.trunc(5.8)    #结果为 5
```

另外,在 Python 中 cmath 模块包含了一些用于复数运算的函数。cmath 模块的函数跟 math 模块函数基本一致,区别是 cmath 模块运算的是复数,math 模块运算的是数学运算。

```
>>> import cmath
>>> cmath.sqrt(-1)       #结果为 1j
```

```
>>> cmath.sqrt(9)              #结果为(3+0j)
>>> cmath.sin(1)               #结果为(0.8414709848078965+0j)
>>> cmath.log10(100)           #结果为(2+0j)
```

4.6 游戏初步

视频讲解

【案例 4-1】 扑克牌发牌程序。

4 名牌手打牌,计算机随机将 52 张牌(不含大小鬼)发给 4 名牌手,在屏幕上显示每位牌手的牌。程序的运行效果如图 4-6 所示。

```
Python 3.5.1 Shell
File Edit Shell Debug Options Window Help
Python 3.5.1 (v3.5.1:37a07cee5969, Dec  6 2015, 01:38:48) [MSC v.1900 32 bit (Intel)] on win32
Type "copyright", "credits" or "license()" for more information.
>>>
================= RESTART: D:\第4章  Python函数与模块\发牌程序控制台版.py =================
[16, 13, 8, 19, 34, 22, 43, 15, 3, 49, 32, 20, 14, 41, 9, 51, 4, 37, 2, 44, 47, 40, 28, 29, 11, 12, 31, 42,
35, 0, 36, 18, 27, 33, 25, 46, 17, 10, 48, 45, 30, 39, 1, 7, 6, 26, 50, 21, 24, 23, 38, 5]
牌手1:方块2 方块4 方块5 方块Q 红桃10 红桃2 红桃5 红桃9 草花4 草花5 草花7 草花Q 黑桃9
牌手2: 方块10 方块A 方块J 红桃8 红桃A 红桃Q 草花A 草花J 草花K 黑桃2 黑桃3 黑桃A 黑桃J
牌手3: 方块K 红桃3 红桃6 红桃7 红桃J 红桃K 草花10 草花2 草花3 草花9 黑桃10 黑桃5 黑桃Q
牌手4: 方块3 方块6 方块7 方块8 方块9 红桃4 草花6 草花8 黑桃4 黑桃6 黑桃7 黑桃8 黑桃K
>>> |
Ln: 10 Col: 4
```

图 4-6 扑克牌发牌运行效果

分析:将要发的 52 张牌,按草花 0…12,方块 13…25,红桃 26…38,黑桃 39…51 顺序编号并存储在 pocker 列表(未洗牌之前)。也就是说,列表某元素存储的是 14 则说明是方块 2,26 则说明是红桃 A。gen_pocker(n)随机产生两个位置索引,交换两个位置的牌,进行 100 次随机交换两张牌,从而达到洗牌目的。

发牌时,将交换后的 pocker 列表按顺序加到 4 个牌手的列表中。

```
import random
n=52
def gen_pocker(n):                    #交换牌的顺序 100 次,达到洗牌目的
    x=100
    while(x>0):
        x=x-1
        p1=random.randint(0,n-1)
        p2=random.randint(0,n-1)
        t=pocker[p1]
        pocker[p1]=pocker[p2]
        pocker[p2]=t
    return pocker
def getColor(x):                      #获取牌的花色
    color=["草花","方块","红桃","黑桃"]
    c=int(x/13)
    if c<0 or c>=4:
        return "ERROR!"
    return color[c]
def getValue(x):                      #获取牌的牌面大小
```

```
        value = x % 13
        if value == 0:
            return 'A'
        elif value >= 1 and value <= 9:
            return str(value + 1)
        elif value == 10:
            return 'J'
        elif value == 11:
            return 'Q'
        elif value == 12:
            return 'K'
    def getPuk(x):
        return getColor(x) + getValue(x)
    #主程序
    (a,b,c,d) = ([],[],[],[])                    #a,b,c,d 共 4 个列表分别存储 4 个人的牌
    pocker = [i for i in range(n)]               #未洗牌之前
    pocker = gen_pocker(n)                       #洗牌目的
    print(pocker)
    for x in range(13):                          #发牌,每人 13 张牌
        m = x * 4
        a.append(getPuk(pocker[m]))
        b.append(getPuk(pocker[m + 1]))
        c.append(getPuk(pocker[m + 2]))
        d.append(getPuk(pocker[m + 3]))
    a.sort()                                     #牌手的牌排序,就是相当于理牌,同花色在一起
    b.sort()
    c.sort()
    d.sort()
    print("牌手 1",end = ":")
    for x in a:
        print (x,end = " ")
    print("\n 牌手 2",end = ": ")
    for x in b:
        print (x,end = " ")
    print("\n 牌手 3",end = ": ")
    for x in c:
        print (x,end = " ")
    print("\n 牌手 4",end = ": ")
    for x in d:
        print (x,end = " ")
```

实际上,如果 pocker 列表(未洗牌之前)直接存储扑克牌,而不是扑克牌的编号,则程序更加简单,不过 pocker 列表创建书写麻烦一些。修改后代码如下:

```
    #主程序
    import random
    (a,b,c,d) = ([],[],[],[]) # a,b,c,d 四个列表分别存储 4 个人的牌
    #未洗牌之前
```

```
pocker= ['草花 A', '草花 2', '草花 3', '草花 4', '草花 5', '草花 6', '草花 7', '草花 8', '草花 9',
'草花 10','草花 J', '草花 Q', '草花 K', '方块 A', '方块 2', '方块 3', '方块 4', '方块 5', '方块 6',
'方块 7', '方块 8', '方块 9', '方块 10', '方块 J', '方块 Q', '方块 K', '红桃 A', '红桃 2', '红桃 3',
'红桃 4', '红桃 5', '红桃 6', '红桃 7', '红桃 8', '红桃 9', '红桃 10', '红桃 J', '红桃 Q', '红桃 K',
'黑桃 A', '黑桃 2', '黑桃 3', '黑桃 4', '黑桃 5', '黑桃 6', '黑桃 7', '黑桃 8', '黑桃 9', '黑桃 10',
'黑桃 J', '黑桃 Q', '黑桃 K']     #未洗牌之前
random.shuffle(pocker)            #将序列的所有元素随机排序,达到洗牌目的
for x in range(13):               #发牌,每人 13 张牌
    a.append(pocker.pop(0))
    b.append(pocker.pop(0))
    c.append(pocker.pop(0))
    d.append(pocker.pop(0))
print("牌手 1",end=":")
for x in a:
    print (x,end=" ")
print("\n 牌手 2",end=": ")
for x in b:
    print (x,end=" ")
print("\n 牌手 3",end=": ")
for x in c:
    print (x,end=" ")
print("\n 牌手 4",end=": ")
for x in d:
    print (x,end=" ")
```

在未洗牌之前也可以使用列表生成式产生扑克牌列表 pocker。

```
color= ['草花','方块', '红桃','黑桃']
points=['A','1', '2','3','4', '5','6','7', '8','9','10', 'J','Q','K']
pocker=[c+p for c in color for p in points]
```

【案例 4-2】 人机对战井字棋游戏。

在九宫方格内进行,如果一方抢先于某方向(横、竖、斜)连成 3 子,则获取胜利。游戏中输入方格位置代号的形式如下:

0	1	2
3	4	5
6	7	8

游戏中,board 棋盘存储玩家、计算机落子信息,未落子处为 EMPTY。由于人机对战,需要实现计算机智能性,下面是为这个计算机机器人设计的简单策略:

(1) 如果有一步棋可以让计算机机器人在本轮获胜,就选那一步走。

(2) 否则,如果有一步棋可以让玩家在本轮获胜,就选那一步走。

(3) 否则,计算机机器人应该选择最佳空位置来走。最佳位置就是中间那个,第二好位置是四个角,剩下的就都算第三好的了。

程序中定义一个元组 BEST_MOVES 存储最佳方格位置:

```
#按优劣顺序排序的下棋位置
BEST_MOVES = (4, 0, 2, 6, 8, 1, 3, 5, 7) #最佳下棋位置顺序表
```

按上述规则设计程序，这样就可以实现计算机的智能性。

井字棋输赢判断比较简单，不像五子棋赢的时候连成五子的情况很多，这里只有 8 种方式(即 3 颗同样的棋子排成一条直线)。每种获胜方式都被写成一个元组，就可以得到这样嵌套元组 WAYS_TO_WIN。

```
#所有赢的可能情况，例如(0, 1, 2)就是第一行，(0, 4, 8), (2, 4, 6)就是对角线
WAYS_TO_WIN = ((0, 1, 2), (3, 4, 5), (6, 7, 8), (0, 3, 6),
               (1, 4, 7), (2, 5, 8), (0, 4, 8), (2, 4, 6))
```

通过遍历，就可以判断是否赢了。下面就是井字棋游戏代码。

```
#Tic - Tac - Toe 井字棋游戏
#全局常量
X = "X"
O = "O"
EMPTY = " "
#询问是否继续
def ask_yes_no(question):
    response = None
    while response not in ("y", "n"):        #如果输入不是"y", "n",继续重新输入
        response = input(question).lower()
    return response
#输入位置数字
def ask_number(question, low, high):
    response = None
    while response not in range(low, high):
        response = int(input(question))
    return response
#询问谁先走，先走方为 X，后走方为 O
#函数返回计算机方、玩家的角色代号
def pieces():
    go_first = ask_yes_no("玩家你是否先走 (y/n): ")
    if go_first == "y":
        print("\n 玩家你先走.")
        human = X
        computer = O
    else:
        print("\n 计算机先走.")
        computer = X
        human = O
    return computer, human
#产生新的棋盘
def new_board():
    board = []
```

```
    for square in range(9):
        board.append(EMPTY)
    return board
#显示棋盘
def display_board(board):
    board2 = board[:]                        #创建副本,修改不影响原来列表 board
    for i in range(len(board)):
        if board[i] == EMPTY:
            board2[i] = i
    print("\t", board2[0], "|", board2[1], "|", board2[2])
    print("\t", "---------")
    print("\t", board2[3], "|", board2[4], "|", board2[5])
    print("\t", "---------")
    print("\t", board2[6], "|", board2[7], "|", board2[8], "\n")
#产生可以合法走棋位置序列(也就是还未下过子位置)
def legal_moves(board):
    moves = []
    for square in range(9):
        if board[square] == EMPTY:
            moves.append(square)
    return moves
#判断输赢
def winner(board):
    #所有赢的可能情况,例如(0, 1, 2)就是第一行,(0, 4, 8), (2, 4, 6)就是对角线
    WAYS_TO_WIN = ((0, 1, 2), (3, 4, 5), (6, 7, 8), (0, 3, 6),
                   (1, 4, 7), (2, 5, 8), (0, 4, 8), (2, 4, 6))
    for row in WAYS_TO_WIN:
        if board[row[0]] == board[row[1]] == board[row[2]] != EMPTY:
            winner = board[row[0]]
            return winner                    #返回赢方
    #棋盘没有空位置
    if EMPTY not in board:
        return "TIE"                         #"平局和棋,游戏结束"
    return False
#人走棋
def human_move(board, human):
    legal = legal_moves(board)
    move = None
    while move not in legal:
        move = ask_number("你走那个位置? (0 - 8):", 0, 9)
        if move not in legal:
            print("\n此位置已经落过子了")
    #print("Fine…")
    return move
#计算机走棋
def computer_move(board, computer, human):
    #make a copy to work with since function will be changing list
    board = board[:]                         #创建副本,修改不影响原来列表 board
    #按优劣顺序排序的下棋位置
```

```
    BEST_MOVES = (4, 0, 2, 6, 8, 1, 3, 5, 7)          #最佳下棋位置顺序表
    #如果计算机能赢,就走那个位置
    for move in legal_moves(board):
        board[move] = computer
        if winner(board) == computer:
            print("计算机下棋位置…",move)
            return move
        #取消走棋方案
        board[move] = EMPTY
    #如果玩家能赢,就堵住那个位置
    for move in legal_moves(board):
        board[move] = human
        if winner(board) == human:
            print("计算机下棋位置…",move)
            return move
        #取消走棋方案
        board[move] = EMPTY
    #如不是上面情况,也就是这一轮赢不了
    #则从最佳下棋位置表中挑出第一个合法位置
    for move in BEST_MOVES:
        if move in legal_moves(board):
            print("计算机下棋位置…",move)
            return move
#转换角色
def next_turn(turn):
    if turn == X:
        return O
    else:
        return X
#主函数
def main():
    computer, human = pieces()
    turn = X
    board = new_board()
    display_board(board)
    while not winner(board):                        #当返回 False 时继续,否则结束循环
        if turn == human:
            move = human_move(board, human)
            board[move] = human
        else:
            move = computer_move(board, computer, human)
            board[move] = computer
        display_board(board)
        turn = next_turn(turn)                      #转换角色
    #游戏结束,输出输赢或和棋信息
    the_winner = winner(board)
    if the_winner == computer:
        print("计算机赢!\n")
    elif the_winner == human:
```

```
        print("玩家赢!\n")
    elif the_winner == "TIE":          #"平局和棋"
        print("平局和棋,游戏结束\n")
#主程序,很简单就是调用 main()函数
#start the program
main()
input("按任意键退出游戏.")
```

游戏运行效果如下：

```
玩家你是否先走 (y/n): y
玩家你先走.
     0 | 1 | 2
     ---------
     3 | 4 | 5
     ---------
     6 | 7 | 8
你走哪个位置? (0 - 8):0
     X | 1 | 2
     ---------
     3 | 4 | 5
     ---------
     6 | 7 | 8
计算机下棋位置… 4
     X | 1 | 2
     ---------
     3 | O | 5
     ---------
     6 | 7 | 8
…略过
计算机下棋位置… 6
     X | X | O
     ---------
     X | O | 5
     ---------
     O | 7 | 8
计算机赢!按任意键退出游戏.
```

4.7 函数式编程

函数式编程(functional programming)是一种编程的基本风格，也就是构建程序结构的方式。函数式编程虽然也可以归结为面向过程的程序设计，但其思想更接近数学计算，也就是可以使用表达式编程。

函数式编程就是一种抽象程度很高的编程范式，纯粹的函数式编程语言编写的函数没有变量，因此，任意一个函数，只要输入是确定的，输出就是确定的，这种纯函数称为没有副

作用。而允许使用变量的程序设计语言，由于函数内部的变量状态不确定，同样的输入可能得到不同的输出，因此，这种函数是有副作用的。

函数式编程的特点是，允许把函数本身作为参数传入另一个函数，还允许返回一个函数。Python 对函数式编程提供部分支持。由于 Python 允许使用变量，因此，Python 不是纯函数式编程语言。

4.7.1 高阶函数

1. 高阶函数概念

高阶函数是可以将其他函数作为参数或返回结果的函数。例如，定义一个简单的高阶函数：

```
def add(x, y, f):
    return f(x) + f(y)
```

如果传入 abs 作为参数 f 的值：

```
add(-5, 9, abs)
```

根据函数的定义，函数执行的代码实际上是：

```
abs(-5) + abs(9)
```

参数 x、y 和 f 都可以任意传入，如果 f 传入其他函数就可以得到不同的返回值。

```
add(65, 66, chr)          #结果是'AB',chr 函数是获取 ASCII 数字对应字符
```

2. 返回函数

高阶函数除了可以接收函数作为参数外，还可以把函数作为结果值返回。

我们来实现一个可变参数的求和。通常情况下，求和的函数是这样定义的：

```
def calc_sum(*args):
    ax = 0
    for n in args:
        ax = ax + n
    return ax
```

但是，如果不需要立刻求和，而是在后面的代码中根据需要再计算，怎么办？可以不返回求和的结果，而是返回求和的函数：

```
def lazy_sum(*args):
    def sum():
        ax = 0
        for n in args:
```

```
            ax = ax + n
        return ax
    return sum
```

当调用 lazy_sum()时,返回的并不是求和结果,而是求和函数:

```
>>> f = lazy_sum(1, 3, 5, 7, 9)
>>> f
<function lazy_sum.<locals>.sum at0x101c6ed90>
```

调用函数 f()时,才真正计算求和的结果:

```
>>> f()
25
```

在这个例子中,在函数 lazy_sum()中又定义了函数 sum(),并且,内部函数 sum()可以引用外部函数 lazy_sum()的参数和局部变量,当 lazy_sum()返回函数 sum()时,相关参数和变量都保存在返回的函数中,这种称为闭包(closure)的程序结构拥有极大的威力。

请再注意一点,当调用 lazy_sum()时,每次调用都会返回一个新的函数,即使传入相同的参数:

```
>>> f1 = lazy_sum(1, 3, 5, 7, 9)
>>> f2 = lazy_sum(1, 3, 5, 7, 9)
>>> f1 == f2
False
```

f1()和 f2()的调用结果互不影响。

4.7.2 Python 函数式编程常用的函数

1. map()函数

map()函数是 Python 内置的高阶函数,有两个参数,一个是函数 f();另一个是列表 list,并通过把函数 f()依次作用在 list 的每个元素上,得到一个新的 list 作为 map()函数的返回结果。

例如,对于 list [1, 2, 3, 4, 5, 6, 7, 8, 9],如果希望把 list 的每个元素都平方,就可以用 map()函数。只需要传入函数 f(x)=x * x,就可以利用 map()函数完成这个计算:

```
def f(x):
    return x * x
list1 = map( f, [1, 2, 3, 4, 5, 6, 7, 8, 9] )
print (list(list1))
```

输出结果：

```
[1, 4, 9, 10, 25, 36, 49, 64, 81]
```

注意：map()函数不改变原有的 list，而是返回一个新的 list。利用 map()函数，可以把一个 list 转换为另一个 list，只需要传入转换函数。由于 list 包含的元素可以是任何类型，因此，map()函数不仅仅可以处理只包含数值的 list，事实上它还可以处理包含任意类型的 list，只要传入的函数 f()可以处理这种数据类型。

```
list1 = [2, 4, 6, 8, 10]
list2 = map(lambda x: x ** 2, list1)
for e inlist2:
    print(e,end = ",")                    #结果是 4,16,36,64,100,
```

2. reduce()函数

reduce()函数也是 Python 内置的一个高阶函数。reduce()函数接收的参数和 map()类似，一个函数 f()，一个列表 list，但行为和 map()不同，reduce()传入的函数 f()必须接收两个参数。reduce()对列表 list 的每个元素反复调用函数 f()，并返回最终结果值。

例如，编写一个 f()函数，接收 x 和 y，返回 x 和 y 的和：

```
from functools import reduce
def f(x, y):
    return x + y
```

调用 reduce(f, [1, 3, 5, 7, 9])时，reduce 函数将做如下计算：先计算头两个元素 f(1, 3)，结果为 4；再把结果和第 3 个元素计算 f(4, 5)，结果为 9；再把结果和第 4 个元素计算 f(9, 7)，结果为 16；再把结果和第 5 个元素计算 f(16, 9)，结果为 25；由于没有更多的元素了，计算结束，返回结果 25。

上述计算实际上是对 list 的所有元素求和。虽然 Python 内置了求和函数 sum()，但是利用 reduce()求和也很简单。

reduce()还可以接收第 3 个可选参数，作为计算的初始值。如果把初始值设为 100 计算：

```
reduce(f, [1, 3, 5, 7, 9], 100)
```

结果将变为 125。

因为第一轮计算是：计算初始值和第一个元素 f(100, 1)，结果为 101；再把结果和第 2 个元素计算 f(101, 3)，结果为 104；以此类推。

3. filter()函数

filter()函数是 Python 内置的另一个有用的高阶函数，filter()函数接收一个函数 f()和一个 list，这个函数 f()的作用是对每个元素进行判断，返回 True 或 False，filter()根据判断结果自动过滤掉不符合条件的元素,返回由符合条件元素组成的新 list。

例如,要从一个 list [1, 4, 6, 7, 9, 12, 17]中删除偶数,保留奇数。首先要编写一个判断奇数的函数:

```
def is_odd(x):
    return x % 2 = = 1
```

然后利用 filter()过滤掉偶数:

```
filter(is_odd, [1, 4, 6, 7, 9, 12, 17])          #结果为[1, 7, 9, 17]
```

利用 filter()可以完成很多有用的功能,例如删除 None 或者空字符串:

```
def is_not_empty(s):
    return s and len(s.strip()) > 0
filter(is_not_empty, ['test', None, '', 'str', '  ', 'END'])
```

结果:

```
['test', 'str', 'END']
```

注意: s.strip() 删除字符串 s 中开头、结尾处的空白符(包括'\n', '\r', '\t', ' ')。

4. zip()函数

zip()函数以一系列列表作为参数,将列表中对应的元素打包成一个个元组,然后返回由这些元组组成的列表。例如:

```
a = [1,2,3]
b = [4,5,6]
zipped = zip(a,b)
for element in zipped:
    print(element)
```

运行结果是:

```
(1, 4)
(2, 5)
(3, 6)
```

5. sorted()函数

Python 内置的 sorted()函数可对 list 进行排序:

```
>>> sorted([36, 5, 12, 9, 21])          #默认升序,所以结果是[5, 9, 12, 21, 36]
```

但 sorted()也是一个高阶函数，Python 3.7 中它的格式如下：

```
sorted(list,key = None,reverse = False)
```

参数 key 可以接收一个函数(仅有一个参数)来实现自定义排序，key 指定的函数将作用于 list 的每一个元素上，并根据 key 指定的函数返回的结果进行排序。默认值为 None。

参数 reverse 是一个布尔值。如果设置为 True，列表元素将被倒序排列，默认为 False。

例如，按绝对值大小排序：

```
>>> sorted([36, 5, -12, 9, -21],key = abs)      #结果是[5, 9, -12, -21, 36]
```

key 指定的函数将作用于 list 的每一个元素上，并根据 key 指定的函数返回的结果进行排序。

对比原始的 list 和经过 key=abs 处理过的 list：

```
list = [36, 5, -12, 9, -21]
keys = [36, 5, 12, 9, 21]
```

然后 sorted()函数按照 keys 进行排序，并按照对应关系返回 list 相应的元素。

```
keys 排序结果=>[5, 9,   12,   21, 36]
                |  |    |     |   |
最终结果      =>[5, 9, -12, -21, 36]
```

这样，调用 sorted()并传入参数 key 就可以实现自定义排序。例如，对学生按年龄排序：

```
students = [('john', 'A', 15), ('jane', 'B', 12), ('dave','B', 10)]
sorted(students,key = lambda s:s[2])              #按照年龄来排序
```

结果：

```
[('dave','B', 10), ('jane', 'B', 12), ('john', 'A', 15)]
```

参数 key 是 lambda 函数，lambda s：s[2]可以获取 students 列表中每个元组的第 3 个元素年龄信息。

如果按姓名信息排序，代码如下：

```
sorted(students,key = lambda s: s[0])             #按照姓名来排序
```

如果将[36，5，12，9，21]列表中偶数放前、奇数放后并各自升序排列，代码如下：

```
>>> sorted([36, 5, 12, 9, 21] ,key = lambda s: (s % 2 = = 1,s))
[12, 36, 5, 9, 21]
```

其中,s % 2 ==1 的作用是保证偶数放前、奇数放后。

sorted()也可以对字符串进行排序,字符串默认按照 ASCII 大小来比较:

```
>>> sorted(['bob', 'about', 'Zoo', 'Credit'])
['Credit', 'Zoo', 'about', 'bob']
```

'Zoo'排在'about'之前是因为'Z'的 ASCII 码比'a'小。

现在,我们提出排序应该忽略大小写,按照字母序排序。要实现这个算法,不必对现有代码大加改动,只要我们能用一个 key 函数把字符串映射为忽略大小写排序即可。忽略大小写来比较两个字符串,实际上就是先把字符串都变成大写(或者都变成小写),再比较。

这样,我们给 sorted()传入 key 函数,即可实现忽略大小写的排序:

```
>>> sorted(['bob', 'about', 'Zoo','Credit'], key = str.lower)
['about', 'bob', 'Credit', 'Zoo']
```

要进行反向排序,不必改动 key 指定的函数,可以传入第三个参数 reverse=True:

```
>>> sorted(['bob', 'about', 'Zoo','Credit'], key = str.lower, reverse = True)
['Zoo', 'Credit', 'bob', 'about']
```

从上述例子可以看出,高阶函数的抽象能力是非常强大的,而且,核心代码可以保持得非常简洁。

4.7.3 迭代器

迭代器是访问集合内元素的一种方式。迭代器对象从序列(列表、元组、字典、集合)的第一个元素开始访问,直到所有的元素都被访问一遍后结束。迭代器不能回退,只能往前进行迭代。

使用内建函数 iter(iterable)可以获取序列的迭代器对象,方法如下:

迭代器对象= iter(序列对象)

使用 next()函数可以获取迭代器的下一个元素,方法如下:

next(迭代器对象)

【例 4-8】 使用 iter()函数获取序列的迭代器对象的例子。

```
list = ['china','Japan', 333]
it = iter(list)                    #获取迭代器对象
print(next(it))
print(next(it))
print(next(it))
```

运行结果如下:

```
china
```

```
Japan
333
```

4.7.4 普通编程与函数式编程的对比

【例 4-9】 以普通编程方式计算列表元素中正数之和。

```
list =[2, -6, 11, -7, 8, 15, -14, -1, 10, -13, 18]
sum = 0
for i in range(len(list)):
    if list [i]> 0:
        sum += list [i]
print(sum)
```

运行结果如下：

```
64
```

以函数式编程方式实现计算列表元素中正数之和的功能。

```
from functools import reduce
list =[2, -6, 11, -7, 8, 15, -14, -1, 10, -13, 18]
sum = filter(lambda x: x > 0, list)            #[2,11,8,15,10,18]为正数序列
s = reduce(lambda x,y: x + y, sum)
print(s)                                       #结果是 64
```

通过对比，可以发现函数式编程具有如下特点。

(1) 代码更简单。数据、操作和返回值都放在一起。

(2) 没有循环体，几乎没有临时变量，也就不用分析程序的流程和数据变化过程了。

(3) 代码用来实现做什么，而不是怎么去做。

4.8 函数和字典综合应用案例——通讯录程序

【案例】 用字典存储数据，实现一个具有基本功能的通讯录，具有查询、更新、删除联系人信息功能。具体功能要求如下。

(1) 查询全部联系人信息：显示所有联系人的电话信息。

(2) 查询联系人：输入姓名，可以查询当前通讯录中的联系人信息。若联系人存在，则输出联系人信息；若联系人不存在，则输出“联系人不存在”。

(3) 插入联系人：可以向通讯录中新建联系人，若联系人已经存在，则询问是否修改联系人信息；若联系人不存在，则新建联系人。

(4) 删除联系人：可以删除联系人，若联系人不存在，则告知。

案例代码如下：

```
print("|--- 欢迎进入通讯录程序 ---|")
print("|--- 1:查询全部联系人 ---|")
print("|--- 2:查询特定联系人 ---|")
print("|--- 3:更新联系人信息 ---|")
print("|--- 4:插入新的联系人 ---|")
print("|--- 5:删除已有联系人 ---|")
print("|--- 6:清除全部联系人 ---|")
print("|--- 7:退出通讯录程序 ---|")
print("")
#构建字典,存储联系人信息
dict = {'潘明': '13988887777', '张海虹': '13866668888', '吕京': '13143211234',
        '赵雪': '13000112222', '刘飞': '13344556655'}
# 定义各功能函数
# 查询所有联系人信息
def queryAll():
    if dict == {}:
        print('通讯录无任何联系人信息')
    else:
        i = 1
        for key,value in dict.items():
            print("{0} 姓名:{1},电话号码:{2}".format(i,key,value))
            i = i + 1
#查询一个联系人信息
def queryOne():
    name = input('请输入要查询的联系人姓名:')
    print(name + ":" + dict.get(name, '联系人不存在'))
#更新联系人信息
def update():
    name = input('请输入要修改的联系人姓名:')
    if (name in dict):
        value = input("请输入电话号码:")
        dict[name] = value
    else:
        print("联系人不存在")
#插入一个新联系人
def insertOne():
    name = input('请输入要插入的联系人姓名:')
    if (name in dict):
        print("您输入的姓名在通讯录中已存在" + "-->>" + name + ":" + dict[name])
        iis = input("输入'Y'修改用户资料,输入其他字符结束插入联系人")
        if iis in ['YES','yes','Y','y','Yes']:
            value = input("请输入电话号码:")
            dict[name] = value
    else:
        value = input("请输入电话号码:")
        dict[name] = value
#删除一个用户
def deleteOne():
    name = input("请输入联系人姓名")
    value = dict.pop(name,'联系人不存在')
```

```
        if value == '联系人不存在':
            print("联系人不存在")
        else:
            print("联系人" + name + "已删除" )
#清空通讯录
def clearAll():
    cis = input("提示:确认清空通讯录吗?确认操作输入'Y',输入其他字符退出")
    if cis in ['YES', 'yes', 'Y', 'y', 'Yes']:
        dict.clear()
# 构建无限循环,实现重复操作
while True:
    n = input("请根据菜单输入操作序号:")
    if (n == '1'):
        queryAll()
    elif (n == '2'):
        queryOne()
    elif (n == '3'):
        update()
    elif (n == '4'):
        insertOne()
    elif (n == '5'):
        deleteOne()
    elif (n == '6'):
        clearAll()
    elif (n == '7'):
        print("|---感谢使用通讯录程序---|")
        print("")
        break #结束循环,退出程序
```

4.9 习　　题

1. 编写一个函数,将华氏温度转换为摄氏温度。公式为 C=(F−32)×5/9。

2. 编写一个函数,判断一个数是否为素数,并通过调用该函数求出所有3位数的素数。

3. 编写一个函数,求满足以下条件的最大的n值:

$$1^2+2^2+3^2+4^2+\cdots+n^2<1000$$

4. 编写一个函数 multi(),参数个数不限,返回所有参数的乘积。

5. 编写一个函数,功能是求两个正整数 m 和 n 的最小公倍数。

6. 编写一个函数,求方程 $ax^2+bx+c=0$ 的根,用3个函数分别求当 b^2-4ac 大于0、等于0和小于0时的根,并输出结果。要求从主函数输入a、b、c的值。

7. 编写一个函数,调用该函数能够打印一个由指定字符组成的n行金字塔。其中,指定打印的字符和行数n分别由两个形参表示。

8. 编写一个判断完数的函数。完数是指一个数恰好等于它的因子之和,如6=1+2+3,6就是完数。

9. 编写一个将十进制数转换为二进制数的函数。

10. 编写一个判断字符串是否是回文的函数。回文就是一个字符串从左到右读和从右到左读是完全一样的。例如,"level"、"aaabbaaa"、"ABA"、"1234321"都是回文。

11. 编写一个函数,实现统计字符串中单词的个数并返回。

12. 利用 map()函数,把用户输入的不规范的英文名字,变为首字母大写,其他小写的规范名字。例如输入:['adam', 'LISA', 'barT'],输出:['Adam', 'Lisa', 'Bart']。

13. 请利用 filter()筛选出回数。回数是指从左向右读和从右向左读都是一样的数,例如 12321,909。

14. 假设我们用一组 tuple 表示学生名字和成绩:

L = [('Bob', 75), ('Adam', 92), ('Bart',66), ('Lisa', 88)]

请用 sorted()对上述列表元素分别按名字排序。

15. 用 filter()把一个序列中的空字符串删掉。

第5章 Python 文件的使用

在程序运行时，数据保存在内存的变量里。内存中的数据在程序结束或关机后就会消失。如果想要在下次开机运行程序时还使用同样的数据，就需要把数据存储在不易失的存储介质中，如硬盘、光盘或 U 盘里。不易失存储介质上的数据保存在以存储路径命名的文件中。通过读/写文件，程序就可以在运行时保存数据。在本章中，主要学习使用 Python 在磁盘上创建、读/写以及关闭文件。本章只讲述基本的文件操作函数，更多函数请参考 Python 标准文档。

5.1 文 件

视频讲解

简单地说，文件是由字节组成的信息，在逻辑上具有完整意义，通常在磁盘上永久保存。Windows 系统的数据文件按照编码方式分为两大类：文本文件和二进制文件。文本文件可以处理各种语言所需的字符，只包含基本文本字符，不包括诸如字体、字号、颜色等信息。它可以在文本编辑器和浏览器中显示。即在任何情况下，文本文件都是可读的。

使用其他编码方式的文件即二进制文件，如 Word 文档、PDF 文件、图像和可执行程序等。如果用文本编辑器打开一个 JPG 文件或 Word 文档，会看到一堆乱码，如图 5-1 所示。也就是说，每一种二进制文件都需要自己的处理程序才能打开并操作。

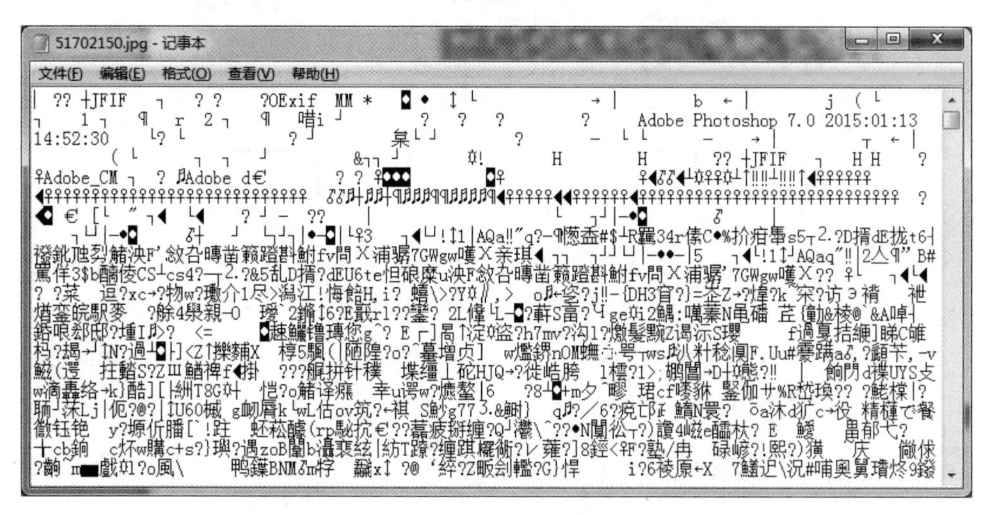

图 5-1 文本编辑器打开 JPG 文件运行效果

在本章中，重点学习文本文件的操作。当然二进制文件的处理也可以使用 Python 提供的模块进行处理。

5.2 文件的访问

视频讲解

对文件的访问是指对文件进行读/写操作。使用文件跟平时生活中使用记事本很相似。我们使用记事本时，需要先打开本子，使用后要合上它。打开记事本后，既可以读取信息，也可以向本子里写内容。不管哪种情况，都需要知道在哪里进行读/写。我们在记事本中既可以一页页从头到尾地读，也可以直接跳转到所需要的地方。使用文件工作也是一样。

在 Python 中对文件的操作通常按照以下三个步骤进行。

(1) 使用 open()函数打开(或建立)文件，返回一个 file 对象。

(2) 使用 file 对象的读/写方法对文件进行读/写操作。其中，将数据从外存传输到内存的过程称为读操作，将数据从内存传输到外存的过程称为写操作。

(3) 使用 file 对象的 close()方法关闭文件。

5.2.1 打开(建立)文件

在 Python 中要访问文件，必须打开 Python Shell 与磁盘上文件之间的连接。当使用 open()函数打开或建立文件时，会建立文件和使用它的程序之间的连接，并返回代表连接的文件对象。通过文件对象，就可以在文件所在磁盘和程序之间传递文件内容，执行文件上所有后续操作。文件对象有时也称为文件描述符或文件流。

当建立了 Python 程序和文件之间的连接后，就创建了“流”数据，如图 5-2 所示。通常程序使用输入流读出数据，使用输出流写入数据，就好像数据流入到程序并从程序中流出。打开文件后，才能读或写(或读并且写)文件内容。

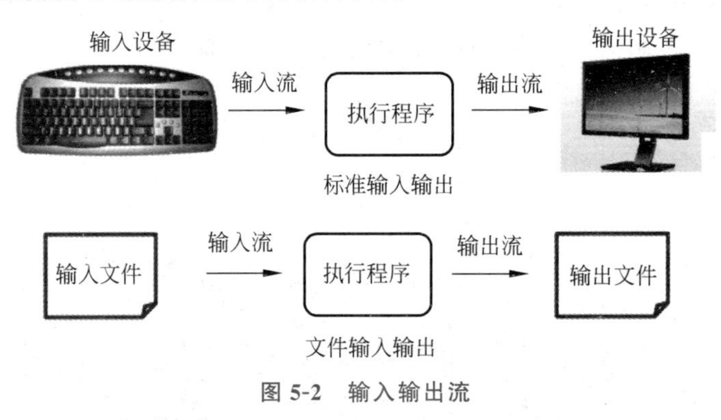

图 5-2 输入输出流

open()函数用来打开文件。open()函数需要一个字符串路径，表明希望打开文件，并返回一个文件对象。语法如下：

```
fileobj = open(filename[,mode[,buffering]])
```

其中，fileobj 是 open()函数返回的文件对象。参数 filename 是文件名，是必写参数，它既可以是绝对路径,也可以是相对路径。mode(模式)和 buffering(缓冲)可选。

mode 是指明文件类型和操作的字符串,可以使用的值如表 5-1 所示。

表 5-1 open()函数中 mode 参数常用值

值	描　述
'r'	读模式。如果文件不存在,则发生异常
'w'	写模式。如果文件不存在,则创建文件再打开;如果文件存在,则清空文件内容再打开
'a'	追加模式。如果文件不存在,则创建文件再打开;如果文件存在,则打开文件后将新内容追加至原内容之后
'b'	二进制模式。可添加到其他模式中使用
'+'	读/写模式。可添加到其他模式中使用

说明:

(1) 当 mode 参数省略时,可以获得能读取文件内容的文件对象。即'r'是 mode 参数的默认值。

(2) '+'参数指明读和写都是允许的,可以用到其他任何模式中。如'r+'可以打开一个文本文件并读/写。

(3) 'b'参数改变处理文件的方法。通常,Python 处理的是文本文件。当处理二进制文件时(如声音文件或图像文件),应该在模式参数中增加'b'。如可以用'rb'来读取一个二进制文件。

open()函数的第三个参数 buffering 控制缓冲。当参数取 0 或 False 时,输入输出(I/O)是无缓冲的,所有读/写操作直接针对硬盘。当参数取 1 或 True 时,I/O 有缓冲,此时 Python 使用内存代替硬盘,使程序运行速度更快,只有使用 flush 或 close 时才会将数据写入硬盘。当参数大于 1 时,表示缓冲区的大小,以字节为单位;负数表示使用默认缓冲区大小。

下面举例说明 open()函数的使用。

先用记事本创建一个文本文件,取名为 hello.txt。输入以下内容并保存在 d:\Python 中:

```
Hello!
Henan  Zhengzhou
```

在交互式环境中输入以下代码:

```
>>> helloFile = open("d:\\python\\hello.txt")
```

这条命令将以读取文本文件的方式打开放在 D 盘 Python 文件夹下的 hello.txt 文件。读模式是 Python 打开文件的默认模式。当文件以读模式打开时,只能从文件中读取数据而不能向文件写入或修改数据。

当调用 open()函数时将返回一个文件对象,在本例中文件对象保存在 helloFile 变量中。

```
>>> print helloFile
<_io.TextIOWrapper name = 'd:\\python\\hello.txt', mode = 'r' encoding = 'cp936'>
```

打开文件对象时可以看到文件名、读/写模式和编码格式。cp936 就是指 Windows 系统里第 936 号编码格式，即 GB2312 的编码。接下来就可以调用 helloFile 文件对象的方法读取文件中的数据了。

5.2.2 读取文本文件

可以调用文件对象的多种方法读取文件内容。

1. read()方法

不设置参数的 read()方法将整个文件的内容读取为一个字符串。read()方法一次读取文件的全部内容，性能根据文件大小而变化，如 1GB 的文件读取时需要使用同样大小的内存。

【例 5-1】 调用 read()方法读取 hello. txt 文件中的内容。

```
helloFile = open("d:\\python\\hello.txt")
fileContent = helloFile.read()
helloFile.close()
print(fileContent)
```

输出结果：

```
Hello!
Henan Zhengzhou
```

也可以设置最大读入字符数来限制 read()函数一次返回的大小。

【例 5-2】 设置参数，一次从文件中读取三个字符。

```
helloFile = open("d:\\python\\hello.txt")
fileContent = ""
while True:
    fragment = helloFile.read(3)
    if fragment == "":        #或者 if not fragment
        break
    fileContent += fragment
helloFile.close()
print(fileContent)
```

当读到文件结尾后，read()方法会返回空字符串，此时 fragment＝＝""成立，退出循环。

2. readline()方法

readline()方法从文件中获取一个字符串，这个字符串就是文件中的一行。

【例 5-3】 调用 readline()方法读取 hello. txt 文件的内容。

```
helloFile = open("d:\\python\\hello.txt")
fileContent = ""
while True:
```

```
    line = helloFile.readline()
    if line == "":          #或者 if not line
        break
    fileContent += line
helloFile.close()
print(fileContent)
```

当读取到文件结尾后，readline()方法同样返回空字符串，使得 line=="" 成立，跳出循环。

3. readlines()方法

readlines()方法返回一个字符串列表，其中的每一项是文件中每一行的字符串。

【例 5-4】 使用 readlines()方法读取文件内容。

```
helloFile = open("d:\\python\\hello.txt")
fileContent = helloFile.readlines()
helloFile.close()
print(fileContent)
for line in fileContent:        #输出列表
    print(line)
```

readlines()方法也可以设置参数，指定一次读取的字符数。

5.2.3 写文本文件

写文件与读文件相似，都需要先创建文件对象连接。所不同的是，打开文件时是以写模式或添加模式打开。如果文件不存在，则创建该文件。

视频讲解

与读文件时不能添加或修改数据类似，写文件时也不允许读取数据。写模式打开已有文件时，会覆盖文件原有内容，从头开始，就像用一个新值覆写一个变量的值。例如：

```
>>> helloFile = open("d:\\python\\hello.txt","w")   #写模式打开已有文件时会覆盖文件原有内容
>>> fileContent = helloFile.read()
Traceback (most recent call last):
  File "<pyshell#1>", line 1, in <module>
    fileContent = helloFile.read()
IOError: File not open for reading
>>> helloFile.close()
>>> helloFile = open("d:\\python\\hello.txt")
>>> fileContent = helloFile.read()
>>> len(fileContent)
0
>>> helloFile.close()
```

由于写模式打开已有文件，文件原有内容会被清空，所以再次读取内容时长度为 0。

1. write()方法

write()方法将字符串参数写入文件。

【例 5-5】 用 write()方法写文件。

```
helloFile = open("d:\\python\\hello.txt","w")
helloFile.write("First line.\nSecond line.\n")
helloFile.close()
helloFile = open("d:\\python\\hello.txt","a")
helloFile.write("third line. ")
helloFile.close()
helloFile = open("d:\\python\\hello.txt")
fileContent = helloFile.read()
helloFile.close()
print(fileContent)
```

运行结果：

```
First line.
Second line.
third line.
```

当以写模式打开文件 hello.txt 时，文件原有内容被覆盖。调用 write 方法将字符串参数写入文件，这里“\n”代表换行符。关闭文件之后再次以添加模式打开文件 hello.txt，调用 write()方法写入的字符串"third line."被添加到了文件末尾。最终以读模式打开文件后读取到的内容共有三行字符串。

注意：write()方法不能自动在字符串末尾添加换行符，需要自己添加“\n”。

【例 5-6】 完成一个自定义函数 copy_file()，实现文件的复制功能。

copy_file()函数需要两个参数，指定需要复制的文件 oldfile 和文件的备份 newfile。分别以读模式和写模式打开两个文件，从 oldfile 一次读入 50 个字符并写入 newfile。当读到文件末尾时 fileContent＝＝""成立，退出循环并关闭两个文件。

```
def copy_file(oldfile,newfile):
    oldFile = open(oldfile,"r")
    newFile = open(newfile,"w")
    while True:
        fileContent = oldFile.read(50)
        if fileContent == "": #读到文件末尾时
            break
        newFile.write(fileContent)
    oldFile.close()
    newFile.close()
    return
copy_file("d:\\python\\hello.txt","d:\\python\\hello2.txt")
```

2. writelines()方法

writelines(sequence)方法向文件写入一个序列字符串列表，如果需要换行则要自己加入每行的换行符。例如：

```
obj = open("log.py","w")
list02 = ["11","test","hello","44","55"]
```

```
obj.writelines(list02)
obj.close()
```

运行结果是生成一个 log.py 文件,内容是"11testhello4455",可见没有换行。

注意:writelines ()方法写入的序列必须是字符串序列,若是整数序列,则会产生错误。

5.2.4 文件内移动

无论读或写文件,Python 都会跟踪文件中的读/写位置。在默认情况下,文件的读/写都从文件的开始位置进行。Python 提供了控制文件读/写起始位置的方法,使得我们可以改变文件读/写操作发生的位置。

当使用 open()函数打开文件时,open()函数在内存中创建缓冲区,将磁盘上的文件内容复制到缓冲区。文件内容复制到文件对象缓冲区后,文件对象将缓冲区视为一个大的列表,其中的每一个元素都有自己的索引,文件对象按字节对缓冲区索引计数。同时,文件对象对文件当前位置,即当前读/写操作发生的位置进行维护,如图 5-3 所示。许多方法隐式使用当前位置。如调用 readline()方法后,文件当前位置移动到下一个回车处。

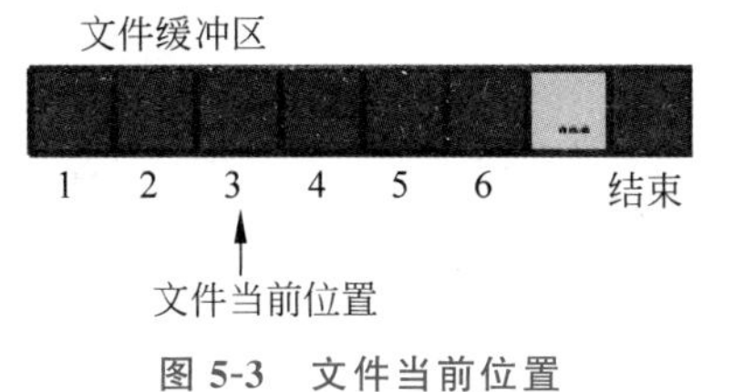

图 5-3 文件当前位置

Python 使用一些函数跟踪文件当前位置。tell()函数可以计算文件当前位置和开始位置之间的字节偏移量。

```
>>> exampleFile = open("d:\\python\\example.txt","w")
>>> exampleFile.write("0123456789")
>>> exampleFile.close()
>>> exampleFile = open("d:\\python\\example.txt")
>>> exampleFile.read(2)
'01'
>>> exampleFile.read(2)
'23'
>>> exampleFile.tell()
4L
>>> exampleFile.close()
```

这里 exampleFile.tell()函数返回的是一个整数 4,表示文件当前位置和开始位置之间有 4 字节的偏移量。因为已经从文件中读取 4 个字符了,所以有 4 字节偏移量。

seek()函数设置新的文件当前位置,允许在文件中跳转,实现对文件的随机访问。

seek()函数有两个参数:第一个参数是字节数;第二个参数是引用点。seek()函数将文件当前指针由引用点移动指定的字节数到指定的位置。语法如下:

```
seek(offset[,whence])
```

说明:offset 是一个字节数,表示偏移量。引用点 whence 有如下三个取值。

- 文件开始处为 0,也是默认取值。意味着使用该文件的开始处作为基准位置,此时字节偏移量必须非负。

➢ 当前文件位置为 1。则是使用当前位置作为基准位置，此时偏移量可以取负值。

➢ 文件结尾处为 2。则该文件的末尾将被作为基准位置。

注意：当文件以文本文件方式打开时，只能默认从文件头计算偏移量，即 whence 参数为 1 或 2 时，offset 参数只能取 0，Python 解释器不接受非零偏移量。当文件以二进制方式打开时，可以使用上述参数值进行定位。

【例 5-7】 用 seek()函数在指定位置写文件。

```
exampleFile = open("d:\\python\\example.txt","w")
exampleFile.write("0123456789")
exampleFile.seek(3)
exampleFile.write("ZUT")
exampleFile.close()
exampleFile = open("d:\\python\\example.txt")
s = exampleFile.read()
print(s)
exampleFile.close()
```

运行结果是：

```
'012ZUT6789'
```

注意：在追加模式"a"下打开文件，不能使用 seek()函数进行定位追加。改用"a+"模式打开文件，即可使用 seek()函数进行定位。

5.2.5 文件的关闭

应该牢记使用 close()方法关闭文件。关闭文件是取消程序和文件之间连接的过程，内存缓冲区的所有内容将写入磁盘，因此必须在使用文件后关闭文件以确保信息不会丢失。

要确保文件关闭，可以使用 try/finally 语句，在 finally 子句中调用 close()方法：

```
helloFile = open("d:\\python\\hello.txt","w")
try :
    helloFile.write("Hello,Sunny Day!")
finally:
    helloFile.close()
```

也可以使用 with 语句自动关闭文件：

```
with open("d:\\python\\hello.txt") as helloFile:
    s = helloFile.read()
print(s)
```

with 语句可以打开文件并赋值给文件对象，之后就可以对文件进行操作。文件会在语句结束后自动关闭，即使是由于异常引起的结束也是如此。

5.2.6 二进制文件的读/写

Python 没有二进制类型，但是可以用 string(字符串)类型来存储二进制类型数据，因为 string 是以字节为单位的。

1. 数据转换成字节串

pack()方法可以把数据转换成字节串(以字节为单位的字符串)。

格式：pack(格式化字符串，数据)

格式化字符串中可用的格式字符见表 5-2 中的格式字符。例如：

```
import struct
a = 20
bytes = struct.pack('i',a)        #将 a 变为 string 字符串
print(bytes)
```

运行结果是：

```
b'\x14\x00\x00\x00'
```

此时 bytes 就是一个字符串，字符串按字节同 a 的二进制存储内容相同。结果中\x 是十六进制的意思，20 的十六进制是 14。

如果字符串是由多个数据构成的，代码如下：

```
a = 'hello'
b = 'world! '
c = 2
d = 45.123
bytes = struct.pack('5s6sif',a.encode('utf-8'),b.encode('utf-8'),c,d)
```

'5s6sif'就是格式化字符串，由数字加字符构成。5s 表示占 5 个字符宽度的字符串，2i 表示 2 个整数等。表 5-2 是可用的格式字符及对应 C 语言、Python 中的类型。

表 5-2 可用的格式字符及对应 C 语言、Python 中的类型

格式字符	C 语言中的类型	Python 中的类型	字节数
c	char	string of length 1	1
b	signed char	integer	1
B	unsigned char	integer	1
?	_bool	bool	1
h	short	integer	2
H	unsigned short	integer	2
i	int	integer	4
I	unsigned int	integer or long	4
l	long	integer	4
L	unsigned long	long	4

续表

格式字符	C 语言中的类型	Python 中的类型	字节数
q	long long	long	8
Q	unsigned long long	long	8
f	float	float	4
d	double	float	8
s	char[]	string	1
p	char[]	string	1
P	void *	long	与 OS 有关

```
bytes = struct.pack('5s6sif',a.encode('utf-8'),b.encode('utf-8'),c,d)
```

此时的 bytes 就是二进制形式的数据了，可以直接写入文件。例如：

```
binfile = open("d:\\python\\hellobin.txt","wb")
binfile.write(bytes)
binfile.close()
```

2. 字节串还原成数据

unpack()方法可以把相应数据的字节串还原成数据。

```
bytes = struct.pack('i',20)        #将 20 变为字节串
```

再进行反操作，将现有的字节串（其实就是二进制数据 bytes）转换成 Python 的数据类型：

```
a, = struct.unpack('i',bytes)
```

注意：unpack 返回的是元组，所以如果只有一个变量：

```
bytes = struct.pack('i',a)
```

那么解码的时候需要：

```
a, = struct.unpack('i',bytes)
```

或者

```
(a,) = struct.unpack('i',bytes)
```

如果直接用 a=struct.unpack('i',bytes)，那么 a=(20,)是一个元组而不是原来的整数。

例如，把"d:\\python\\hellobin.txt"文件中的数据读取并显示：

```
import struct
binfile = open("d:\\python\\hellobin.txt","rb")
bytes = binfile.read()
(a,b,c,d) = struct.unpack('5s6sif',bytes)    #通过 struct.unpack()解码成 Python 变量
t = struct.unpack('5s6sif',bytes)            #通过 struct.unpack()解码成元组
print(t)
```

读取结果是：

```
(b'hello', b'world!', 2, 45.12300109863281)
```

5.3 文件夹的操作

文件有两个关键属性：路径和文件名。路径指明了文件在磁盘上的位置。例如，Python 安装在路径 D:\Python35 下，在这个文件夹下可以找到 python.exe 文件，运行该文件可以打开 Python 的交互界面。文件名圆点的后面部分称为扩展名（或后缀），它指明了文件的类型。

视频讲解

路径中的 D:\称为根文件夹，它包含了本分区内所有其他文件和文件夹。文件夹可以包含文件和其他子文件夹。Python35 是 D 盘下的一个子文件夹，它包含了 python.exe 文件。

5.3.1 当前工作目录

每个运行在计算机上的程序，都有一个当前工作目录。所有没有从根文件夹开始的文件名或路径，都假定工作在当前工作目录下。在交互式环境中输入以下代码：

```
>>> import os
>>> os.getcwd()
```

运行结果为：

```
'D:\\Python35'
```

在 Python 的 GUI 环境中运行时，当前工作目录是 D:\Python35。路径中多出的一个反斜杠是 Python 的转义字符。

5.3.2 目录操作

在大多数操作系统中，文件被存储在多级目录（文件夹）中。这些文件和目录（文件夹）被称为文件系统。Python 的标准 os 模块可以处理它们。

1. 创建新目录

程序可以用 os.makedirs()函数创建新目录。在交互式环境中输入以下代码：

```
>>> import os
>>> os.makedirs("e:\\python1\\ch5files")
```


os.makedirs()在E盘下分别创建了python1文件夹及其子文件夹ch5files，也就是说，路径中所有必需的文件夹都会被创建。

2. 删除目录

当目录不再使用，可以将它删除。使用rmdir()函数删除目录：

```
>>> import os
>>> os.rmdir("e:\\python1")
```

这时出现错误：

```
WindowsError: [Error 145] : 'e:\\python1'
```

因为rmdir()函数删除文件夹时要保证文件夹内不包含文件及子文件夹。也就是说，os.rmdir()函数只能删除空文件夹。

```
>>> os.rmdir("e:\\python1\\ch5files")
>>> os.rmdir("e:\\python1")
>>> os.path.exists("e:\\python1")        #运行结果为False
```

Python的os.path模块包含了许多与文件名及文件路径相关的函数。上面的例子使用了os.path.exists()函数判断文件夹是否存在。os.path是os模块中的模块，所以只要执行import os就可以导入它。

3. 列出目录内容

使用os.listdir()函数可以返回给出路径中文件名及文件夹名的字符串列表：

```
>>> os.mkdir("e:\\python1")
>>> os.listdir("e:\\python1")
[]
>>> os.mkdir("e:\\python1\\ch5files")
>>> os.listdir("e:\\python1")
['ch5files']
>>> dataFile = open("e:\\python1\\ data1.txt","w")
>>> for n in range(26):
      dataFile.write(chr(n + 65))
>>> dataFile.close()
>>> os.listdir("e:\\python1")
['ch5files', 'data1.txt']
```

刚创建的python1文件夹是一个空文件夹，所以返回的是一个空列表。后续在文件夹下分别创建了一个子文件夹ch5files和一个文件data1.txt，列表里返回的是子文件夹名和文件名。

4. 修改当前目录

使用 os. chdir()函数可以更改当前工作目录：

```
>>> os.chdir("e:\\python1")
>>> os.listdir(".")      #.代表当前工作目录
['ch5files', 'data1.txt']
```

5. 查找匹配文件或文件夹

使用 glob()函数可以查找匹配文件或文件夹(目录)。glob()函数使用 UNIX Shell 的规则来查找。

*：匹配任意一个任意字符。

?：匹配单个任意字符。

[字符列表]：匹配字符列表中的任意一个字符。

[!字符列表]：匹配除列表外的其他字符。

```
import glob
glob.glob("d*")              #查找以 d 开头的文件或文件夹
glob.glob("d????")           #查找以 d 开头并且全长为 5 个字符的文件或文件夹
glob.glob("[abcd]*")         #查找以 abcd 中任一字符开头的文件或文件夹
glob.glob("[!abd]*")         #查找不以 abd 中任一字符开头的文件或文件夹
```

5.3.3 文件操作

os. path 模块主要用于文件的属性获取，在编程中经常用到。

1. 获取路径和文件名

- os. path. dirname(path)：返回 path 参数中的路径名称字符串。
- os. path. basename(path)：返回 path 参数中的文件名。
- os. path. split(path)：返回参数的路径名称和文件名组成的字符串元组。

```
>>> helloFilePath = "e:\\python\\ch5files\\hello.txt"
>>> os.path.dirname(helloFilePath)
'e:\\python\\ch5files'
>>> os.path.basename(helloFilePath)
'hello.txt'
>>> os.path.split(helloFilePath)
('e:\\python\\ch5files', 'hello.txt')
>>> helloFilePath.split(os.path.sep)
['e:', 'python', 'ch5files', 'hello.txt']
```

如果想要得到路径中每一个文件夹的名字，可以使用字符串方法 split，通过 os. path. sep 对路径进行正确的分隔。

2. 检查路径有效性

如果提供的路径不存在，许多 Python 函数就会崩溃报错。os. path 模块提供了一些函数帮助判断路径是否存在。

- os. path. exists(path)：判断参数 path 的文件或文件夹是否存在。是则返回 True，否则返回 False。
- os. path. isfile(path)：判断参数 path 若存在且是一个文件，则返回 True，否则返回 False。
- os. path. isdir(path)：判断参数 path 若存在且是一个文件夹，则返回 True，否则返回 False。

3. 查看文件大小

os. path 模块中的 os. path. getsize()函数可以查看文件大小。此函数与前面介绍的 os. path. listdir()函数配合可以帮助统计文件夹大小。

【例 5-8】 统计 d:\\python 文件夹下所有文件的大小。

```
import os
totalSize = 0
os.chdir("d:\\python")
for fileName in os.listdir(os.getcwd()):
    totalSize += os.path.getsize(fileName)
print( totalSize)
```

4. 重命名文件

os. rename()函数可以帮助重命名文件。

```
os.rename("d:\\python\\hello.txt","d:\\python\\helloworld.txt")
```

5. 复制文件和文件夹

shutil 模块中提供一些函数，可以帮助复制、移动、改名和删除文件夹，还可以实现文件的备份。

- shutil. copy(source, destination)：复制文件。
- shutil. copytree(source, destination)：复制整个文件夹，包括其中的文件及子文件夹。

例如，将 e:\\python 文件夹复制为新的 e:\\python-backup 文件夹，代码如下：

```
import shutil
shutil.copytree("e:\\python","e:\\python-backup")
for fileName in os.listdir("e:\\python-backup"):
    print (fileName)
```

使用这些函数前先导入 shutil 模块。shutil. copytree()函数复制包括子文件夹在内的所有文件夹内容。

```
shutil.copy("e:\\python1\\data1.txt","e:\\python-backup")
shutil.copy("e:\\python1\\data1.txt","e:\\python-backup\\data-backup.txt")
```

shutil.copy()函数的第二个参数 destination 可以是文件夹，表示将文件复制到新文件夹里；也可以是包含新文件名的路径，表示复制的同时将文件重命名。

6. 文件和文件夹的移动和改名

shutil.move(source,destination)：与 shutil.copy()函数用法相似，参数 destination 既可以是一个包含新文件名的路径，也可以仅包含文件夹。

```
shutil.move("e:\\python1\\data1.txt","e:\\python1\\ch5files")
shutil.move("e:\\python1\\data1.txt","e:\\python1\\ch5files\\data2.txt")
```

注意：不管是 shutil.copy()函数还是 shutil.move()函数，函数参数中的路径必须存在，否则 Python 会报错。

如果参数 destination 中指定的新文件名与文件夹中已有文件重名，则文件夹中的已有文件会被覆盖。因此，使用 shutil.move()函数应当小心。

7. 删除文件和文件夹

os 模块和 shutil 模块都有函数可以删除文件或文件夹。

➢ os.remove(path)/os.unlink(path)：删除参数 path 指定的文件。

```
os.remove("e:\\python - backup\\data - backup.txt")
os.path.exists("e:\\python - backup\\data - backup.txt")      #False
```

➢ os.rmdir(path)：如前所述，os.rmdir()函数只能删除空文件夹。

➢ shutil.rmtree(path)：删除整个文件夹，包含所有文件及子文件夹。

```
shutil.rmtree("e:\\python1")
os.path.exists("e:\\python1")      #False
```

这些函数都是从硬盘中彻底删除文件或文件夹，不可恢复，因此使用时应特别谨慎。

8. 遍历目录树

想要处理文件夹中包括子文件夹内的所有文件即遍历目录树，可以使用 os.walk()函数。os.walk()函数将返回该路径下所有文件及子目录信息元组。

【例 5-9】 显示 H:\\档案科技表格文件夹下所有文件及子目录。

```
import os
list_dirs = os.walk("H:\\档案科技表格")          #返回一个元组
print(list(list_dirs))
for folderName,subFolders,fileNames in list_dirs:
    print("当前目录：" + folderName)
    for subFolder in subFolders:
        print(folderName + "的子目录" + " 是 -- " + subFolder)
        for fileName in fileNames:
            print(subFolder + "的文件 " + " 是 -- " + fileName)
```

5.4 文件应用案例——游戏地图存储

在游戏开发中往往需要存储不同关卡的游戏(例如推箱子、连连看等游戏)的地图信息。这里以推箱子游戏地图存储为例来说明游戏地图信息如何存储到文件中并读取出来。

视频讲解

图 5-4 所示的推箱子游戏,可以看成 7×7 的表格,这样如果按行存储到文件中,就可以把这一关游戏地图存入到文件中了。

墙	墙	墙			墙	墙
		墙			墙	墙
						墙
		墙				墙
			墙			墙
			墙	墙		墙
	墙	墙	墙	墙	墙	墙

图 5-4 推箱子游戏

为了表示方便,每个格子状态值分别用常量 Wall(0)代表墙,Worker(1)代表人,Box(2)代表箱子,Passageway(3)代表路,Destination(4)代表目的地,WorkerInDest(5)代表人在目的地,RedBox(6)代表放到目的地的箱子。文件中存储的原始地图中格子的状态值采用相应的整数形式存放。假如推箱子游戏界面的对应数据如下所示。

0	0	0	3	3	0	0
3	3	0	3	4	0	0
1	3	3	2	3	3	0
4	2	0	3	3	3	0
3	3	3	0	3	3	0
3	3	3	0	0	3	0
3	0	0	0	0	0	0

5.4.1 地图写入文件

只需要使用 write()方法按行/列(这里按行)存入文件 map1.txt 中即可。

```
import os
#地图写入文件
(helloFile = open("map1.txt","w")
helloFile.write("0,0,0,3,3,0,0\n")
helloFile.write("3,3,0,3,4,0,0\n")
helloFile.write("1,3,3,2,3,3,0\n")
```

```
helloFile.write("4,2,0,3,3,3,0\n")
helloFile.write("3,3,3,0,3,3,0\n")
helloFile.write("3,3,3,0,0,3,0\n")
helloFile.write("3,0,0,0,0,0,0\n")
helloFile.close()
```

5.4.2 从地图文件读取信息

只需要按行从文件 map1.txt 中读取即可得到地图信息。本例中将信息读取到二维列表中存储。

```
#读文件
helloFile = open("map1.txt","r")
myArray1 = []
while True:
    line = helloFile.readline()
    if line == "":                          #或者 if not line
        break
    line = line.replace("\n","")           #将读取的 1 行中最后的换行符去掉
    myArray1.append(line.split(","))
helloFile.close()
print(myArray1)
```

运行结果是：

```
[['0', '0', '0', '3', '3', '0', '0'], ['3', '3', '0', '3', '4', '0', '0'], ['1', '3', '3', '2', '3', '3',
 '0'], ['4', '2', '0', '3', '3', '3', '0'], ['3', '3', '3', '0', '3', '3', '0'], ['3', '3', '3', '0', '0',
 '3', '0'],['3','0','0','0',',0',',0',',0']]
```

在后面图形化推箱子游戏中，根据数字代号用对应图形显示到界面上，即可完成地图读取任务。

5.5 文件应用案例——词频统计

对文章内容进行统计，从中找出出现频率高的词语，从而概要分析文章内容，是经常遇到的需求；对网络信息进行自动检索及归档，也是同样的需求。这就是“词频统计”问题。

以英文文章为例，将文章作为文件读取其内容，对文章中的每一个单词设计其计数器，每出现一次其计数器进行加 1 操作，最后得出每个单词出现的次数。这里可以使用字典类型，以单词作为键，其次数为值，形成(单词，次数)键值对。而英文文章以空格或标点符号进行单词的分隔，因此获得单词并统计数量相对容易。下面对程序进行分析。

词频统计问题的 IPO 描述如下：

(1) 程序输入：从文件中读取文章。

(2) 处理：使用字典类型，分词并统计每一个单词出现的次数。

(3) 程序输出：显示统计的结果，每一个单词及其出现的次数。

(4) 程序输入：选取李某给刚上大学女儿的一封英文信并保存在 letter.txt 文件中。

将文件内容读取并保存在字符串中，首先需要分词。这里先使用 string.lower()函数将所有单词转为小写形式，保证同一个单词不同大小写形式统计的一致；然后用 string.replace()方法将特殊字符统一替换为空格，为后面的分词做准备，提取单词。英文文章分词比较简单，由于单词间有空格，所以 string.split()按空格分隔就可以实现文章分隔成单词的列表 words。

使用字典类型 wdCountDict 进行单词的计数。对于已经出现在字典中的单词，其计数器加 1；没有出现的单词添加并将键值设置为 1，新建键值对。对应的代码如下：

```
for word in words:
    if word in wdCountDict:
        wdCountDict[word] = wdCountDict[word] + 1
    else
        wdCountDict[word] = 1
```

也可以使用 wdCountDict.get()方法将上述代码中的 if 语句替换为：

```
wdCountDict[word] = wdCountDict.get(word,0) + 1
```

将词频结果从大到小倒序排序并输出。字典类型是无序的，因此必须先将字典转换为列表，对列表进行排序。为了使用 sort()方法排序，转换列表时需要对每个字典项(键，值)转换为新元组(值，键)添加到列表中。这是因为 sort()方法对复合对象，比较的是每个元素的第一个值。代码如下：

```
valKeyList = []
for key,val in wdCountDict.items():
    valKeyList.append((val,key))
```

也可以使用以下代码进行更简洁的替换：

```
valKeyList = [(val,key) for key,val in wdCountDict.items()]
```

全部代码如下：

```
#letter.py
def getFileText():
    with open("C:\\lynn\\Python\\letter.txt","r") as letterFile:
        filTxt = letterFile.read()
    filTxt = filTxt.lower()
    for ch in '!"#$%&()*+-*/,.:;<=>?@[]\\^_{}|~':
        filTxt = filTxt.replace(ch," ")
    return filTxt
```

```
letterTxt = getFileText()
words = letterTxt.split()
wdCountDict = {}
for word in words:
    wdCountDict[word] = wdCountDict.get(word,0) + 1
valKeyList = [(val,key) for key,val in wdCountDict.items()]
valKeyList.sort(reverse = True)
print("{0:<10}{1:>5}".format("word","count"))
print("*" * 21)
for val,key in valKeyList:
    print("{0:<10}{1:>5}".format(key,val))
```

注意：使用 sort()方法排序时，若第一个值相同，它会使用复合对象的其他元素排序。因此，出现次数相同的单词以单词字母倒序输出。

观察结果可以发现，在列表中会出现很多常见且对文章分析无意义的词，如 and、you、or、it 等，这些词被称作停用词。停用词表可以在网上找到，通常可以设置停用词列表，并将它们从字典中排除。代码如下：

```
excludes = {"the","of","you","your","that","will","this","don't"}
for word in excludes:
    del(wdCountDict[word])
```

这个示例中列表中的单词并不完整，读者可以试着完善列表。

更简单的方法是排除长度小于 3 的单词，并在最终的结果中将出现次数小于 2 次的单词也排除，完善输出结果。完整代码如下：

```
#letter.py
def getFileText():
    with open("C:\\lynn\\Python\\letter.txt","r") as letterFile:
        filTxt = letterFile.read()
    filTxt = filTxt.lower()
    for ch in '!"#$%&()*+-*/,.:;<=>?@[]\\^_{}|~':
        filTxt = filTxt.replace(ch," ")
    return filTxt
letterTxt = getFileText()
words = letterTxt.split()                    #实现文章分隔成单词的列表 words
wdCountDict = {}
excludes = {"the","of","you","your","that","will","this","don't"}
for word in words:
    wdCountDict[word] = wdCountDict.get(word,0) + 1
for word in excludes:
    del(wdCountDict[word])
items = list(wdCountDict.items())            #将字典转换为列表
items.sort(key = lambda x:x[1],reverse = True)    #按记录第 2 列排序
print("{0:<10}{1:>5}".format("word","count"))
print("*" * 21)
for key,val in items:
    if len(key)>3 and val > 2:
        print("{0:<10}{1:>5}".format(key,val))
```

此后，在最终的结果中就可以看到单词出现的次数。

5.6 习 题

1. 编写程序，打开任意的文本文件，读出其中内容，判断该文件中某些给定关键字（如"中国"）出现的次数。

2. 编写程序，打开任意的文本文件，在指定的位置产生一个相同文件的副本，即实现文件的复制功能。

3. 用 Windows 的记事本创建一个文本文件，其中每行包含一段英文。试读出文件的全部内容，并判断：

(1) 该文本文件共有多少行?

(2) 文件中以大写字母 P 开头的有多少行?

(3) 一行中包含字符最多的和包含字符最少的分别在第几行?

4. 统计某 test.txt 文件中大写字母、小写字母和数字出现的次数。

5. 编写程序统计调查问卷各评语出现的次数，将最终统计结果放入字典。

调查问卷结果：

不满意，一般，满意，一般，很满意，满意，一般，一般，不满意，满意，满意，满意，满意，一般，很满意，一般，满意，不满意，一般，不满意，满意，满意，满意，满意，满意，满意，很满意，不满意，满意，不满意，不满意，一般，很满意

要求：问卷调查结果用文本文件 result.txt 保存并编写程序读取该文件后统计各评语出现的次数，将字典最终统计结果追加至 result.txt 文件中。

6. 文件 src.txt 存储的是一篇英文文章，将其中所有大写字母转换成小写字母输出。

假如 src.txt 里面存储内容为：

```
This is a Book
```

则输出内容应为：

```
this is a book
```

7. 文件"score.txt"中存储了歌手大奖赛中 10 名评委给每一个歌手打的分，10 个分数在一行，形式如下：

歌手 1,8.92,7.89,8.23,8.93,7.89,8.52,7.99,8.83,8.99,8.89

歌手 2,8.95,8.86,8.24,8.63,7.66,8.53,8.59,8.82,8.93,8.89

……

从文件中读取数据，存入列表中，计算该名歌手的最终得分，最终得分的计算方式是 10 个评分去掉最高分，去掉最低分，然后求平均分。最终得分保留两位小数，输出到屏幕。

第6章　面向对象程序设计

面向对象程序设计(Object Oriented Programming,OOP)主要针对大型软件设计而提出,使得软件设计更加灵活,能够很好地支持代码复用和设计复用,并且使得代码具有更好的可读性和可扩展性。面向对象程序设计的一个关键性观念是将数据以及对数据的操作封装在一起,组成一个相互依存、不可分割的整体,即对象。对于相同类型的对象进行分类、抽象后,得出共同的特征而形成了类。面向对象程序设计的关键就是如何合理地定义和组织这些类以及类之间的关系。这里在介绍面向对象程序设计的基本特性的基础上还介绍了类和对象的定义,类的继承、派生与多态。

6.1　面向对象程序设计基础

面向对象程序设计是相对于结构化程序设计而言的,它把一个新的概念——对象,作为程序代码的整个结构的基础和组成元素。它将数据及对数据的操作结合在一起,作为相互依存、不可分割的整体来处理;它采用数据抽象和信息隐藏技术,将对象及对象的操作抽象成一种新的数据类型——类,并且考虑不同对象之间的联系和对象类的重用性。简而言之,对象就是现实世界中的一个实体,而类就是对象的抽象和概括。

视频讲解

现实生活中的每一个相对独立的事物都可以看作一个对象,例如,一个人、一辆车、一台计算机等。对象是具有某些特性和功能的具体事物的抽象。每个对象都具有描述其特征的属性及附属于它的行为。例如,一辆车有颜色、车轮数、座椅数等属性,也有启动、行驶、停止等行为。一个人可由姓名、性别、年龄、身高、体重等特征描述,也有走路、说话、学习、开车等行为;一台计算机由主机、显示器、键盘、鼠标等部件组成。

当人们生产一台计算机的时候,并不是先生产主机,然后生产显示器,再生产键盘、鼠标,即不是顺序执行的。而是分别生产设计主机、显示器、键盘、鼠标等,最后把它们组装起来。这些部件通过事先设计好的接口连接,以便协调地工作。这就是面向对象程序设计的基本思路。

每个对象都有一个类型,类是创建对象实例的模板,是对对象的抽象和概括,它包含对所创建对象的属性描述和行为特征的定义。例如,我们在马路上看到的汽车都是一个一个的汽车对象,它们通通归属于一个汽车类,那么车身颜色就是该类的属性,开动是它的方法,该保养了或者该报废了就是它的事件。

面向对象程序设计是一种计算机编程架构,它具有以下3个基本特性。

1. 封装性

封装性(encapsulation)就是将一个数据和与这个数据有关的操作集合放在一起,形成一个实体——对象,用户不必知道对象行为的实现细节,只需根据对象提供的外部特性接口访问对象即可。目的在于将对象的用户与设计者分开,用户不必知道对象行为的细节,只需用设计者提供的协议命令对象去做就可以。也就是我们可以创建一个接口,只要该接口保持不变,即使完全重写了指定方法中的代码,应用程序也可以与对象交互作用。

例如,电视机是一个类,我们家里的那台电视机是这个类的一个对象,它有声音、颜色、亮度等一系列属性,如果需要调节它的属性(如声音),只需要通过调节一些按钮或旋钮就可以了,也可以通过这些按钮或旋钮来控制电视的开、关、换台等功能(方法)。当进行这些操作时,并不需要知道这台电视机的内部构成,而是通过生产厂家提供的通用开关、按钮等接口来实现的。

面向对象方法的封装性使对象以外的事物不能随意获取对象的内部属性(公有属性除外),有效地避免了外部错误对它产生的影响,大大减轻了软件开发过程中查错的工作量,减小了排错的难度,隐蔽了程序设计的复杂性,提高了代码重用性,降低了软件开发的难度。

2. 继承性

继承性(inheritance)是指在面向对象程序设计中,根据既有类(基类)派生出新类(派生类)的现象,也称为类的继承机制。

派生类无须重新定义在父类(基类)中已经定义的属性和行为,而是自动地拥有其父类的全部属性与行为。派生类既具有继承下来的属性和行为,又具有自己新定义的属性和行为。当派生类又被它更下层的子类继承时,它继承的及自身定义的属性和行为又被下一级子类继承下去。面向对象程序设计的继承机制实现了代码重用,有效地缩短了程序的开发周期。

3. 多态性

面向对象的程序设计的多态性(polymorphism)是指基类中定义的属性或行为,被派生类继承之后,可以具有不同的数据类型或表现出不同的行为特性,使得同样的消息可以根据发送消息对象的不同而采用多种不同的行为方式。

Python 完全采用了面向对象程序设计的思想,是真正面向对象的高级动态编程语言,完全支持面向对象的基本功能,如封装、继承、多态以及对基类方法的覆盖或重写。但与其他面向对象程序设计语言不同的是,Python 中对象的概念很广泛,Python 中的一切内容都可以称为对象。例如,字符串、列表、字典、元组等内置数据类型都具有和类完全相似的语法和用法。

6.2 类和对象

Python 使用 class 关键字来定义类,class 关键字之后是一个空格,然后是类的名字,再后是一个冒号,最后换行并定义类的内部实现。类名的首字母一般要大写,当然也可以按照自己的习惯定义类名,但是一般推荐参考惯例来命名,并在整个系统的设计和实现中保持风格一致,这一点对于团队合作尤其重要。

6.2.1 定义和使用类

1. 类定义

创建类时用变量形式表示的对象属性称为数据成员或属性(成员变量),用函数形式表示的对象行为称为成员函数(成员方法),成员属性和成员方法统称为类的成员。

类定义的最简单形式如下:

class 类名:

属性(成员变量)

属性

…

…

成员函数(成员方法)

【例 6-1】 定义一个 Person 类。

```
class Person:
    num = 1                    #成员变量(属性)
    def SayHello(self):        #成员函数
        print("Hello!")
```

在 Person 类中定义一个成员函数 SayHello(self),用于输出字符串"Hello!"。同样,Python 使用缩进标识类的定义代码。

1) 成员函数(成员方法)

在 Python 中,函数和成员方法(成员函数)是有区别的。成员方法一般指与特定实例绑定的函数,通过对象调用成员方法时,对象本身将被作为第一个参数传递过去,普通函数并不具备这个特点。

2) self

可以看到,在成员函数 SayHello()中有一个参数 self。这也是类的成员函数(方法)与普通函数的主要区别。类的成员函数必须有一个参数 self,而且位于参数列表的开头。self 就代表类的实例(对象)自身,可以使用 self 引用类的属性和成员函数。在类的成员函数中访问实例属性时需要以 self 为前缀,但在外部通过对象名调用对象成员函数时并不需要传递这个参数,如果在外部通过类名调用对象成员函数则需要显式为 self 参数传值。

2. 对象定义

对象是类的实例。如果人类是一个类,那么某个具体的人就是一个对象。只有定义了具体的对象,并通过"对象名.成员"的方式才能访问其中的数据成员或成员方法。

Python 创建对象的语法如下:

对象名 = 类名()

例如,下面的代码定义了一个类 Person 的对象 p:

```
p = Person()
p.SayHello()        #访问成员函数 SayHello()
```

运行结果如下：

```
Hello!
```

6.2.2 构造函数

类可以定义一个特殊的叫作__init__()的方法(构造函数,以两个下画线"__"开头和结束,显示为__,下同)。一个类定义了__init__()方法以后,类实例化时就会自动为新生成的类实例调用__init__()方法。构造函数一般用于完成对象数据成员设置初值或进行其他必要的初始化工作。如果用户未涉及构造函数,Python 将提供一个默认的构造函数。

【例 6-2】 定义一个复数类 Complex,构造函数完成对象变量初始化工作。

```
class Complex:
  def __init__(self, realpart, imagpart):
          self.r = realpart
          self.i = imagpart
x = Complex(3.0, -4.5)
print(x.r, x.i)
```

运行结果如下：

```
3.0 -4.5
```

6.2.3 析构函数

Python 中类的析构函数是__del__,用来释放对象占用的资源,在 Python 收回对象空间之前自动执行。如果用户未涉及析构函数,Python 将提供一个默认的析构函数进行必要的清理工作。

例如：

```
class Complex:
    def __init__(self, realpart, imagpart):
         self.r = realpart
         self.i = imagpart
    def __del__(self):
         print("Complex不存在了")
x = Complex(3.0, -4.5)
print(x.r, x.i)
```

```
print(x)
del x             # 删除 x 对象变量
```

运行结果如下：

```
3.0 -4.5
<__main__.Complex object at 0x01F87C90>
Complex 不存在了
```

说明：在删除 x 对象变量之前，x 是存在的，在内存中的标识为 0x01F87C90，执行 del x 语句后，x 对象变量不存在了，系统自动调用析构函数，所以出现“Complex 不存在了”。

6.2.4 实例属性和类属性

属性（成员变量）有两种：一种是实例属性；另一种是类属性（类变量）。实例属性是在构造函数__init__（以两个下画线开头和结束）中定义的，定义时以 self 作为前缀；类属性是在类中方法之外定义的属性。在主程序中（在类的外部），实例属性属于实例（对象），只能通过对象名访问；类属性属于类可通过类名访问，也可以通过对象名访问，为类的所有实例共享。

【例 6-3】 定义含有实例属性（姓名 name，年龄 age）和类属性（人数 num）的 Person 人员类。

```
class Person:
    num = 1                          # 类属性
    def __init__(self, str,n):       # 构造函数
        self.name = str              # 实例属性
        self.age = n
    def SayHello(self):              # 成员函数
        print("Hello!")
    def PrintName(self):             # 成员函数
        print("姓名：", self.name, "年龄：", self.age)
    def PrintNum(self):              # 成员函数
        print(Person.num)            # 由于是类属性，所以不写 self.num
# 主程序
P1 = Person("夏敏捷",42)
P2 = Person("王琳",36)
P1.PrintName()
P2.PrintName()
Person.num = 2                       # 修改类属性
P1.PrintNum()
P2.PrintNum()
```

运行结果如下：

```
姓名：夏敏捷年龄：42
姓名：王琳年龄：36
2
2
```

num 变量是一个类变量，它的值将在这个类的所有实例之间共享。可以在类内部或类外部使用 Person. num 访问。

在类的成员函数(方法)中可以调用类的其他成员函数(方法)，也可以访问类属性、对象实例属性。

在 Python 中比较特殊的是，可以动态地为类和对象增加成员，这一点是和很多面向对象程序设计语言不同的，也是 Python 动态类型特点的一种重要体现。

【例 6-4】 为 Car 类动态增加属性 name 和成员方法 setSpeed()。

```
import types                                          #导入 types 模块
class Car:
    price = 100000                                    #定义类属性 price
    def __init__(self, c):
        self.color = c                                #定义实例属性 color
#主程序
car1 = Car("Red")
car2 = Car("Blue")
print(car1.color, Car.price)
Car.price = 110000                                    #修改类属性
Car.name = 'QQ'                                       #增加类属性
car1.color = "Yellow"                                 #修改实例属性
print(car2.color, Car.price, Car.name)
print(car1.color, Car.price, Car.name)
def setSpeed(self, s):
    self.speed = s
car1.setSpeed = types.MethodType(setSpeed, Car)       #动态为对象增加成员方法
car1.setSpeed(50)                                     #调用对象的成员方法
print(car1.speed)
```

运行结果如下：

```
Red 100000
Blue 110000 QQ
Yellow 110000 QQ
50
```

说明：

(1) Python 中也可以使用以下函数的方式来访问属性。

➤ getattr(obj, name)：访问对象的属性。

➤ hasattr(obj,name)：检查是否存在一个属性。

➤ setattr(obj,name,value)：设置一个属性。如果属性不存在，会创建一个新属性。

➤ delattr(obj, name)：删除属性。

例如：

```
hasattr(car1, 'color')                 #如果存在 'color' 属性则返回 True
getattr(car1, 'color')                 #返回 'color' 属性的值
```

```
setattr(car1, 'color', 8)                #添加属性'color'值为 8
delattr(car1, 'color')                   #删除属性'color'
```

(2) Python 中内置了一些类属性。

➢ __dict__：类的属性(包含一个字典,由类的数据属性组成)。

➢ __doc__：类的文档字符串。

➢ __name__：类名。

➢ __module__：类定义所在的模块(类的全名是'__main__.className',如果类位于一个导入模块 mymod 中,那么 className.__module__结果为 mymod)。

➢ __bases__：类的所有父类组成的元组。

Python 内置类属性调用实例如下：

```
class Employee:
    '所有员工的基类'
    empCount = 0
    def __init__(self, name, salary):
        self.name = name
        self.salary = salary
        Employee.empCount += 1
    def displayCount(self):
      print ("Total Employee %d" % Employee.empCount)
    def displayEmployee(self):
        print ("Name : ", self.name, ", Salary: ", self.salary)
print ("Employee.__doc__:", Employee.__doc__)
print ("Employee.__name__:", Employee.__name__)
print ("Employee.__module__:", Employee.__module__)
print ("Employee.__bases__:", Employee.__bases__)
```

执行以上代码,输出结果如下：

```
Employee.__doc__: 所有员工的基类
Employee.__name__: Employee
Employee.__module__: __main__
Employee.__bases__: (<class 'object'>,)
```

6.2.5 私有成员与公有成员

Python 并没有对私有成员提供严格的访问保护机制。在定义类的属性时,如果属性名以两个下画线开头则表示是私有属性,否则是公有属性。私有属性在类的外部不能直接访问,需要通过调用对象的公有成员方法来访问,或者通过 Python 支持的特殊方式来访问。Python 提供了访问私有属性的特殊方式,可用于程序的测试和调试,对于成员方法也具有同样的性质。这种方式如下：

对象名._类名+私有成员

例如，访问 Car 类私有成员__weight：

```
car1._Car__weight
```

私有属性是为了数据封装和保密而设的属性，一般只能在类的成员方法（类的内部）中使用访问，虽然 Python 支持一种特殊的方式来从外部直接访问类的私有成员，但是并不推荐这样做。公有属性是可以公开使用的，既可以在类的内部进行访问，也可以在外部程序中使用。

【例 6-5】 为 Car 类定义私有成员。

```
class Car:
    price = 100000              #定义类属性
    def __init__(self, c, w):
        self.color = c          #定义公有属性 color
        self.__weight = w       #定义私有属性__weight
#主程序
car1 = Car("Red",10.5)
car2 = Car("Blue",11.8)
print(car1.color)
print(car1._Car__weight)
print(car1.__weight)            #AttributeError
```

运行结果如下：

```
Red
10.5
AttributeError: 'Car' object has no attribute '__weight'
```

最后一句由于不能直接访问私有属性，所以出现 AttributeError: 'Car' object has no attribute '__weight'错误提示。而公有属性 color 可以直接访问。

在 IDLE 环境中，在对象或类名后面加上一个圆点“.”，稍等一秒钟则会自动列出其所有公开成员，模块也具有同样的特点。而如果在圆点“.”后面再加一个下画线，则会列出该对象或类的所有成员，包括私有成员。

说明：在 Python 中，以下画线开头的变量名和方法名有特殊的含义，尤其是在类的定义中。用下画线作为变量名和方法名前缀和后缀来表示类的特殊成员。

- _xxx：这样的对象叫作保护成员，不能用'from module import *'导入，只有类和子类内部成员方法（函数）能访问这些成员。
- __xxx__：系统定义的特殊成员。
- __xxx：类中的私有成员，只有类自己内部成员方法（函数）能访问，子类内部成员方法也不能访问到这个私有成员，但在对象外部可以通过“对象名._类名__xxx”这样的特殊方式来访问。Python 中不存在严格意义上的私有成员。

6.2.6 方法

在类中定义的方法可以粗略分为 3 大类：公有方法、私有方法、静态方法。其中，公有方法、私有方法都属于对象，私有方法的名字以两个下画线开头，每个对象都有自己的公有方法和私有方法，在这两类方法中可以访问属于类和对象的成员；**公有方法通过对象名直接调用，私有方法不能通过对象名直接调用**，只能在属于对象的方法中通过 self 调用或在外部通过 Python 支持的特殊方式来调用。如果通过类名来调用属于对象的公有方法，需要显式为该方法的 self 参数传递一个对象名，用来明确指定访问哪个对象的数据成员。**静态方法可以通过类名和对象名调用，但不能直接访问属于对象的成员，只能访问属于类的成员。**

【例 6-6】 公有方法、私有方法、静态方法的定义和调用。

```
class Person:
    num = 0                           #类属性
    def __init__(self, str,n,w):      #构造函数
        self.name = str               #对象实例属性(成员)
        self.age = n
        self.__weight = w             #定义私有属性__weight
        Person.num += 1
    def __outputWeight(self):         #定义私有方法 outputWeight
        print("体重:",self.__weight) #访问私有属性__weight
    def PrintName(self):              #定义公有方法(成员函数)
        print("姓名:", self.name, "年龄:", self.age, end = " ")
        self.__outputWeight( )        #调用私有方法 outputWeight
    def PrintNum(self):               #定义公有方法(成员函数)
        print(Person.num)             #由于是类属性,所以不写 self.num
    @ staticmethod
    def getNum():                     #定义静态方法 getNum
        return Person.num
#主程序
P1 = Person("夏敏捷",42,120)
P2 = Person("张海",39,80)
#P1.outputWeight()                    #错误'Person' object has no attribute 'outputWeight'
P1.PrintName()
P2.PrintName()
Person.PrintName(P2)
print("人数:",Person.getNum())
print("人数:",P1.getNum())
```

运行结果如下：

```
姓名: 夏敏捷 年龄: 42 体重: 120
姓名: 张海 年龄: 39 体重: 80
姓名: 张海 年龄: 39 体重: 80
人数: 2
人数: 2
```

6.3 类的继承和多态

继承是为代码复用和设计复用而设计的，是面向对象程序设计的重要特性之一。当设计一个新类时，如果可以继承一个已有的设计良好的类然后进行二次开发，无疑会大幅度减少开发工作量。

6.3.1 类的继承

视频讲解

类继承语法：

```
class 派生类名(基类名):          #基类名写在括号里
    派生类成员
```

在继承关系中，已有的、设计好的类称为父类或基类，新设计的类称为子类或派生类。派生类可以继承父类的公有成员，但是不能继承其私有成员。

在 Python 中继承的一些特点如下：

(1) 在继承中基类的构造函数[__init__()方法]不会被自动调用，它需要在其派生类的构造中亲自专门调用。

(2) 如果需要在派生类中调用基类的方法时，通过“基类名.方法名()”的方式来实现，需要加上基类的类名前缀，且需要带上 self 参数变量。区别于在类中调用普通函数时并不需要带上 self 参数。也可以使用内置函数 super()实现这一目的。

(3) Python 总是首先查找对应类型的方法，如果不能在派生类中找到对应的方法，它才开始到基类中逐个查找(先在本类中查找调用的方法，找不到才去基类中找)。

【例 6-7】 类的继承应用。

```
class Parent:                              #定义父类
    parentAttr = 100
    def __init__(self):
        print("调用父类构造函数")
    def parentMethod(self):
        print("调用父类方法")
    def setAttr(self, attr):
        Parent.parentAttr = attr
    def getAttr(self):
        print( "父类属性 :", Parent.parentAttr)
class Child(Parent):                       #定义子类
    def __init__(self):
        print( "调用子类构造函数")
    def childMethod(self):
        print("调用子类方法 child method")
#主程序
c = Child()                                #实例化子类
c.childMethod()                            #调用子类的方法
```

```
c.parentMethod()                #调用父类方法
c.setAttr(200)                  #再次调用父类的方法
c.getAttr()                     #再次调用父类的方法
```

以上代码执行结果如下：

```
调用子类构造函数
调用子类方法 child method
调用父类方法
父类属性 : 200
```

【例 6-8】 设计 Person 类，并根据 Person 派生 Student 类，分别创建 Person 类与 Student 类的对象。

```
#定义基类：Person 类
import types
class Person(object):          #基类必须继承于 object,否则在派生类中将无法使用 super()函数
    def __init__(self, name = '', age = 20, sex = 'man'):
        self.setName(name)
        self.setAge(age)
        self.setSex(sex)
    def setName(self, name):
        if type(name) != str:                    #内置函数 type()返回被测对象的数据类型
            print ('姓名必须是字符串.')
            return
        self.__name = name
    def setAge(self, age):
        if type(age) != int:
            print ('年龄必须是整型.')
            return
        self.__age = age
    def setSex(self, sex):
        if sex != '男' and sex != '女':
            print ('性别输入错误')
            return
        self.__sex = sex
    def show(self):
        print ('姓名：', self.__name, '年龄：', self.__age ,'性别：', self.__sex)
#定义子类(Student 类),其中增加一个入学年份私有属性(数据成员)
class Student (Person):
    def __init__(self, name = '', age = 20, sex = 'man', schoolyear = 2016):
        #调用基类构造方法初始化基类的私有数据成员
        super(Student, self).__init__(name, age, sex)
        #Person.__init__(self, name, age, sex) #也可以这样初始化基类私有数据成员
        self.setSchoolyear(schoolyear)           #初始化派生类的数据成员
    def setSchoolyear(self, schoolyear):
        self.__schoolyear = schoolyear
```

```
    def show(self):
        Person.show(self)                       #调用基类 show()方法
        #super(Student, self).show()            #也可以这样调用基类 show()方法
        print ('入学年份:', self.__schoolyear)
#主程序
if __name__ == '__main__':
    zhangsan = Person('张三', 19, '男')
    zhangsan.show()
    lisi = Student ('李四', 18, '男', 2015)
    lisi.show()
    lisi.setAge(20)                             #调用继承的方法修改年龄
    lisi.show()
```

运行结果如下：

```
姓名:张三   年龄:19   性别:男
姓名:李四   年龄:18   性别:男
入学年份:2015
姓名:李四   年龄:20   性别:男
入学年份:2015
```

当需要判断类之间关系或者某个对象实例是哪个类的对象时，可以使用 issubclass()或者 isinstance()方法来检测。

- issubclass(sub, sup)：布尔函数，判断一个类 sub 是另一个类 sup 的子类或者子孙类，若是则返回 True。
- isinstance(obj, Class)：布尔函数，如果 obj 是 Class 类或者是 Class 子类的实例对象，则返回 True。

例如：

```
class Foo(object):
    pass
class Bar(Foo):
    pass
a = Foo()
b = Bar()
print (type(a) == Foo)              #True,type()函数返回对象的类型
print (type(b) == Foo)              #False
print (isinstance(b,Foo))           #True
print (issubclass(Bar,Foo))         #True
```

6.3.2 类的多继承

Python 的类可以继承多个基类。继承的基类列表跟在类名之后。类的多继承语法：

class SubClassName (ParentClass1[, ParentClass2, …]):

    派生类成员

例如，定义C类继承A,B两个基类，代码如下：

```
class A:          #定义类 A
…
class B:          #定义类 B
…
class C(A, B):    #派生类 C 继承类 A 和 B
…
```

6.3.3 方法重写

重写必须出现在继承中。它是指当派生类继承了基类的方法之后，如果基类方法的功能不能满足需求，需要对基类中的某些方法进行修改，可以在派生类重写基类的方法，这就是重写。

【例 6-9】 重写父类(基类)的方法。

```
class Animal:                              #定义父类
    def run(self):
        print("Animal is running…")        #调用父类方法
class Cat(Animal):                         #定义子类
    def run(self):
        print("Cat is running…")           #调用子类方法
class Dog(Animal):                         #定义子类
    def run(self):
        print("Dog is running…")           #调用子类方法
c = Dog()                                  #子类实例
c.run()                                    #子类调用重写方法
```

程序运行结果：

```
Dog is running…
```

当子类Dog和父类Animal都存在相同的run()方法时，我们说，子类的run()覆盖了父类的run()，在代码运行的时候，总是会调用子类的run()。这样，就获得了继承的另一个好处——多态。

6.3.4 多态

视频讲解

要理解什么是多态，首先要对数据类型再做一点说明。当定义一个类的时候，实际上就定义了一种数据类型。定义的数据类型和Python自带的数据类型，如string、list、dict没什么区别。

```
a = list()        #a 是 list 类型
b = Animal()      #b 是 Animal 类型
c = Dog()         #c 是 Dog 类型
```

判断一个变量是不是某个类型可以用 isinstance()判断：

```
>>> isinstance(a, list)
True
>>> isinstance(b, Animal)
True
>>> isinstance(c, Dog)
True
```

a、b、c 确实对应着 list、Animal、Dog 这 3 种类型。

```
>>> isinstance(c, Animal)
True
```

因为 Dog 是从 Animal 继承下来的，当创建了一个 Dog 的实例 c 时，认为 c 的数据类型是 Dog 没错，但 c 同时也是 Animal，这也没错，Dog 本来就是 Animal 的一种。

所以，在继承关系中，如果一个实例的数据类型是某个子类，那它的数据类型也可以被看作是父类。但是，反过来就不行：

```
>>> b = Animal()
>>> isinstance(b, Dog)
False
```

Dog 可以看成 Animal，但 Animal 不可以看成 Dog。

要理解多态的好处，还需要再编写一个函数，这个函数接收一个 Animal 类型的变量：

```
def run_twice(animal):
    animal.run()
    animal.run()
```

当传入 Animal 的实例时，run_twice()就打印出：

```
>>> run_twice(Animal())
Animal is running…
Animal is running…
```

当传入 Dog 的实例时，run_twice()就打印出：

```
>>> run_twice(Dog())
Dog is running…
Dog is running…
```

当传入 Cat 的实例时，run_twice()就打印出：

```
>>> run_twice(Cat())
Cat is running…
Cat is running…
```

现在，如果再定义一个 Tortoise 类型，也从 Animal 派生：

```
class Tortoise(Animal):
    def run(self):
        print ('Tortoise is running slowly… ')
```

当调用 run_twice()时，传入 Tortoise 的实例：

```
>>> run_twice(Tortoise())
Tortoise is running slowly…
Tortoise is running slowly…
```

会发现新增一个 Animal 的子类，不必对 run_twice()做任何修改。实际上，任何依赖 Animal 作为参数的函数或者方法都可以不加修改地正常运行，原因就在于多态。

多态的好处就是，当需要传入 Dog、Cat、Tortoise 等时，只需要接收 Animal 类型就可以了，因为 Dog、Cat、Tortoise 等都是 Animal 类型，然后，按照 Animal 类型进行操作即可。由于 Animal 类型有 run()方法，因此，传入的任意类型，只要是 Animal 类或者子类，就会自动调用实际类型的 run()方法，这就是多态的意思。

对于一个变量，只需要知道它是 Animal 类型，无须确切地知道它的子类型，就可以放心地调用 run()方法，而具体调用的 run()方法是作用在 Animal、Dog、Cat 还是 Tortoise 对象上，由运行时该对象的确切类型决定，这就是多态真正的威力：调用方只管调用，不管细节，而当新增一种 Animal 的子类时，只要确保 run()方法编写正确，不用管原来的代码是如何调用的。这就是著名的"开闭"原则：对扩展开放，允许新增 Animal 子类；对修改封闭，不需要修改依赖 Animal 类型的 run_twice()等函数。

6.3.5 运算符重载

在 Python 中可以通过运算符重载来实现对象之间的运算。Python 把运算符与类的方法关联起来，每个运算符对应一个函数，因此重载运算符就是实现函数。常用的运算符与函数方法的对应关系如表 6-1 所示。

表 6-1 Python 中常用的运算符与函数方法的对应关系表

函数方法	重载的运算符	说　明	调用举例
__add__	+	加法	Z=X+Y,X+=Y
__sub__	-	减法	Z=X-Y,X-=Y
__mul__	*	乘法	Z=X*Y,X*=Y
__div__	/	除法	Z=X/Y,X/=Y
__lt__	<	小于	X<Y

续表

函数方法	重载的运算符	说　　明	调 用 举 例
__eq__	==	等于	X==Y
__len__	长度	对象长度	len(X)
__str__	输出	输出对象时调用	print (X),str(X)
__or__	或	或运算	X|Y,X|=Y

所以在 Python 中,在定义类的时候,可以通过实现一些函数来实现重载运算符。

【例 6-10】 对 Vector 类重载运算符。

```
class Vector:
    def __init__(self, a, b):
        self.a = a
        self.b = b
    def __str__(self):           #重写 print()方法,打印 Vector 对象实例信息
        return 'Vector (%d, %d)' % (self.a, self.b)
    def __add__(self,other):     #重载加法+运算符
        return Vector(self.a + other.a, self.b + other.b)
    def __sub__(self,other):     #重载减法-运算符
        return Vector(self.a - other.a, self.b - other.b)
#主程序
v1 = Vector(2,10)
v2 = Vector(5, -2)
print (v1 + v2)
```

以上代码执行结果如下:

```
Vector(7,8)
```

可见 Vector 类中只要实现__add__()方法就可以实现 Vector 对象实例间加法+运算。读者可以如例子所示实现复数的加、减、乘、除四则运算。

6.4　面向对象应用案例——扑克牌类设计

视频讲解

【案例 6-1】 采用扑克牌类设计扑克牌发牌程序。

4 名牌手打牌,计算机随机将 52 张牌(不含大小鬼)发给 4 名牌手,在屏幕上显示每位牌手的牌。程序的运行效果如图 6-1 所示。

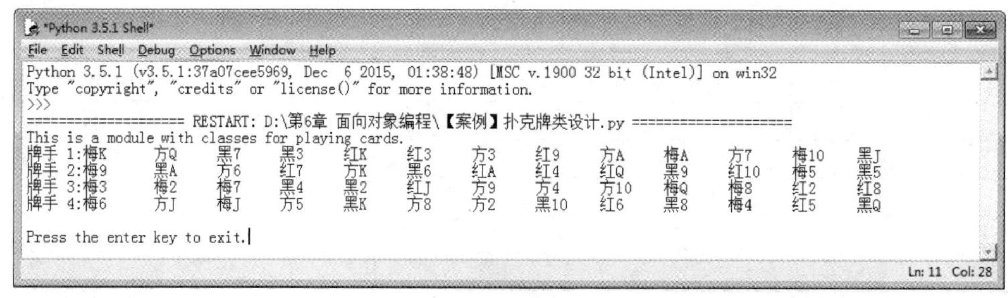

图 6-1　扑克牌发牌运行效果

6.4.1 关键技术——random 模块

random 模块可以产生一个随机数，它的常用方法和使用例子如下所述。

1）random. random

random. random()用于生成一个 0～1 的随机小数：0 <= n < 1.0。

```
import random
random.random()
```

执行以上代码，输出结果如下：

```
0.85415370477785668
```

2）random. uniform

random. uniform(a，b)用于生成一个指定范围内的随机小数，两个参数中一个是上限，一个是下限。如果 a < b，则生成的随机数 n：a <= n <= b。如果 a > b，则 b <= n <= a。

代码如下：

```
import random
print (random.uniform(10, 20))
print (random.uniform(20, 10))
```

执行以上代码，输出结果如下：

```
14.247256006293084
15.53810495673216
```

3）random. randint

random. randint(a，b)用于随机生成一个指定范围内的整数。其中参数 a 是下限，参数 b 是上限，生成的随机数 n：a <= n <= b。

```
import random
print (random.randint(12, 20) )      #生成的随机数 n: 12 <= n <= 20
print (random.randint(20, 20) )      #结果永远是 20
#print (random.randint(20, 10) )     #该语句是错误的.下限必须小于上限
```

4）random. randrange

random. randrange([start]，stop[，step])从指定范围内，按指定基数递增的集合中获取一个随机数。如 random. randrange(10，100，2)，结果相当于从[10，12，14，16，…，96，98]序列中获取一个随机数。random. randrange(10，100，2)在结果上与 random. choice(range(10，100，2))等效。

5）random. choice

random. choice 从序列中获取一个随机元素。其函数原型为：random. choice(sequence)。

参数 sequence 表示一个有序类型。这里要说明一下：sequence 在 Python 中不是一种特定的类型，而是泛指序列数据结构。列表、元组、字符串都属于 sequence。下面是使用 choice 的一些例子：

```
import random
print (random.choice("学习 Python"))                          #在字符串中随机取一个字符
print (random.choice(["JGood", "is", "a", "handsome", "boy"]))  #在列表中随机取
print (random.choice(("Tuple", "List", "Dict")))                #在元组中随机取
```

执行以上代码，输出结果如下：

```
学
is
Dict
```

当然，每次运行结果都不一样。

6）random. shuffle

random. shuffle(x[, random])用于将一个列表中的元素打乱。例如：

```
p = ["Python", "is", "powerful", "simple", "and so on…"]
random.shuffle(p)
print (p)
```

执行以上代码，输出结果如下：

```
['powerful', 'simple', 'is', 'Python', 'and so on…']
```

在这个发牌游戏案例中使用此方法打乱牌的顺序实现洗牌功能。

7）random. sample

random. sample(sequence, k)从指定序列中随机获取指定长度的片断。sample 函数不会修改原有序列。

```
list = [1, 2, 3, 4, 5, 6, 7, 8, 9, 10]
slice = random.sample(list, 5)      #从 list 中随机获取 5 个元素，作为一个片断返回
print (slice)
print (list)                        #原有序列并没有改变
```

执行以上代码，输出结果如下：

```
[5, 2, 4, 9, 7]
[1, 2, 3, 4, 5, 6, 7, 8, 9, 10]
```

以下是常用情况举例。

(1) 随机字符。

```
>>> import random
>>> random.choice('abcdefg&# %^ * f')
```

结果为'd'。

(2) 从多个字符中选取特定数量的字符。

```
>>> import random
>>> random.sample('abcdefghij', 3)
```

结果为['a', 'd', 'b']。

(3) 从多个字符中选取特定数量的字符组成新字符串。

```
>>> import random
>>>" ".join( random.sample(['a','b','c','d','e','f','g','h','i','j'], 3) ).replace(" ","")
```

结果为'ajh'。

(4) 随机选取字符串。

```
>>> import random
>>> random.choice ( ['apple', 'pear', 'peach', 'orange', 'lemon'] )
```

结果为'lemon'。

(5) 洗牌。

```
>>> import random
>>> items = [1, 2, 3, 4, 5, 6]
>>> random.shuffle(items)
>>> items
```

结果为[3, 2, 5, 6, 4, 1]。

(6) 随机选取 0～100 的偶数。

```
>>> import random
>>> random.randrange(0, 101, 2)
```

结果为 42。

(7) 随机选取 1～100 的小数。

```
>>> random.uniform(1, 100)
```

结果为 5.4221167969800881。

6.4.2 程序设计的思路

设计出 3 个类：Card 类、Hand 类和 Poke 类。

1. Card 类

Card 类代表一张牌，其中 FaceNum 字段指的是牌面数字 1～13，Suit 字段指的是花色，值"梅"为梅花，"方"为方块，"红"为红心，"黑"为黑桃。

其中：

(1) Card 构造函数根据参数初始化封装的成员变量，实现牌面大小和花色的初始化，以及是否显示牌面，默认 True 为显示牌正面。

(2) __str__()方法用来输出牌面大小和花色。

(3) pic_order()方法获取牌的顺序号，牌面按梅花 1…13，方块 14…26，红桃 27…39，黑桃 40…52 顺序编号(未洗牌之前)。也就是说，梅花 2 顺序号为 2，方块 A 顺序号为 14，方块 K 顺序号为 26。这个方法为图形化显示牌面预留的方法。

(4) flip()是翻牌方法，改变牌面是否显示的属性值。

```
#Cards Module
class Card():
    """ A playing card. """
    RANKS = ["A", "2", "3", "4", "5", "6", "7",
             "8", "9", "10", "J", "Q", "K"]   #牌面数字 1～13
    SUITS = ["梅", "方", "红", "黑"]          #梅为梅花,方为方块,红为红心,黑为黑桃
    def __init__(self, rank, suit, face_up = True):
        self.rank = rank                     #指的是牌面数字 1～13
        self.suit = suit                     #suit 指的是花色
        self.is_face_up = face_up            #是否显示牌正面,True 为正面,False 为背面
    def __str__(self):                       #重写 print()方法,打印一张牌的信息
        if self.is_face_up:
            rep = self.suit + self.rank
        else:
            rep = "XX"
        return rep
   def pic_order(self):                      #牌的顺序号
        if self.rank == "A":
            FaceNum = 1
        elif self.rank == "J":
            FaceNum = 11
        elif self.rank == "Q":
            FaceNum = 12
        elif self.rank == "K":
            FaceNum = 13
        else:
            FaceNum = int(self.rank)
        if self.suit == "梅":
            Suit = 1
        elif self.suit == "方":
            Suit = 2
```

```
        elif self.suit == "红":
            Suit = 3
        else:
            Suit = 4
        return (Suit - 1) * 13 + FaceNum
    def flip(self): #翻牌方法
        self.is_face_up = not self.is_face_up
```

2. Hand 类

Hand 类代表一手牌(一个玩家手里拿的牌),可以认为是一位牌手手里的牌,其中 cards 列表变量存储牌手手里的牌。可以增加牌、清空手里的牌、把一张牌给别的牌手。

```
class Hand():
    """ A hand of playing cards. """
    def __init__(self):
        self.cards = []                        #cards 列表变量存储牌手手里的牌
    def __str__(self):                         #重写 print()方法,打印出牌手的所有牌
        if self.cards:
           rep = ""
           for card in self.cards:
               rep += str(card) + "\t"
        else:
            rep = "无牌"
        return rep
    def clear(self):                           #清空手里的牌
        self.cards = []
    def add(self, card):                       #增加牌
        self.cards.append(card)
    def give(self, card, other_hand):          #把一张牌给别的牌手
        self.cards.remove(card)
        other_hand.add(card)
```

3. Poke 类

Poke 类代表一副牌,可以把一副牌看作是一个有 52 张牌的一手牌,所以继承 Hand 类。由于其中 cards 列表变量要存储 52 张牌,而且要进行发牌、洗牌操作,所以增加如下方法。

(1) populate(self)生成存储了 52 张牌的一手牌,当然这些牌是按梅花 1,…,13,方块 14,…,26,红桃 27,…,39,黑桃 40,…,52 顺序(未洗牌之前)存储在 cards 列表变量中。

(2) shuffle(self)洗牌,使用 random.shuffle()打乱牌的存储顺序即可。

(3) deal(self, hands, per_hand = 13)是完成发牌动作,发给 4 个玩家,每人默认 13 张牌。当然给 per_hand 传 10 的话,则每人发 10 张牌,只不过牌没发完。

```
#Poke 类
class Poke(Hand):                              #子类无构造函数则调用父类继承过来的构造函数
    """ A deck of playing cards. """
    def populate(self):                        #生成一副牌
        for suit in Card.SUITS:
```

```
            for rank in Card.RANKS:
                self.add(Card(rank, suit))
    def shuffle(self):                              #洗牌
        import random
        random.shuffle(self.cards)                  #打乱牌的顺序
    def deal(self, hands, per_hand = 13):           #发牌,发给玩家,每人默认 13 张牌
        for rounds in range(per_hand):
            for hand in hands:
                if self.cards:
                    top_card = self.cards[0]
                    self.cards.remove(top_card)
                    hand.add(top_card)
                    #self.give(top_card, hand)  #上两句可以用此语句替换
                else:
                    print("不能继续发牌了,牌已经发完!")
```

注意：Python 子类的构造函数默认是从父类继承过来的，所以如果没在子类重写构造函数，那么调用的就是父类的。

4. 主程序

主程序比较简单，因为有 4 个玩家，所以生成 players 列表存储初始化的 4 位牌手。生成 1 副牌对象实例 poke1，调用 populate()方法生成有 52 张牌的一副牌，调用 shuffle()方法洗牌打乱顺序，调用 deal(players,13)方法发给玩家每人 13 张牌，最后显示 4 位牌手所有的牌。

```
#主程序
if __name__ == "__main__":
    print("This is a module with classes for playing cards.")
    #四个玩家
    players = [Hand(),Hand(),Hand(),Hand()]
    poke1 = Poke()
    poke1.populate()          #生成一副牌
    poke1.shuffle()           #洗牌
    poke1.deal(players,13)    #发给玩家每人 13 张牌
    #显示 4 位牌手的牌
    n = 1
    for hand in players:
        print("牌手",n ,end = ":")
        print(hand)
        n = n + 1
    input("\nPress the enter key to exit.")
```

6.5 习　　题

1. 简述面向对象程序设计的概念及类和对象的关系。在 Python 语言中如何声明类和定义对象？

2. 简述面向对象程序设计中继承与多态性的作用。

3. 定义一个圆柱体类Cylinder，包含底面半径和高两个属性(数据成员)；包含一个可以计算圆柱体体积的方法。然后编写相关程序测试相关功能。

4. 定义一个学生类，包括学号、姓名和出生日期3个属性(数据成员)；包括一个用于给定数据成员初始值的构造函数；包含一个可计算学生年龄的方法。编写该类并对其进行测试。

5. 请为学校图书管理系统设计一个管理员类和一个学生类。其中，管理员信息包括工号、年龄、姓名和工资；学生信息包括学号、年龄、姓名、所借图书和借书日期。最后编写一个测试程序对产生的类的功能进行验证。建议：尝试引入一个基类，使用继承来简化设计。

6. 定义一个Circle类，根据圆的半径求周长和面积，再由Circle类创建两个圆对象，其半径分别为5和10，要求输出各自的周长和面积。

7. 建立一个汽车car类，包括：

属性：汽车颜色color、车身重量weight、速度speed。

构造函数：能初始化各个属性值(speed初始值设为50)。

方法：

speedup()：将属性值speed+10并显示speed值；

speedCut()：降属性值speed-10并显示speed值；

show ()：显示属性值color、weight、speed。

在主程序中创建实例并初始化各属性值，调用show方法、加速方法、减速方法。

第7章 Tkinter 图形界面设计

到目前为止，本书中所有的输入和输出都是简单的文本，现代计算机和程序都会使用大量的图形，因而，本章以 Tkinter 模块为例学习建立一些简单的 GUI（图形用户界面），使编写的程序像大家所熟悉的程序一样，有窗体、按钮之类的图形界面。以后章节的游戏界面也都使用 Tkinter 开发。

7.1 Python 图形开发库

视频讲解

Python 提供了多个图形开发界面的库，几个常用 Python GUI 库如下：

- Tkinter：Tkinter 模块（"Tk 接口"）是 Python 的标准 Tk GUI 工具包的接口。Tkinter 可以在大多数的 UNIX 平台下使用，同样可以应用在 Windows 和 Macintosh 系统里。Tk 8.0 的后续版本可以实现本地窗口风格，并良好地运行在绝大多数平台中。
- wxPython：wxPython 是一款开源软件，是 Python 语言的一套优秀的 GUI 图形库，允许 Python 程序员很方便地创建完整的、功能健全的 GUI 用户界面。
- Jython：Jython 程序可以和 Java 无缝集成。除了一些标准模块，Jython 使用 Java 的模块。Jython 几乎拥有标准的 Python 中不依赖于 C 语言的全部模块。例如，Jython 的用户界面使用 Swing、AWT 或者 SWT。Jython 可以被动态或静态地编译成 Java 字节码。

Tkinter 是 Python 的标准 GUI 库。由于 Tkinter 是内置到 Python 的安装包中，因此只要安装了 Python 就能导入 Tkinter 库，而且 IDLE 也是用 Tkinter 编写而成的，对于简单的图形界面 Tkinter 还是能应付自如的。使用 Tkinter 可以快速地创建 GUI 应用程序。

7.1.1 创建 Windows 窗口

【例 7-1】 Tkinter 创建一个 Windows 窗口的 GUI 程序。

```
import tkinter                          #导入 Tkinter 模块
win = tkinter.Tk()                      #创建 Windows 窗口对象
win.title('我的第一个 GUI 程序')          #设置窗口标题
win.mainloop()                          #进入消息循环，也就是显示窗口
```

以上代码执行结果如图 7-1 所示。

可见 Tkinter 可以很方便地创建 Windows 窗口。具体方法如上。

在创建 Windows 窗口对象后，可以使用 geometry()方法设置窗口的大小，格式如下：

```
窗口对象.geometry(size)
```

size 用于指定窗口大小，格式如下：

```
宽度×高度
```

图 7-1 Tkinter 创建一个窗口

【例 7-2】 显示一个 Windows 窗口，初始大小为 800 像素×600 像素。

```
from tkinter import *
win = Tk()
win.geometry("800×600")
win.mainloop()
```

还可以使用 minsize()方法设置窗口的最小尺寸，使用 maxsize()方法设置窗口的最大尺寸，方法如下：

窗口对象. minsize (最小宽度,最小高度)

窗口对象. maxsize (最大宽度,最大高度)

例如：

```
win. minsize (400,600)
win. maxsize (1440,800)
```

Tkinter 包含许多组件供用户使用，在 7.2 节将学习这些组件的用法。

7.1.2 几何布局管理

Tkinter 几何布局管理(geometry manager)用于组织和管理在父组件(往往是窗口)中子组件的布局方式。Tkinter 提供了 3 种不同风格的几何布局管理类：pack、grid 和 place。

1. pack 几何布局管理

pack 几何布局管理采用块的方式组织组件。pack 根据组件创建生成的顺序将子组件放在快速生成界面设计中广泛使用。

调用子组件的方法 pack()，则该子组件在其父组件中采用 pack 布局：

```
pack( option = value, … )
```

pack()方法提供如表7-1所示的若干参数选项。

表7-1 pack()方法提供的参数选项

选　项	描　述	取值范围
side	停靠在父组件的哪一边上	'top'(默认值), 'bottom','left', 'right'
anchor	停靠位置，对应于东南西北以及四个角	'n','s','e','w','nw','sw','se','ne','center'(默认值)
fill	填充空间	'x','y','both','none'
expand	扩展空间	0或1
ipadx,ipady	组件内部在x/y方向上填充的空间大小	单位为c(厘米)、m(毫米)、i(英寸)、p(打印机的点)
padx,pady	组件外部在x/y方向上填充的空间大小	单位为c(厘米)、m(毫米)、i(英寸)、p(打印机的点)

【例7-3】 pack几何布局管理的GUI程序。运行效果如图7-2所示。

```
import tkinter
root = tkinter.Tk()
label = tkinter.Label(root,text = 'hello ,python')
label.pack()                                        #将Label组件添加到窗口中显示
button1 = tkinter.Button(root,text = 'BUTTON1')     #创建文字是'BUTTON1'的Button组件
button1.pack(side = tkinter.LEFT)                   #将button1组件添加到窗口中显示,左停靠
button2 = tkinter.Button(root,text = 'BUTTON2')     #创建文字是'BUTTON2'的Button组件
button2.pack(side = tkinter.RIGHT)                  #将button2组件添加到窗口中显示,右停靠
root.mainloop()
```

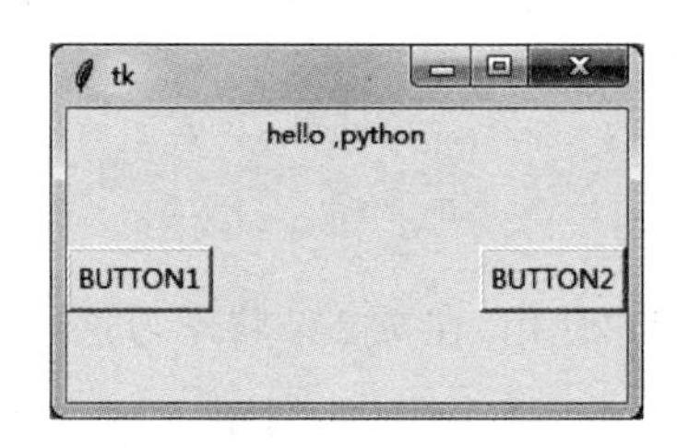

图7-2 pack几何布局管理示例运行效果

2. grid几何布局管理

grid几何布局管理采用表格结构组织组件。子组件的位置由行/列确定的单元格决定，子组件可以跨越多行/列。每一列中，列宽由这一列中最宽的单元格确定。采用grid布局，适合于表格形式的布局，可以实现复杂的界面，因而被广泛采用。

调用子组件的grid()方法，则该子组件在其父组件中采用grid几何布局：

```
grid ( option = value, … )
```

grid()方法提供如表7-2所示的若干参数选项。

表 7-2　grid()方法提供的参数选项

选　　项	描　　述	取 值 范 围
sticky	组件紧贴所在单元格的某一边角，对应于东、南、西、北以及 4 个角	'n','s','e','w','nw','sw','se','ne','center'(默认值)
row	单元格行号	整数
column	单元格列号	整数
rowspan	行跨度	整数
columnspan	列跨度	整数
ipadx,ipady	组件内部在 x/y 方向上填充的空间大小	单位为 c (厘米)、m(毫米)、i (英寸)、p (打印机的点)
padx,pady	组件外部在 x/y 方向上填充的空间大小	单位为 c (厘米)、m(毫米)、i (英寸)、p (打印机的点)

grid 有两个最为重要的参数：一个是 row；另一个是 column。它用来指定将子组件放置到什么位置，如果不指定 row，会将子组件放置到第一个可用的行上；如果不指定 column，则使用第 0 列(首列)。

【例 7-4】 grid 几何布局管理的 GUI 程序。运行效果如图 7-3 所示。

```
from tkinter import *
root = Tk()
#200×200 代表了初始化时主窗口的大小,280,280 代表了初始化时窗口所在的位置
root.geometry('200×200+280+280')
root.title('计算器示例')
#Grid 网格布局
L1 = Button(root, text = '1', width=5, bg = 'yellow')
L2 = Button(root, text = '2', width=5)
L3 = Button(root, text = '3', width=5)
L4 = Button(root, text = '4', width=5)
L5 = Button(root, text = '5', width=5, bg = 'green')
L6 = Button(root, text = '6', width=5)
L7 = Button(root, text = '7', width=5)
L8 = Button(root, text = '8', width=5)
L9 = Button(root, text = '9', width=5, bg = 'yellow')
L0 = Button(root, text = '0')
Lp = Button(root, text = '.')
L1.grid(row = 0, column = 0)                          #按钮放置在 0 行 0 列
L2.grid(row = 0, column = 1)                          #按钮放置在 0 行 1 列
L3.grid(row = 0, column = 2)                          #按钮放置在 0 行 2 列
L4.grid(row = 1, column = 0)                          #按钮放置在 1 行 0 列
L5.grid(row = 1, column = 1)                          #按钮放置在 1 行 1 列
L6.grid(row = 1, column = 2)                          #按钮放置在 1 行 2 列
L7.grid(row = 2, column = 0)                          #按钮放置在 2 行 0 列
L8.grid(row = 2, column = 1)                          #按钮放置在 2 行 1 列
L9.grid(row = 2, column = 2)                          #按钮放置在 2 行 2 列
L0.grid(row = 3, column = 0,columnspan=2,sticky=E+W ) #跨 2 列,左右贴紧
Lp.grid(row = 3, column = 2,sticky=E+W )              #左右贴紧
root.mainloop()
```

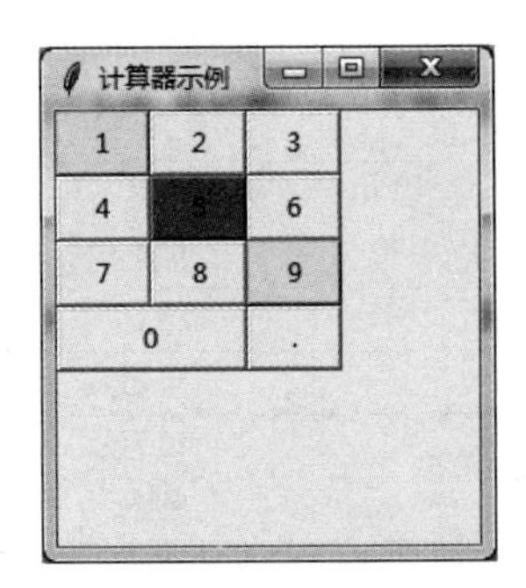

图 7-3 grid 几何布局管理示例运行效果

3. place 几何布局管理

place 几何布局管理允许指定组件的大小与位置。place 的优点是可以精确控制组件的位置，不足之处是改变窗口大小时，子组件不能随之灵活改变大小。

调用子组件的方法 place()，则该子组件在其父组件中采用 place 布局：

```
place ( option = value, … )
```

place()方法提供如表 7-3 所示的若干参数选项，可以直接给参数选项赋值并加以修改。

表 7-3 place()方法提供的参数选项

选　　项	描　　述	取值范围
x,y	将组件放到指定位置的绝对坐标	从 0 开始的整数
relx, rely	将组件放到指定位置的相对坐标	取值为 0～1.0
height,width	高度和宽度，单位为像素	
anchor	对齐方式，对应于东、南、西、北以及 4 个角	'n','s','e','w','nw','sw','se','ne','center'('center'为默认值)

例如下面代码将一个 Label 标签放置在中央相对坐标(0.5,0.5)处，另一个 Label 标签放置在(50, 0)位置上。

注意：Python 的坐标系是左上角为原点(0, 0)位置，向右是 x 坐标正方向，向下是 y 坐标正方向，这和数学的几何坐标系不同，大家一定要注意此点。

```
from tkinter import *
root = Tk()
lb = Label(root,text = 'hello Place')
#使用相对坐标(0.5,0.5)将 Label 放置到(0.5 * sx,0.5 * sy)位置上
lb.place(relx = 0.5,rely = 0.5,anchor = CENTER)
lb2 = Label(root,text = 'hello Place2')
#使用绝对坐标将 Label 放置到(50, 0)位置上
lb2.place(x = 50,y = 0)
root.mainloop()
```

【例 7-5】 place 几何布局管理的 GUI 示例程序。运行效果如图 7-4 所示。

```
from tkinter import *
root = Tk()
root.title("登录")
root['width'] = 200;root['height'] = 80
Label(root,text = '用户名',width = 6).place(x = 1,y = 1)       #绝对坐标(1,1)
Entry(root,width = 20).place(x = 45,y = 1)                     #绝对坐标(45,1)
Label(root,text = '密码',width = 6).place(x = 1,y = 20)        #绝对坐标(1,20)
Entry(root,width = 20, show = '*').place(x = 45,y = 20)        #绝对坐标(45,20)
Button(root,text = '登录',width = 8).place(x = 40,y = 40)      #绝对坐标(40,40)
Button(root,text = '取消',width = 8).place(x = 110,y = 40)     #绝对坐标(110,40)
root.mainloop()
```

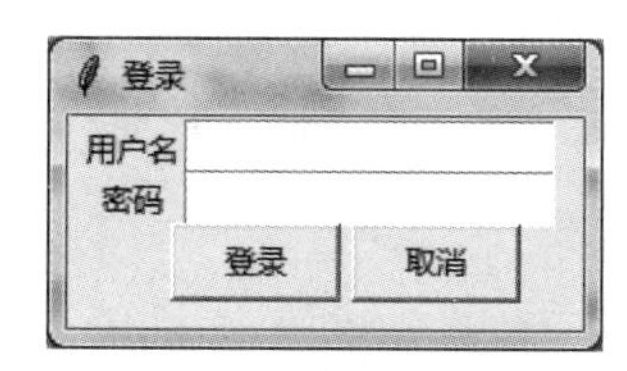

图 7-4 place 几何布局管理示例运行效果

7.2 常用 Tkinter 组件的使用

7.2.1 Tkinter 组件

Tkinter 提供各种组件(控件),如按钮、标签和文本框,供一个 GUI 应用程序使用。这些组件通常被称为控件或者部件。目前有 15 种 Tkinter 的组件。这些组件的简单介绍如表 7-4 所示。

表 7-4 Tkinter 组件

组　　件	描　　述
Button	按钮控件：在程序中显示按钮
Canvas	画布控件：显示图形元素，如线条或文本
Checkbutton	多选框控件：用于在程序中提供多项选择框
Entry	输入控件：用于显示简单的文本内容
Frame	框架控件：在屏幕上显示一个矩形区域，多用来作为容器
Label	标签控件：可以显示文本和位图
Listbox	列表框控件：Listbox 窗口小部件，用来显示一个字符串列表给用户
Menubutton	菜单按钮控件：用于显示菜单项
Menu	菜单控件：显示菜单栏、下拉菜单和弹出菜单
Message	消息控件：用来显示多行文本，与 Label 比较类似
Radiobutton	单选按钮控件：显示一个单选按钮的状态
Scale	范围控件：显示一个数值刻度，为输出限定范围的数字区间
Scrollbar	滚动条控件：当内容超过可视化区域时使用，如列表框

续表

组　　件	描　　述
Text	文本控件：用于显示多行文本
Toplevel	容器控件：用来提供一个单独的对话框，与 Frame 比较类似
Spinbox	输入控件：与 Entry 类似，但是可以指定输入范围值
PanedWindow	窗口布局管理的插件：可以包含一个或者多个子控件
LabelFrame	简单的容器控件：常用于复杂的窗口布局
tkMessageBox	用于显示应用程序的消息框

通过组件类的构造函数可以创建其对象实例。例如：

```
from tkinter import *
root = Tk()
button1 = Button(root, text = "确定")        #按钮组件的构造函数
```

7.2.2　标准属性

组件标准属性也就是所有组件(控件)的共同属性，如大小、字体和颜色等。常用的标准属性如表 7-5 所示。

表 7-5　Tkinter 组件常用的标准属性

属　性	描　　述
dimension	控件大小
color	控件颜色
font	控件字体
anchor	锚点(内容停靠位置)，对应于东、南、西、北以及 4 个角
relief	控件样式
bitmap	位图，内置位图包括"error""gray75""gray50""gray25""gray12""info""questhead""hourglass""questtion"和"warning"，自定义位图为.xbm 格式文件
cursor	光标
text	显示文本内容
state	设置组件状态：正常(normal)、激活(active)、禁用(disabled)

可以通过下列方式之一设置组件属性。

```
button1 = Button(root, text = "确定")      #按钮组件的构造函数
buttonl. config( text = "确定")            #组件对象的 config 方法的命名参数
buttonl ["text "] = "确定"                 #组件对象的属性赋值
```

视频讲解

7.2.3　Label 组件

Label 组件用于在窗口中显示文本或位图。常用属性如表 7-6 所示。

表 7-6 Label 组件常用属性

属　　性	说　　明
width	宽度
height	高度
compound	指定文本与图像如何在 Label 上显示，默认为 None。当指定 image/bitmap 时，文本(text)将被覆盖，只显示图像。可以使用的值是：left，图像居左；right，图像居右；top，图像居上；bottom，图像居下；center，文字覆盖在图像上
wraplength	指定多少单位后开始换行，用于多行显示文本
justify	指定多行的对齐方式，可以使用的值为 left(左对齐)或 right(右对齐)
anchor	指定文本(text)或图像(bitmap/image)在 Label 中的显示位置(如图 7-5 所示，其他组件同此)。对应于东、南、西、北以及 4 个角，可用值如下：e，垂直居中，水平居右；w，垂直居中，水平居左；n，垂直居上，水平居中；s，垂直居下，水平居中；ne，垂直居上，水平居右；se，垂直居下，水平居中；sw，垂直居下，水平居左；nw，垂直居上，水平居左；center(默认值)，垂直居中，水平居中
image 和 bm	显示自定义图片，如.png，.gif
bitmap	显示内置的位图

【例 7-6】 Label 组件示例，运行效果如图 7-6 所示。

```
from tkinter import *
win = Tk();                                          #创建窗口对象
win.title("我的窗口")                                 #设置窗口标题
lab1 = Label(win,text = '你好', anchor = 'nw')       #创建文字是"你好"的 Label 组件
lab1.pack()                                          #显示 Label 组件
#显示内置的位图
lab2 = Label(win, bitmap = 'question')               #创建显示疑问图标的 Label 组件
lab2.pack()                                          #显示 Label 组件
#显示自选的图片
bm = PhotoImage(file = r'J:\2018 书稿\aa.png')
lab3 = Label(win,image = bm)
lab3.bm = bm
lab3.pack()                                          #显示 Label 组件
win.mainloop()
```

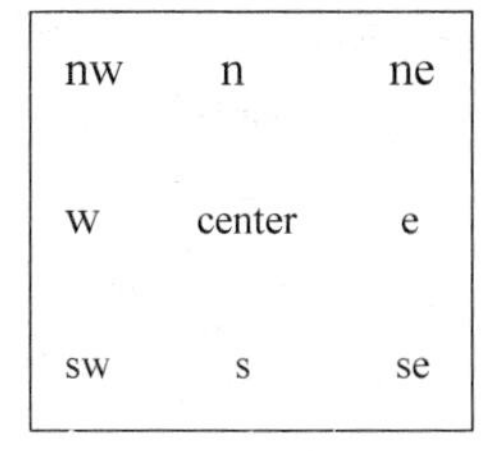

图 7-5　anchor 地理方位

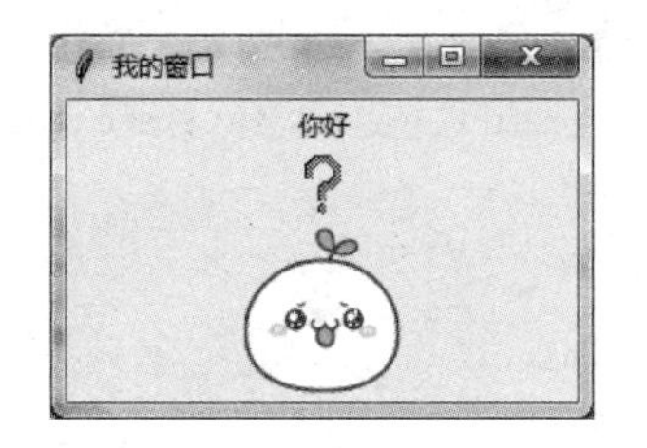

图 7-6　Label 组件示例运行效果

7.2.4 Button 组件

视频讲解

Button 组件(控件)是一个标准的 Tkinter 部件,用于实现各种按钮。按钮可以包含文本或图像,可以通过 command 属性将调用的 Python 函数或方法关联到按钮上。Tkinter 的按钮被按下时,会自动调用该函数或方法。该按钮可以只显示一个单一字体的文本,但文本可能跨越一个以上的行。此外,一个字符可以有下画线,例如标记的键盘快捷键。Tkinter Button 组件属性和方法如表 7-7 和表 7-8 所示。

表 7-7 Tkinter Button 组件属性

属　　性	功 能 描 述
text	显示文本内容
command	指定 Button 的事件处理函数
compound	指定文本与图像的位置关系
bitmap	指定位图
focus_set	设置当前组件得到的焦点
master	代表父窗口
bg	设置背景颜色
fg	设置前景颜色
font	设置字体大小
height	设置显示高度,如果未设置此项,其大小以适应内容标签为宜
relief	指定外观装饰边界附近的标签,默认是平的,可以设置的参数为: flat、groove、raised、ridge、solid、sunken
width	设置显示宽度,如果未设置此项,其大小以适应内容标签为宜
wraplength	将此选项设置为所需的数量限制每行的字符数,默认为 0
state	设置组件状态:正常(normal)、激活(active)、禁用(disabled)
anchor	设置 Button 文本在控件上的显示位置,可用值:n(north)、s(south)、w(west)、e(east)和 ne、nw、se、sw
bd	设置 Button 的边框大小;bd(bordwidth)默认为 1 或 2 像素
textvariable	设置 Button 可变的文本内容对应的变量

表 7-8 Tkinter Button 组件方法

方　　法	描　　述
flash()	按钮在 active color and normal color 颜色之间闪烁几次, disabled 表示状态无效
invoke()	调用按钮的 command 指定的回调函数

【例 7-7】 Tkinter 创建一个含有 4 个 Button 示例程序。创建 4 个 Button 按钮,设置 width、height、rclief、bg、bd、fg、state、bitmap、command、anchor 等不同的 Button 属性。

```
#Filename:7-7.py
from tkinter import *
from tkinter.messagebox import *
root = Tk()
root.title("Button Test")
def callback():
```

```
    showinfo("Python command","人生苦短、我用 Python")
#创建 4 个 Button 按钮,并设置 width、height、relief、bg、bd、fg、state、bitmap、command、anchor
Button(root, text = "外观装饰边界附近的标签", width = 19,relief = GROOVE,bg = "red").pack()
Button(root, text = "设置按钮状态",width = 21,state = DISABLED).pack()
Button(root, text = "设置 bitmap 放到按钮左边位置", compound = "left",bitmap = "error").pack()
Button(root, text = "设置 command 事件调用命令", fg = "blue",bd = 2,width = 28,command = callback).pack()
Button(root, text = "设置高度宽度以及文字显示位置",anchor = 'sw',width = 30,height = 2).pack()
root.mainloop()
```

运行效果如图 7-7 所示。

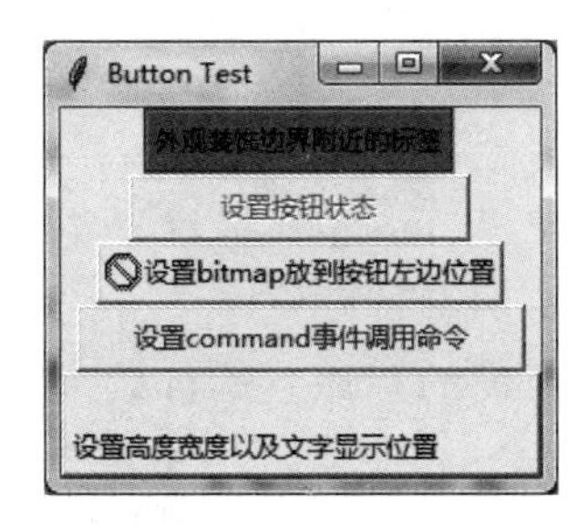

图 7-7　Tkinter Button 示例程序运行效果

如果想获取组件所有的属性,通过如下命令可以列举:

```
from tkinter import *
root = Tk()
button1 = Button(root, text = "确定")        #按钮组件的构造函数
print(button1.keys())                        #keys()方法列举组件的所有的属性
```

结果:

```
['activebackground', 'activeforeground', 'anchor', 'background', 'bd', 'bg', 'bitmap', 'borderwidth', 'command', 'compound', 'cursor', 'default', 'disabledforeground', 'fg', 'font', 'foreground', 'height', 'highlightbackground', 'highlightcolor', 'highlightthickness', 'image', 'justify', 'overrelief', 'padx', 'pady', 'relief', 'repeatdelay', 'repeatinterval', 'state', 'takefocus', 'text', 'textvariable', 'underline', 'width', 'wraplength']
```

7.2.5　单行文本框 Entry 和多行文本框 Text

视频讲解

单行文本框 Entry 主要用于输入单行内容和显示文本。可以方便地向程序传递用户参数。这里通过一个转换摄氏度和华氏度的小程序来演示该组件的使用。

1. 创建和显示 Entry 对象

创建 Entry 对象的基本方法如下:

Entry 对象 = Entry (Windows 窗口对象)

显示 Entry 对象的方法如下：

Entry 对象.pack()

2. 获取 Entry 组件的内容

其中 get()方法用于获取 Entry 单行文本框内输入的内容。

3. Entry 的常用属性

- show：如果设置为字符 *，则输入文本框内显示为 *，用于密码输入。
- insertbackground：插入光标的颜色，默认为黑色'black'。
- selectbackground 和 selectforeground：选中文本的背景色与前景色。
- width：组件的宽度(所占字符个数)。
- fg：字体前景颜色。
- bg：背景颜色。
- state：设置组件状态，默认为 normal，可设置为 disabled(禁用组件)、readonly(只读)。

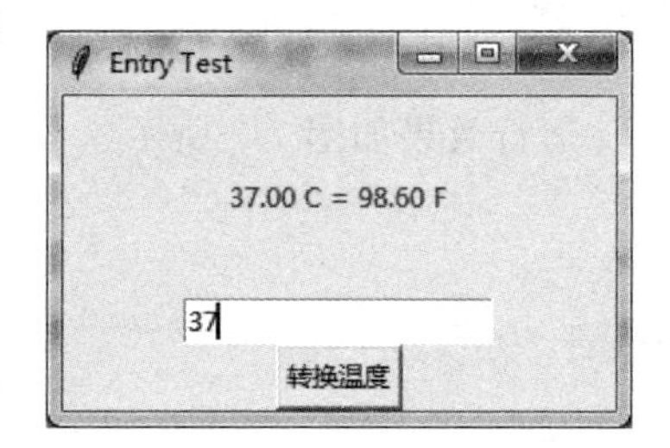

图 7-8 转换摄氏度和华氏度的程序运行效果

【例 7-8】 转换摄氏度和华氏度的程序。运行效果如图 7-8 所示。

```
import tkinter as tk
def btnHelloClicked():                          #事件函数
    cd = float(entryCd.get())                   #获取文本框内输入的内容并转换成浮点数
    labelHello.config(text = "%.2fC = %.2fF" %(cd, cd*1.8+32))
root = tk.Tk()
root.title("Entry Test")
labelHello = tk.Label(root, text = "转换℃ to ℉…", height = 5, width = 20, fg = "blue")
labelHello.pack()
entryCd = tk.Entry(root)                        #Entry 组件
entryCd.pack()
btnCal = tk.Button(root, text = "转换温度", command = btnHelloClicked)     #按钮
btnCal.pack()
root.mainloop()
```

程序中新建了一个 Entry 组件 entryCd，当单击“转换温度”按钮后，通过 entryCd.get()获取输入框中的文本内容，该内容为字符串类型，需要通过 float()函数转换成数字，之后再进行换算并更新 Label 显示内容。

设置或者获取 Entry 组件内容也可以使用 StringVar()对象来完成，把 Entry 的 textvariable 属性设置为 StringVar()变量，再通过 StringVar()变量的 get()和 set()函数可以读取和输出相应文本内容。例如：

```
s = StringVar()                                #一个 StringVar()对象
s.set("大家好,这是测试")                        #设置文本内容
entryCd = Entry(root, textvariable = s)        #Entry 组件显示“大家好,这是测试”
print(s.get())                                 #打印出“大家好,这是测试”
```

同样，Python 提供输入多行文本框 Text，用于输入多行内容和显示文本。使用方法类似 Entry，请读者参考 Tkinter 手册。

7.2.6 列表框组件 Listbox

列表框组件 Listbox 用于显示多个项目，并且允许用户选择一个或多个项目。

1）创建和显示 Listbox 对象

创建 Listbox 对象的基本方法如下：

Listbox 对象 = Listbox（Tkinter Windows 窗口对象）

显示 Listbox 对象的方法如下：

Listbox 对象.pack()

2）插入文本项

可以使用 insert()方法向列表框组件中插入文本项，方法如下：

Listbox 对象.insert(index,item)

其中：index 是插入文本项的位置，如果在尾部插入文本项，则可以使用 END；如果在当前选中处插入文本项，则可以使用 ACTIVE。item 是要插入的文本项。

3）返回选中项索引

Listbox 对象.curselection()

返回当前选中项目的索引，结果为元组。

注意：索引号从 0 开始，0 表示第一项。

4）删除文本项

Listbox 对象.delete(first,last)

删除指定范围(first,last)的项目，不指定 last 时，删除一个项目。

5）获取项目内容

Listbox 对象.get(first,last)

返回指定范围(first,last)的项目，不指定 last 时，仅返回一个项目。

6）获取项目个数

Listbox 对象.size()

返回 Listbox 对象内部的项目个数。

7）获取 Listbox 内容

需要使用 listvariable 属性为 Listbox 对象指定一个对应的变量，例如：

```
m= StringVar()
listb = Listbox (root, listvariable = m)
listb.pack()
root.mainloop()
```

指定后就可以使用 m.get()方法获取 Listbox 对象中的内容了。

注意：如果允许用户选择多个项目，将 Listbox 对象的 selectmode 属性设置为 MULTIPLE 表示多选，而设置为 SINGLE 表示单选。

【例 7-9】 Tkinter 创建一个获取 Listbox 组件内容的程序。运行效果如图 7-9 所示。

```
from tkinter import *
root = Tk()
m = StringVar()
```

```
def callbutton1():
    print(m.get())
def callbutton2():
    for i in lb.curselection():                            #返回选中项索引形成的元组
        print(lb.get(i))
root.title("使用 Listbox 组件的例子")                        #设置窗口标题
lb = Listbox(root, listvariable = m)                       #将一字符串 m 与 Listbox 的值绑定
for item in ['北京','天津','上海']:
    lb.insert(END,item)
lb.pack()
b1 = Button (root,text = '获取 Listbox 的所有内容', command = callbutton1, width = 20)
                                                           #创建 Button 组件
b1.pack()                                                  #显示 Button 组件
b2 = Button (root,text = '获取 Listbox 的选中内容', command = callbutton2, width = 20)
                                                           #创建 Button 组件
b2.pack()                                                  #显示 Button 组件
root.mainloop()
```

图 7-9　获取 Listbox 组件内容的 GUI 程序运行效果

单击“获取 Listbox 的所有内容”按钮则输出：('北京', '天津', '上海')。

选中上海后，单击“获取 Listbox 的选中内容”按钮则输出：上海。

【例 7-10】 创建从一个列表框中选择内容添加到另一个列表框组件的 GUI 程序。

```
from tkinter import *                                      #导入 Tkinter 库
root = Tk()                                                #创建窗口对象
def callbutton1():
    for i in listb.curselection():                         #遍历选中项
        listb2.insert(0,listb.get(i))                      #添加到右侧列表框
def callbutton2():
    for i in listb2.curselection():                        #遍历选中项
        listb2.delete(i)                                   #从右侧列表框中删除
#创建两个列表
li = ['C','python','php','html','SQL','java']
listb = Listbox(root)                                      #创建两个列表框组件
listb2 = Listbox(root)
for item in li:                                            #从左侧列表框组件中插入数据
listb.insert(0,item)
listb.grid(row = 0,column = 0,rowspan = 2)                 #将列表框组件放置到窗口对象中
```

```
b1 = Button (root,text = '添加>>', command=callbutton1, width=20)  #创建 Button 组件
b2 = Button (root,text = '删除<<', command=callbutton2, width=20)  #创建 Button 组件
b1.grid(row=0,column=1,rowspan=2)                                  #显示 Button 组件
b2.grid(row=1,column=1,rowspan=2)          #显示 Button 组件
listb2.grid(row=0,column=2,rowspan=2)
root.mainloop()                            #进入消息循环
```

以上代码运行效果如图 7-10 所示。

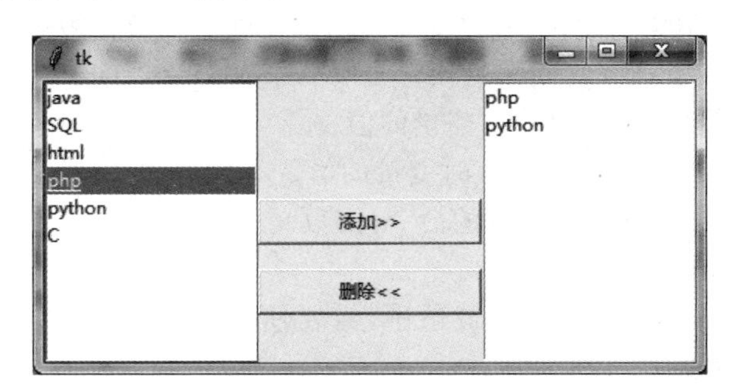

图 7-10　含有两个列表框组件的 GUI 程序运行效果

7.2.7　单选按钮 Radiobutton 和复选框 Checkbutton

视频讲解

单选按钮 Radiobutton 和复选框 Checkbutton 分别用于实现选项的单选和复选功能。Radiobutton 用于在同一组单选按钮中选择一个单选按钮(不能同时选定多个)。Checkbutton 用于选择一项或多项。

1）创建和显示 Radiobutton 对象

创建 Radiobutton 对象的基本方法如下：

Radiobutton 对象= Radiobutton (Windows 窗口对象,text = Radiobutton 组件显示的文本)

显示 Radiobutton 对象的方法如下：

Radiobutton 对象.pack()

可以使用 variable 属性为 Radiobutton 组件指定一个对应的变量。如果将多个 Radiobutton 组件绑定到同一个变量,则这些 Radiobutton 组件属于一个分组。分组后需要使用 value 设置每个 Radiobutton 组件的值,以标示该项目是否被选中。

2）Radiobutton 组件常用属性

- variable：单选按钮索引变量,通过变量的值确定哪个单选按钮被选中。一组单选按钮使用同一个索引变量。
- value：单选按钮选中时变量的值。
- command：单选按钮选中时执行的命令(函数)。

3）Radiobutton 组件的方法

- deselect()：取消选择。
- select()：选择。
- invoke()：调用单选按钮 command 指定的回调函数。

4）创建和显示 Checkbutton 对象

创建 Checkbutton 对象的基本方法如下：

视频讲解

Checkbutton 对象 = Checkbutton(Tkinter Windows 窗口对象，text = Checkbutton 组件显示的文本，command= 单击 Checkbutton 按钮所调用的回调函数)

显示 Checkbutton 对象的方法如下：

Checkbutton 对象.pack()

5）Checkbutton 组件常用属性

- variable：复选框索引变量，通过变量的值确定哪些复选框被选中。每个复选框使用不同的变量，使复选框之间相互独立。
- onvalue：复选框选中(有效)时变量的值。
- offvalue：复选框未选中(无效)时变量的值。
- command：复选框选中时执行的命令(函数)。

6）获取 Checkbutton 状态

为了获取 Checkbutton 组件是否被选中，需要使用 variable 属性为 Checkbutton 组件指定一个对应变量，例如：

```
c = tkinter.IntVar()
c.set(2)
check = tkinter.Checkbutton(root,text = '喜欢',variable = c,onvalue = 1,offvalue = 2)
                                                                  #1 为选中,2 为没选中
check.pack()
```

指定变量 c 后，可以使用 c.get()获取复选框的状态值，也可以使用 c.set()设置复选框的状态。例如，设置 check 复选框对象为没有选中状态，代码如下：

```
c.set(2)        #1 选中,2 没选中,设置为 2 就是没选中状态
```

获取单选按钮 Radiobutton 状态方法同上。

【例 7-11】 Tkinter 创建使用单选按钮 Radiobutton 组件选择国家的程序。运行效果如图 7-11 所示。

```
import tkinter
root = tkinter.Tk()
r = tkinter.StringVar()                  #创建 StringVar 对象
r.set('1')                               #设置初始值为'1',初始选中'中国'
radio = tkinter.Radiobutton(root,variable = r,value = '1',text = '中国')
radio.pack()
radio = tkinter.Radiobutton(root,variable = r,value = '2',text = '美国')
radio.pack()
radio = tkinter.Radiobutton(root,variable = r,value = '3',text = '日本')
radio.pack()
radio = tkinter.Radiobutton(root,variable = r,value = '4',text = '加拿大')
radio.pack()
radio = tkinter.Radiobutton(root,variable = r,value = '5',text = '韩国')
radio.pack()
root.mainloop()
print (r.get())                         #获取被选中单选按钮变量值
```

以上代码执行结果如图 7-11 所示。选中"日本"后则打印出 3。

图 7-11　单选按钮 Radiobutton 示例程序运行结果

【例 7-12】　通过单选按钮、复选框设置文字样式的功能。

```
import tkinter as tk
def colorChecked():
    label_1.config(fg = color.get())
def typeChecked():
    textType = typeBlod.get() + typeItalic.get()
    if textType == 1:
        label_1.config(font = ("Arial", 12, "bold"))
    elif textType == 2:
        label_1.config(font = ("Arial", 12, "italic"))
    elif textType == 3:
        label_1.config(font = ("Arial", 12, "bold italic"))
    else :
        label_1.config(font = ("Arial", 12))
root = tk.Tk()
root.title("Radio & Check Test")
label_1 = tk.Label(root, text = "Check the format of text.", height = 3, font= ("Arial", 12))
label_1.config(fg = "blue")                #初始颜色为蓝色
label_1.pack()
color = tk.StringVar()                     #三个颜色 Radiobutton 定义了同样的变量 color
color.set("blue")
tk.Radiobutton(root, text = "红色", variable = color, value = "red", command =
colorChecked).pack(side = tk.LEFT)
tk.Radiobutton(root, text = "蓝色", variable = color, value = "blue", command =
colorChecked).pack(side = tk.LEFT)
tk.Radiobutton(root, text = "绿色", variable = color, value = "green", command =
colorChecked).pack(side = tk.LEFT)
typeBlod = tk.IntVar()                     #定义 typeBlod 变量表示文字是否为粗体
typeItalic = tk.IntVar()                   #定义 typeItalic 变量表示文字是否为斜体
tk.Checkbutton(root, text = "粗体", variable = typeBlod, onvalue = 1, offvalue = 0,
command = typeChecked).pack(side = tk.LEFT)
tk.Checkbutton(root, text = "斜体", variable = typeItalic, onvalue = 2, offvalue = 0,
command = typeChecked).pack(side = tk.LEFT)
root.mainloop()
```

在代码中,文字的颜色通过 Radiobutton 来选择,同一时间只能选择一个颜色。在"红色”“蓝色”和“绿色”三个单选按钮中，定义了同样的变量参数 color，选择不同的单选按钮会为该变量赋予不同的字符串值，内容即为对应的颜色。

任何单选按钮被选中都会触发 colorChecked()函数，将标签修改为对应单选按钮表示的颜色。

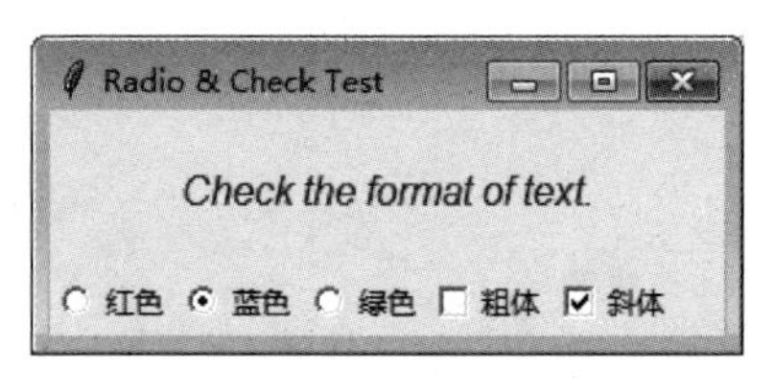

图 7-12　设置字体样式运行效果

文字的粗体、斜体样式则由复选框实现，分别定义了 typeBlod 和 typeItalic 变量来表示文字是否为粗体和斜体。

当某个复选框的状态改变时会触发 typeChecked()函数。该函数负责判断当前哪些复选框被选中，并将字体设置为对应的样式。

以上代码执行结果如图 7-12 所示。

7.2.8　菜单组件 Menu

视频讲解

图形用户界面应用程序通常提供菜单，菜单包含各种按照主题分组的基本命令。图形用户界面应用程序包括两种类型的菜单。

- 主菜单：提供窗体的菜单系统。通过单击可打开下拉菜单，选择命令可执行相关的操作。常用的主菜单通常包括文件、编辑、视图、帮助等。
- 上下文菜单(也称为快捷菜单)：通过鼠标右击某对象而弹出的菜单，一般为与该对象相关的常用菜单命令。例如，剪切、复制、粘贴等。

1. 创建和显示 Menu 对象

创建 Menu 对象的基本方法如下：

Menu 对象 = Menu(Windows 窗口对象)

将 Menu 对象显示在窗口中的方法如下：

Windows 窗口对象['menu'] = Menu 对象

Windows 窗口对象.mainloop()

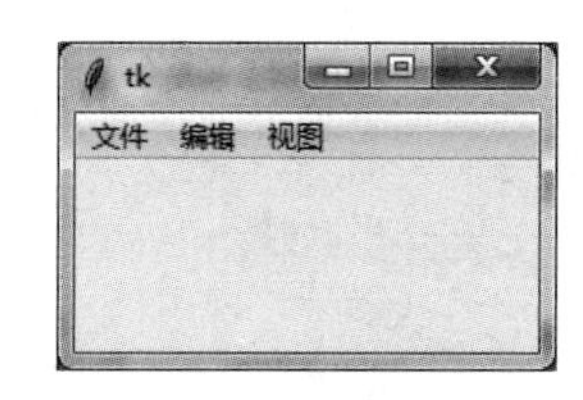

图 7-13　使用 Menu 组件主菜单运行效果

【例 7-13】　使用 Menu 组件的简单例子。运行效果如图 7-13 所示。

```
from tkinter import *
root = Tk()
def hello():                          #菜单项事件函数,可以每个菜单项单独写
    print("你单击主菜单")
m = Menu(root)
for item in ['文件','编辑','视图']:   #添加菜单项
    m.add_command(label = item, command = hello)
root['menu'] = m                      #附加主菜单到窗口
root.mainloop()
```

2. 添加下拉菜单

前面介绍的 Menu 组件只创建了主菜单，默认情况并不包含下拉菜单。可以将一个 Menu 组件作为另一个 Menu 组件的下拉菜单，方法如下：

Menu 对象 1.add_cascade(label = 菜单文本，menu = Menu 对象 2)

上面的语句将 Menu 对象 2 设置为 Menu 对象 1 的下拉菜单。在创建 Menu 对象 2 时也要指定它是 Menu 对象 1 的子菜单，方法如下：

Menu 对象 2= Menu(Menu 对象 1)

【例 7-14】 使用 add_cascade()方法给“文件”“编辑”添加下拉菜单。运行效果如图 7-14 所示。

```
from tkinter import *
def hello():
    print("I'm a child menu")
root = Tk()
m1 = Menu(root)                                      #创建主菜单
filemenu = Menu(m1)                                  #创建下拉菜单
editmenu = Menu(m1)                                  #创建下拉菜单
for item in ['打开','关闭','退出']:                  #添加菜单项
    filemenu.add_command(label = item, command = hello)
for item in ['复制','剪切','粘贴']:                  #添加菜单项
    editmenu.add_command(label = item, command = hello)
m1.add_cascade(label = '文件', menu = filemenu)   #把 filemenu 作为"文件"下拉菜单
m1.add_cascade(label = '编辑', menu = editmenu)   #把 editmenu 作为"编辑"下拉菜单
root['menu'] = m1                                    #附加主菜单到窗口
root.mainloop()
```

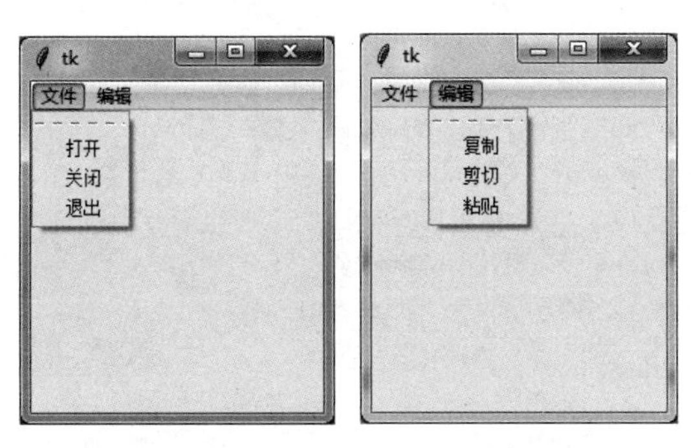

图 7-14　添加下拉菜单运行效果

3. 在菜单中添加复选框

使用 add_checkbutton()可以在菜单中添加复选框，方法如下：

菜单对象.add_checkbutton(label = 复选框的显示文本，command = 菜单命令函数，variable = 与复选框绑定的变量)

【例 7-15】 在菜单中添加复选框“自动保存”。

```
from tkinter import *
def hello():
    print(v.get())
root = Tk()
```

```
v = StringVar()
m = Menu(root)
filemenu = Menu(m)
for item in ['打开','关闭','退出']:
    filemenu.add_command(label = item, command = hello)
m.add_cascade(label = '文件', menu = filemenu)
filemenu.add_checkbutton(label = '自动保存',command = hello,variable = v)
root['menu'] = m
root.mainloop()
```

以上代码执行结果如图 7-15 所示。

4. 在菜单中的当前位置添加分隔符

使用 add_separator()可以在菜单中添加分隔符,方法如下:

菜单对象. add_separator()

【例 7-16】 在菜单项间添加分隔符。运行效果如图 7-16 所示。

```
from tkinter import *
def hello():
    print("I'm a child menu")
root = Tk()
m = Menu(root)
filemenu = Menu(m)
filemenu.add_command(label = '打开', command = hello)
filemenu.add_command(label = '关闭', command = hello)
filemenu.add_separator()        #'关闭'和'退出'之间添加分隔符
filemenu.add_command(label = '退出', command = hello)
m.add_cascade(label = '文件', menu = filemenu)
root['menu'] = m
root.mainloop()
```

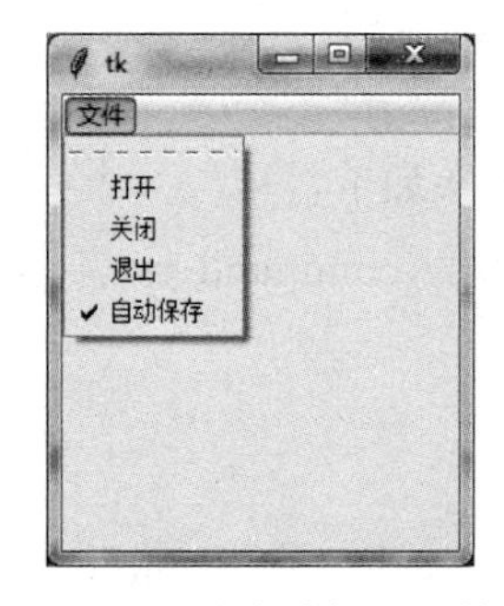

图 7-15 添加复选框运行效果

图 7-16 添加分隔符运行效果

5. 创建上下文菜单

创建上下文菜单一般遵循下列步骤。

(1) 创建菜单(与创建主菜单相同)。例如:

```
menubar = Menu( root)
menubar. add_command(label = '剪切', command = hello1)
menubar. add_command(label = '复制', command = hello2)
menubar. add_command(label = '粘贴', command = hello3)
```

(2) 绑定鼠标右击事件,并在事件处理函数中弹出菜单。例如:

```
def popup(event):                                    #事件处理函数
    menubar. post(event.x_root,event.y_root)         #在鼠标右键位置显示菜单
root. bind('<Button - 3>',popup)                     #绑定事件
```

【例 7-17】 上下文菜单示例。运行效果如图 7-17 所示。

```
from tkinter import *
def popup(event):                                           #右键事件处理函数
     menubar. post( event.x_root, event.y_root)             #在鼠标右键位置显示菜单
def hello1():                                               #菜单事件处理函数
    print("我是剪切命令")
def hello2():
    print("我是复制命令")
def hello3():
    print("我是粘贴命令")
root = Tk()
root.geometry("300x150")
menubar = Menu(root)
menubar.add_command(label = '剪切', command = hello1)
menubar.add_command(label = '复制', command = hello2)
menubar.add_command(label = '粘贴', command = hello3)
#创建 Entry 组件界面
s = StringVar()                                             #一个 StringVar()对象
s.set("大家好,这是测试上下文菜单")
entryCd = Entry(root, textvariable = s)                     #Entry 组件
entryCd.pack()
root.bind('<Button - 3>',popup)                             #绑定右键事件
root.mainloop()
```

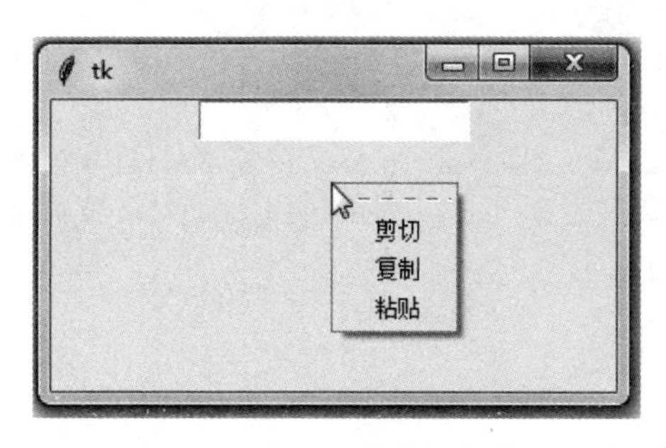

图 7-17 上下文菜单运行效果

7.2.9 对话框

对话框用于与用户交互和检索信息。Tkinter 模块中的子模块 messagebox、filedialog、colorchooser、simpledialog 都包括一些通用的预定义对话框；用户也可以通过继承 TopLevel 创建自定义对话框。

1. 文件对话框

模块 Tkinter 的子模块 filedialog 包含用于打开文件对话框的函数 askopenfilename()。文件对话框供用户选择某文件夹下文件。格式如下：

askopenfilename(title='标题',filetypes=[('所有文件','. * '),('文本文件','. txt')])

- filetypes：文件过滤器，可以筛选某种格式文件。
- title：设置打开文件对话框的标题。

同时还有文件保存对话框函数 asksaveasfilename()。

```
asksaveasfilename(title = '标题', initialdir = 'd:\mywork', initialfile = 'hello.py')
```

- initialdir：默认保存路径即文件夹，如'd:\mywork'。
- initialfile：默认保存的文件名，如'hello. py'。

【例 7-18】 演示打开和保存文件对话框的程序。运行效果如图 7-18 所示。

```
from tkinter import *
from tkinter.filedialog import *
def openfile():                                          #按钮事件处理函数
    #显示打开文件对话框,返回选中文件名以及路径
    r = askopenfilename(title = '打开文件', filetypes = [('Python', '*.py *.pyw'), ('All
Files', '*')])
    print(r)
def savefile():                                          #按钮事件处理函数
    #显示保存文件对话框
    r = asksaveasfilename(title = '保存文件', initialdir = 'd:\mywork', initialfile = 'hello.
py')
    print(r)

root = Tk()
root.title('打开文件对话框示例')                          #title属性用来指定标题
root.geometry("300x150")
btn1 = Button(root, text = 'File Open', command = openfile) #创建 Button 组件
btn2 = Button(root, text = 'File Save', command = savefile) #创建 Button 组件
btn1.pack(side = 'left')
btn2.pack(side = 'left')
root.mainloop()
```

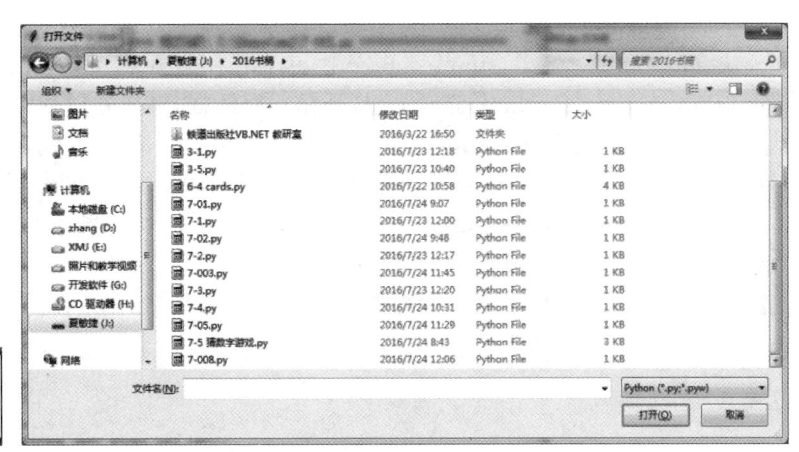

图 7-18　打开文件对话框运行效果

2. 颜色对话框

模块 Tkinter 的子模块 colorchooser 包含用于打开颜色对话框的函数 askcolor ()。颜色对话框供用户选择某颜色。

【例 7-19】 演示使用颜色对话框的程序。运行效果如图 7-19 所示。

```
'''使用颜色对话框'''
from tkinter import *
from tkinter.colorchooser import *          #引入 colorchooser 模块
root = Tk()
#调用 askcolor 返回选中颜色的(R,G,B)值及#RRGGBB 表示
print (askcolor())
root.mainloop()
```

在图 7-19 中选择某种颜色后，打印出如下结果：

```
((160, 160, 160), '#a0a0a0')
```

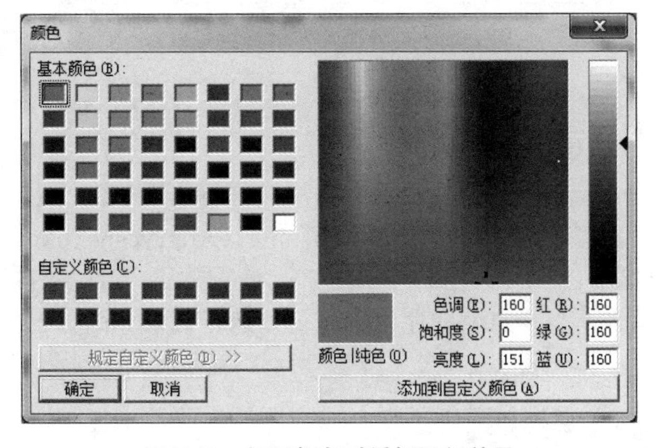

图 7-19　打开颜色对话框运行效果

3. 简单对话框

模块 Tkinter 的子模块 simpledialog 中,包含用于打开输入对话框的函数。

- askfloat(title, prompt,选项):打开输入对话框,输入并返回浮点数。
- askinteger(title, prompt,选项):打开输入对话框,输入并返回整数。
- askstring(title, prompt,选项):打开输入对话框,输入并返回字符串。

其中,title 为窗口标题;prompt 为提示文本信息;选项是指各种选项,包括 initialvalue (初始值)、minvalue (最小值)和 maxvalue (最大值)。

【例 7-20】 演示简单对话框的程序。运行效果如图 7-20 所示。

```
import tkinter
from tkinter import simpledialog
def inputStr():
    r = simpledialog.askstring('Python Tkinter', 'Input String', initialvalue = 'Python
Tkinter')
    print(r)
def inputInt():
    r = simpledialog.askinteger('Python Tkinter', 'Input Integer')
    print(r)
def inputFloat():
    r = simpledialog.askfloat('Python Tkinter', 'Input Float')
    print(r)
root = tkinter.Tk()
btn1 = tkinter.Button(root, text = 'Input String', command = inputStr)
btn2 = tkinter.Button(root, text = 'Input Integer', command = inputInt)
btn3 = tkinter.Button(root, text = 'Input Float', command = inputFloat)
btn1.pack(side = 'left')
btn2.pack(side = 'left')
btn3.pack(side = 'left')
root.mainloop()
```

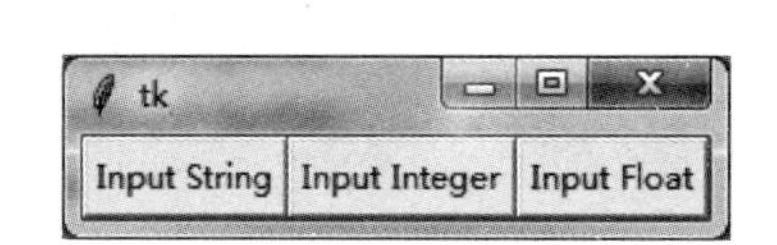

图 7-20 打开简单对话框运行效果

7.2.10 消息窗口

消息窗口(messagebox)用于弹出提示框向用户进行告警,或让用户选择下一步如何操作。消息窗口包括很多类型,常用的有 info、warning、error、yesno、okcancel 等,包含不同的图标、按钮以及弹出提示音。

【例 7-21】 演示各消息窗口的程序。消息窗口运行效果如图 7-21 所示。

```
import tkinter as tk
from tkinter import messagebox as msgbox
```

```
def btn1_clicked():
    msgbox.showinfo("Info", "Showinfo test.")
def btn2_clicked():
    msgbox.showwarning("Warning", "Showwarning test.")
def btn3_clicked():
    msgbox.showerror("Error", "Showerror test.")
def btn4_clicked():
    msgbox.askquestion("Question", "Askquestion test.")
def btn5_clicked():
    msgbox.askokcancel("OkCancel", "Askokcancel test.")
def btn6_clicked():
    msgbox.askyesno("YesNo", "Askyesno test.")
def btn7_clicked():
    msgbox.askretrycancel("Retry", "Askretrycancel test.")
root = tk.Tk()
root.title("MsgBox Test")
btn1 = tk.Button(root, text = "showinfo", command = btn1_clicked)
btn1.pack(fill = tk.X)
btn2 = tk.Button(root, text = "showwarning", command = btn2_clicked)
btn2.pack(fill = tk.X)
btn3 = tk.Button(root, text = "showerror", command = btn3_clicked)
btn3.pack(fill = tk.X)
btn4 = tk.Button(root, text = "askquestion", command = btn4_clicked)
btn4.pack(fill = tk.X)
btn5 = tk.Button(root, text = "askokcancel", command = btn5_clicked)
btn5.pack(fill = tk.X)
btn6 = tk.Button(root, text = "askyesno", command = btn6_clicked)
btn6.pack(fill = tk.X)
btn7 = tk.Button(root, text = "askretrycancel", command = btn7_clicked)
btn7.pack(fill = tk.X)
root.mainloop()
```

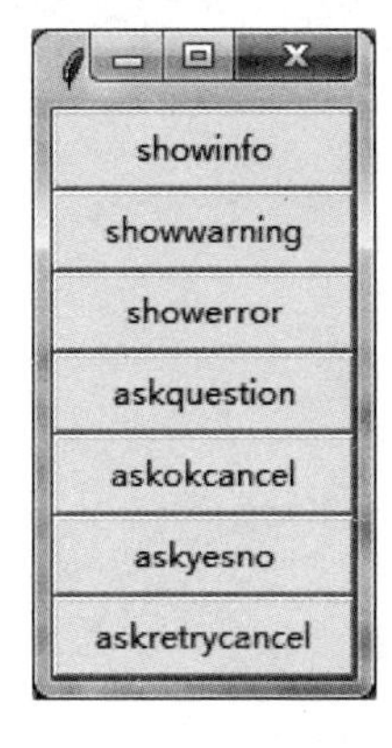

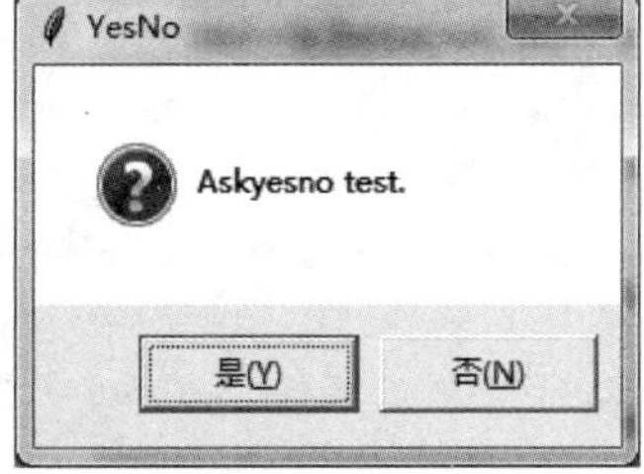

图 7-21　消息窗口运行效果

7.2.11 Frame 组件

Frame 组件是框架组件，在进行分组组织其他组件的过程中是非常重要的，负责安排其他组件的位置。Frame 组件在屏幕上显示为一个矩形区域，作为显示其他组件的容器。

1. 创建和显示 Frame 对象

创建 Frame 对象的基本方法如下：

Frame 对象 = Frame（窗口对象，height = 高度，width = 宽度，bg = 背景色，…）

例如，创建第 1 个 Frame 组件，其高为 100 像素，宽为 400 像素，背景色为绿色。

f1 = Frame(root, height= 100，width = 400，bg ='green')

显示 Frame 对象的方法如下：

Frame 对象. pack()

2. 向 Frame 组件中添加组件

在创建组件时指定其容器为 Frame 组件即可，例如：

```
Label(Frame 对象,text = 'Hello').pack()     #向 Frame 组件添加一个 Label 组件
```

3. LabelFrame 组件

LabelFrame 组件是有标题的 Frame 组件，可以使用 text 属性设置 LabelFrame 组件的标题。方法如下：

LabelFrame(窗口对象，height = 高度，width = 宽度，text = 标题). pack()

【例 7-22】 使用两个 Frame 组件和一个 LabelFrame 组件的例子。

```
from tkinter import *
root = Tk()                                     #创建窗口对象
root.title("使用 Frame 组件的例子")              #设置窗口标题
f1 = Frame(root)                                #创建第 1 个 Frame 组件
f1.pack()
f2 = Frame(root)                                #创建第 2 个 Frame 组件
f2.pack()
f3 = LabelFrame(root,text = '第 3 个 Frame')   #第 3 个 LabelFrame 组件，放置在窗口底部
f3.pack( side = BOTTOM )
redbutton = Button(f1, text = "Red", fg = "red")
redbutton.pack( side = LEFT)
brownbutton = Button(f1, text = "Brown", fg = "brown")
brownbutton.pack( side = LEFT )
bluebutton = Button(f1, text = "Blue", fg = "blue")
bluebutton.pack( side = LEFT )
blackbutton = Button(f2, text = "Black", fg = "black")
blackbutton.pack()
greenbutton = Button(f3, text = "Black", fg = "yellow")
greenbutton.pack()
root.mainloop()
```

通过 Frame 组件把 5 个按钮分成 3 个区域，第 1 个区域 3 个按钮，第 2 个区域 1 个按钮，第 3 个区域 1 个按钮。运行效果如图 7-22 所示。

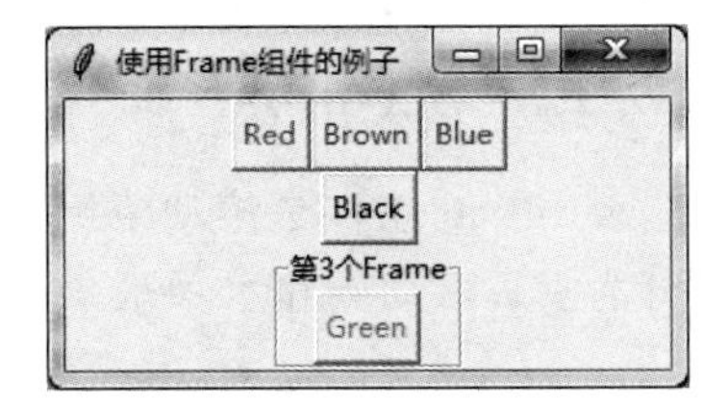

图 7-22　Frame 组件运行效果

4. 刷新 Frame

用 Python 做 GUI 图形界面，可以使用 after()方法每隔几秒刷新 GUI 图形界面。例如，下面代码实现计数器效果，并且文字背景色不断改变。

```
from tkinter import *
colors = ('red', 'orange', 'yellow', 'green', 'blue', 'purple')
root = Tk()
f = Frame(root, height = 200, width = 200)
f.color = 0
f['bg'] = colors[f.color]                 #设置框架背景色
lab1 = Label(f,text = '0')
lab1.pack()
def foo():
    f.color = (f.color + 1) % (len(colors))
    lab1['bg'] = colors[f.color]
    lab1['text'] = str(int(lab1['text']) + 1)
    f.after(500, foo)                     #隔 500ms 执行 foo 函数刷新屏幕
f.pack()
f.after(500, foo)
root.mainloop()
```

例如，开发移动电子广告效果就可以使用 after()方法实现不断移动 lab1。

```
from tkinter import *
root = Tk()
f = Frame(root, height = 200, width = 200)
lab1 = Label(f,text = '欢迎参观中原工学院')
x = 0
def foo():
    global x
    x = x + 10
    if x > 200:
        x = 0
    lab1.place(x = x, y = 0)
    f.after(500, foo)        #隔 500ms 执行 foo 函数刷新屏幕
f.pack()
f.after(500, foo)
```

运行程序可见“欢迎参观中原工学院”不停地从左向右移动，出了窗口右侧以后重新从左侧出现。利用此技巧可以开发类似贪吃蛇游戏，蛇的移动可以借助 after()方法实现不断改变蛇的位置，从而达到蛇移动的效果。

7.2.12 Scrollbar组件

Scrollbar组件是滚动条组件,Scrollbar组件用于滚动一些组件的可见范围,根据方向可分为垂直滚动条和水平滚动条。Scrollbar组件常常被用于实现文本、画布和列表框的滚动。

Scrollbar组件通常与Text组件、Canvas组件和Listbox组件一起使用,水平滚动条还能跟Entry组件配合。

在某个组件上添加垂直滚动条,需要2个步骤:

(1) 设置该组件的yscrollbarcommand选项为Scrollbar组件的set()方法。

(2) 设置Scrollbar组件的command选项为该组件的yview()方法。

【例7-23】 向列表框加入垂直滚动条,并且列表框显示100项内容。

```
from tkinter import *
def print_item(event):                          #鼠标松开事件打印出当前选中项内容
    print (mylist.get(mylist.curselection()))
root = Tk()
mylist = Listbox(root)                          #创建列表框
mylist.bind('<ButtonRelease-1>', print_item)
for line in range(100):
   mylist.insert(END, "This is line number " + str(line))  #列表框内追加100项内容
mylist.pack( side = LEFT, fill = BOTH )
scrollbar = Scrollbar(root)
scrollbar.pack( side = RIGHT, fill=Y )
scrollbar.config( command = mylist.yview )
mylist.configure(yscrollcommand = scrollbar.set)
mainloop()
```

运行效果如图7-23所示。单击鼠标滚动右侧的Scrollbar,左边列表框也会随之移动,用方向键移动列表框里面的值,右侧的Scrollbar也会跟着移动。这是根据上面说的2个步骤实现的。

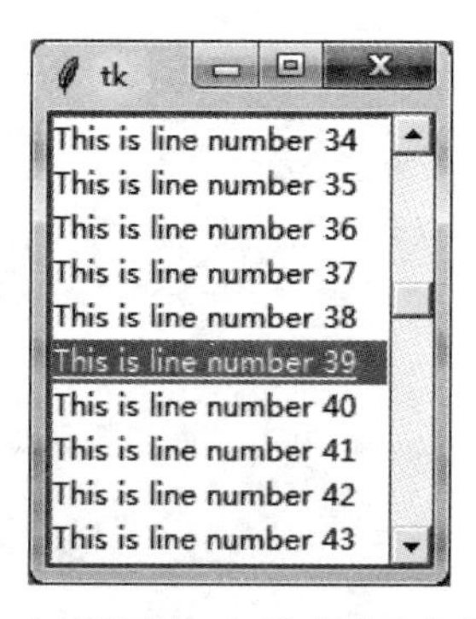

图7-23 向列表框加入垂直滚动条运行效果

添加一个水平方向的Scrollbar也一样简单,只需要设置好xscrollcommand和xview即可。

7.3 图 形 绘 制

视频讲解

7.3.1 Canvas 组件

Canvas（画布）是一个长方形的区域，用于图形绘制或复杂的图形界面布局。可以在画布上绘制图形、文字，放置各种组件和框架。

可以使用下面的方法创建一个 Canvas 对象。

Canvas 对象 ＝ Canvas（窗口对象，选项，…）

常用选项如表 7-9 所示。

表 7-9 Canvas 常用选项

属　性	说　明
bd	指定画布的边框宽度，单位是像素
bg	指定画布的背景颜色
confine	指定画布在滚动区域外是否可以滚动。默认为 True，表示不能滚动
cursor	指定画布中的鼠标指针，例如 arrow、circle、dot
height	指定画布的高度
highlightcolor	选中画布时的背景色
relief	指定画布的边框样式，可选值包括 SUNKEN、RAISED、GROOVE、RIDGE
scrollregion	指定画布的滚动区域的元组（w，n，e，s）

显示 Canvas 对象的方法如下：

Canvas 对象.pack()

例如，创建一个白色背景、宽度 300、高为 120 的 Canvas 画布。

```
from tkinter import *
root = Tk()
cv = Canvas(root, bg = 'white', width = 300, height = 120)
cv. create_line(10,10,100,80,width = 2, dash = 7)     #绘制直线
cv.pack()                                           #显示画布
root.mainloop()
```

7.3.2 Canvas 上的图形对象

1. 绘制图形对象

Canvas 画布上可以绘制各种图形对象。通过调用如下绘制函数实现。

➢ create_arc()：绘制圆弧。
➢ create_line()：绘制直线。
➢ create_bitmap()：绘制位图。
➢ create_image()：绘制位图图像。
➢ create_oval()：绘制椭圆。

➢ create_polygon()：绘制多边形。

➢ create_window()：绘制子窗口。

➢ create_text()：创建一个文字对象。

Canvas 上每个绘制对象都有一个标识 id（整数），使用绘制函数创建绘制对象时，返回绘制对象 id。例如：

```
id1 = cv. create_line(10,10,100,80,width = 2, dash = 7)     #绘制直线
```

id1 可以得到绘制对象直线 id。

在创建图形对象时可以使用属性 tags 设置图形对象的标记(tag)。例如：

```
rt = cv.create_rectangle(10,10,110,110, tags = 'r1')
```

上面的语句指定矩形对象 rt 具有一个标记 r1。

也可以同时设置多个标记(tag)。例如：

```
rt = cv.create_rectangle(10,10,110,110, tags = ('r1','r2','r3'))
```

上面的语句指定矩形对象 rt 具有 3 个标记：r1、r2、r3。

指定标记后，使用 find_withtag()方法可以获取到指定 tag 的图形对象，然后设置图形对象的属性。find_withtag()方法的语法如下：

Canvas 对象. find_withtag(tag 名)

find_withtag()方法返回一个图形对象数组，其中包含所有具有 tag 名的图形对象。

使用 find_withtag()方法可以设置图形对象的属性，语法如下：

Canvas 对象. itemconfig(图形对象，属性 1=值 1，属性 2=值 2…)

【例 7-24】 使用属性 tags 设置图形对象标记。

```
from tkinter import *
root = Tk()
#创建一个 Canvas,设置其背景色为白色
cv = Canvas(root, bg = 'white', width = 200, height = 200)
#使用 tags 指定给第一个矩形 3 个 tag
rt = cv.create_rectangle(10,10,110,110, tags = ('r1','r2','r3'))
cv.pack()
cv.create_rectangle(20,20,80,80, tags = 'r3') #使用 tags 指定给第 2 个矩形 1 个 tag
#将所有与 tag('r3')绑定的 item 边框颜色设置为蓝色
for item in cv.find_withtag('r3'):
    cv.itemconfig(item,outline = 'blue')
```

2. 绘制圆弧

使用 create_arc()方法可以创建一个圆弧对象，可以是一个饼图扇区或者一个简单的弧，具体语法如下：

Canvas 对象. create_arc(弧外框矩形左上角的 x 坐标，弧外框矩形左上角的 y 坐标，

弧外框矩形右下角的 x 坐标，弧外框矩形右下角的 y 坐标，选项，…)

创建圆弧常用选项：outline，指定圆弧边框颜色；fill，指定填充颜色；width，指定圆弧边框的宽度；start，代表起始角度；extent，代表指定角度偏移量而不是终止角度。

【例 7-25】 使用 create_arc()方法创建圆弧。运行效果如图 7-24 所示。

```
from tkinter import *
root = Tk()
#创建一个 Canvas,设置其背景色为白色
cv = Canvas(root,bg = 'white')
cv.create_arc((10,10,110,110),)                    #使用默认参数创建一个圆弧,结果为 90°的扇形
d = {1:PIESLICE,2:CHORD,3:ARC}
for i in d:
    #使用三种样式,分别创建了扇形、弓形和弧形
    cv.create_arc((10,10 + 60 * i,110,110 + 60 * i),style = d[i])
    print (i,d[i])
#使用 start/extent 指定圆弧起始角度与偏移角度
cv.create_arc(
        (150,150 ,250,250),
        start = 10,                                #指定起始角度
        extent = 120                               #指定角度偏移量(逆时针)
        )
cv.pack()
root.mainloop()
```

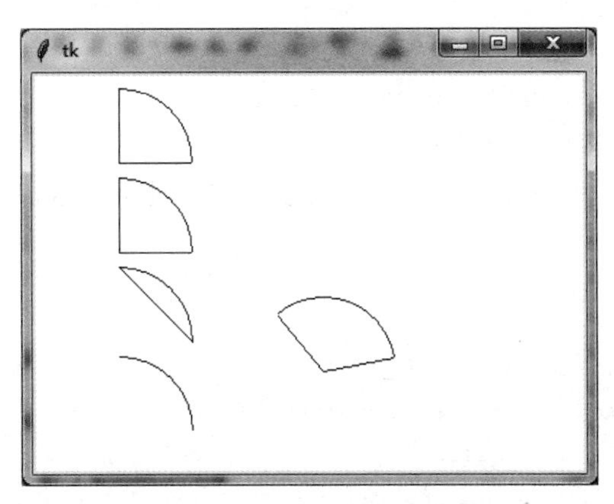

图 7-24 创建圆弧对象运行效果

3. 绘制线条

使用 create_line()方法可以创建一个线条对象，具体语法如下：

line = canvas.create_line(x0, y0, x1, y1, …, xn, yn, 选项)

参数 x0, y0, x1, y1, …, xn, yn 是线段的端点。

创建线段常用选项：width，指定线段宽度；arrow，指定是否使用箭头(没有箭头为 none，起点有箭头为 first，终点有箭头为 last，两端有箭头为 both)；fill，指定线段颜色；dash，指定线段为虚线(其整数值决定虚线的样式)。

【例 7-26】 使用 create_line()方法创建线条对象的例子。运行效果如图 7-25 所示。

```
from tkinter import *
root = Tk()
cv = Canvas(root, bg = 'white', width = 200, height = 100)
cv.create_line(10, 10, 100, 10, arrow = 'none')          #绘制没有箭头线段
cv.create_line(10, 20, 100, 20, arrow = 'first')         #绘制起点有箭头线段
cv.create_line(10, 30, 100, 30, arrow = 'last')          #绘制终点有箭头线段
cv.create_line(10, 40, 100, 40, arrow = 'both')          #绘制两端有箭头线段
cv. create_line(10,50,100,100,width = 3, dash = 7)       #绘制虚线
cv.pack()
root.mainloop()
```

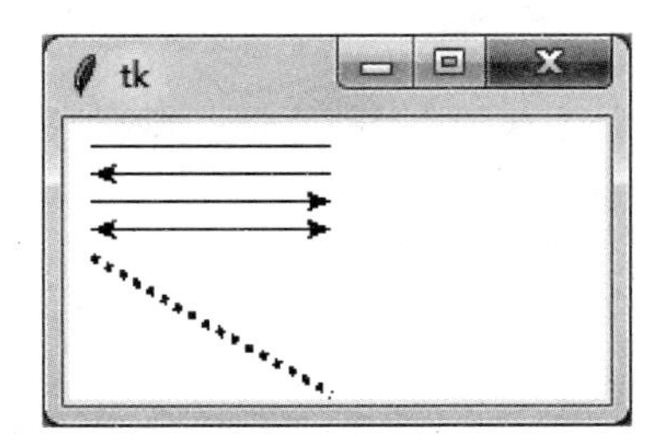

图 7-25 创建线条对象运行效果

4. 绘制矩形

使用 create_rectangle ()方法可以创建矩形对象,具体语法如下:

Canvas 对象. create_rectangle(矩形左上角的 x 坐标, 矩形左上角的 y 坐标, 矩形右下角的 x 坐标, 矩形右下角的 y 坐标, 选项, …)

创建矩形对象时的常用选项: outline,指定边框颜色; fill,指定填充颜色; width,指定边框的宽度; dash,指定边框为虚线; stipple,使用指定自定义画刷填充矩形。

【例 7-27】 使用 create_rectangle ()方法创建矩形对象。运行效果如图 7-26 所示。

```
from tkinter import *
root = Tk()
#创建一个 Canvas,设置其背景色为白色
cv = Canvas(root, bg = 'white', width = 200, height = 100)
cv.create_rectangle(10,10,110,110, width = 2,fill  =  'red')#指定矩形的填充色为红色, 宽度为 2
cv.create_rectangle(120, 20,180, 80, outline  =  'green')#指定矩形的边框颜色为绿色
cv.pack()
root.mainloop()
```

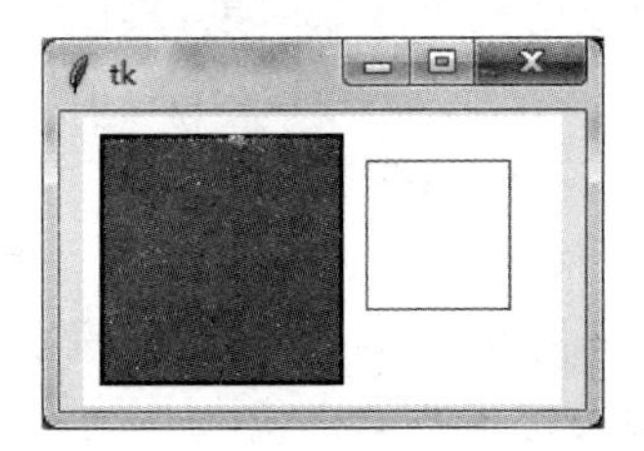

图 7-26 创建矩形对象运行效果

5. 绘制多边形

使用 create_polygon()方法可以创建一个多边形对象,可以是一个三角形、矩形或者任意一个多边形,具体语法如下:

Canvas 对象. create_polygon (顶点 1 的 x 坐标, 顶点 1 的 y 坐标, 顶点 2 的 x 坐标, 顶点 2 的 y 坐标, …, 顶点 n 的 x 坐标, 顶点 n 的 y 坐标, 选项, …)

创建多边形对象时的常用选项: outline,指定边框颜色; fill,指定填充颜色; width,指定边框的宽度; smooth,指定多边形的平滑程度(等于 0 表示多边形的边是折线,等于 1 表示多边形的边是平滑曲线)。

【例 7-28】 创建三角形、正方形、对顶三角形对象。运行效果如图 7-27 所示。

```
from tkinter import *
root = Tk()
cv = Canvas(root, bg = 'white', width = 300, height = 100)
cv.create_polygon (35,10,10,60,60,60, outline = 'blue', fill = 'red', width=2)
                                                        #等腰三角形
cv.create_polygon (70,10,120,10,120,60, outline = 'blue', fill = 'white', width=2)
                                                        #直角三角形
cv.create_polygon (130,10,180,10,180,60, 130,60, width=4)   #正方形
cv.create_polygon (190,10,240,10,190,60, 240,60, width=1)   #对顶三角形
cv.pack()
root.mainloop()
```

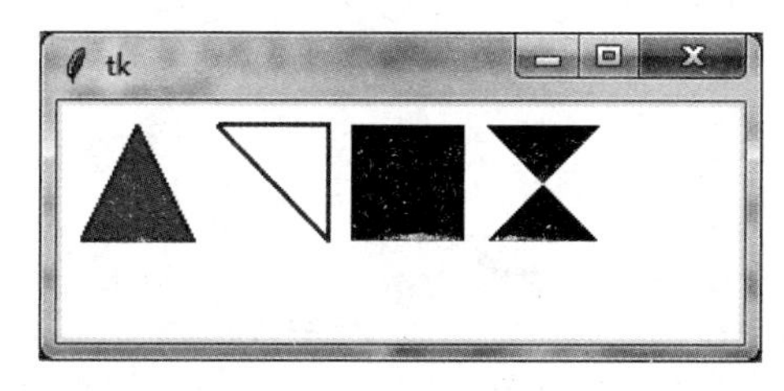

图 7-27 创建多边形运行效果

6. 绘制椭圆

使用 create_oval()方法可以创建一个椭圆对象,具体语法如下:

Canvas 对象. create_oval(包裹椭圆的矩形左上角 x 坐标, 包裹椭圆的矩形左上角 y 坐标, 包裹椭圆的矩形右下角 x 坐标, 包裹椭圆的矩形右下角 y 坐标, 选项, …)

创建椭圆对象时的常用选项: outline,指定边框颜色; fill,指定填充颜色; width,指定边框的宽度。如果包裹椭圆的矩形是正方形则绘制一个圆形。

【例 7-29】 创建椭圆和圆形。运行效果如图 7-28 所示。

```
from tkinter import *
root = Tk()
cv = Canvas(root, bg = 'white', width = 200, height = 100)
cv.create_oval (10,10,100,50, outline = 'blue', fill = 'red', width=2)     #椭圆
cv.create_oval (100,10,190,100, outline = 'blue', fill = 'red', width=2)   #圆形
```

```
cv.pack()
root.mainloop()
```

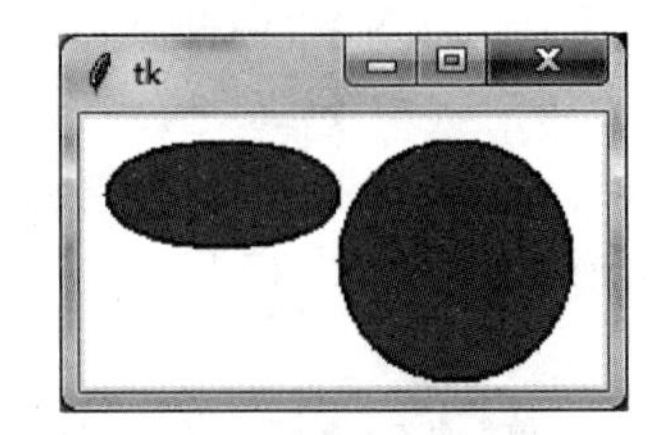

图 7-28　创建椭圆和圆形运行效果

7. 绘制文字

使用 create_text()方法可以创建一个文字对象，具体语法如下：

文字对象 = Canvas 对象.create_text((文本左上角的 x 坐标，文本左上角的 y 坐标)，选项，…)

创建文字对象时的常用选项：text，文字对象的文本内容；fill，指定文字颜色；anchor，控制文字对象的位置(其取值'w'表示左对齐，'e'表示右对齐，'n'表示顶对齐，'s'表示底对齐，'nw'表示左上对齐，'sw'表示左下对齐，'se'表示右下对齐，'ne'表示右上对齐，'center'表示居中对齐，anchor 默认值为'center')；justify，设置文字对象中文本的对齐方式(其取值'left'表示左对齐，'right'表示右对齐，'center'表示居中对齐，justify 默认值为'center')。

【例 7-30】 创建文本。运行效果如图 7-29 所示。

```
from tkinter import *
root = Tk()
cv = Canvas(root, bg = 'white', width = 200, height = 100)
cv.create_text((10,10), text = 'Hello Python', fill = 'red', anchor = 'nw')
cv.create_text((200,50), text = '你好,Python', fill = 'blue', anchor = 'se')
cv.pack()
root.mainloop()
```

图 7-29　创建文本运行效果

select_from()方法用于指定选中文本的起始位置，具体用法如下：

Canvas 对象. select_from(文字对象，选中文本的起始位置)

select_to()方法用于指定选中文本的结束位置，具体用法如下：

Canvas 对象. select_to (文字对象，选中文本的结束位置)

【例 7-31】 选中文本。运行效果如图 7-30 所示。

```
from tkinter import *
root = Tk()
cv = Canvas(root, bg = 'white', width = 200, height = 100)
txt = cv.create_text((10,10), text = '中原工学院计算机学院', fill = 'red', anchor = 'nw')
#设置文本的选中起始位置
cv.select_from(txt,5)
#设置文本的选中结束位置
cv.select_to(txt,9)          #选中"计算机学院"
cv.pack()
root.mainloop()
```

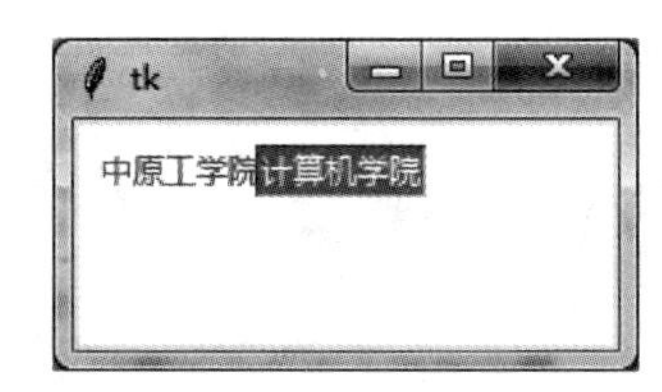

图 7-30 选中文本运行效果

8. 绘制位图和图像

1) 绘制位图

使用 create_bitmap()方法可以绘制 Python 内置的位图,具体方法如下:

Canvas 对象. create_bitmap((x 坐标,y 坐标),bitmap =位图字符串, 选项, …)

其中:(x 坐标,y 坐标)是位图放置的中心坐标;常用选项有 bitmap、activebitmap 和 disabledbitmap 用于指定正常、活动、禁用状态显示的位图。

2) 绘制图像

在游戏开发中需要使用大量图像,采用 create_image()方法可以绘制图形图像,具体方法如下:

Canvas 对象. create_image((x 坐标,y 坐标), image =图像文件对象, 选项, …)

其中:(x 坐标,y 坐标)是图像放置的中心坐标;常用选项有 image、activeimage 和 disabled image 用于指定正常、活动、禁用状态显示的图像。

注意:使用 PhotoImage()函数可以获取图像文件对象。

img1 = PhotoImage(file =图像文件)

例如,img1 = PhotoImage(file = 'C:\\aa. png')获取笑脸图形。Python 支持图像文件格式一般为. png 和. gif。

【例 7-32】 绘制图像。运行效果如图 7-31 所示。

```
from tkinter import *
root = Tk()
cv = Canvas(root)
img1 = PhotoImage(file = 'C:\\aa.png')                          #笑脸
img2 = PhotoImage(file = 'C:\\2.gif')                           #方块 A
```

```
img3 = PhotoImage(file = 'C:\\3.gif')                              #梅花 A
cv.create_image((100,100),image = img1)                            #绘制笑脸
cv.create_image((200,100),image = img2)                            #绘制方块 A
cv.create_image((300,100),image = img3)                            #绘制梅花 A
d = {1:'error',2:'info',3:'question',4:'hourglass',5:'questhead',
     6:'warning',7:'gray12',8:'gray25',9:'gray50',10:'gray75'}     #字典
#cv.create_bitmap((10,220),bitmap = d[1])
#以下遍历字典绘制 Python 内置的位图
for i in d:
    cv.create_bitmap((20 * i,20),bitmap = d[i])
cv.pack()
root.mainloop()
```

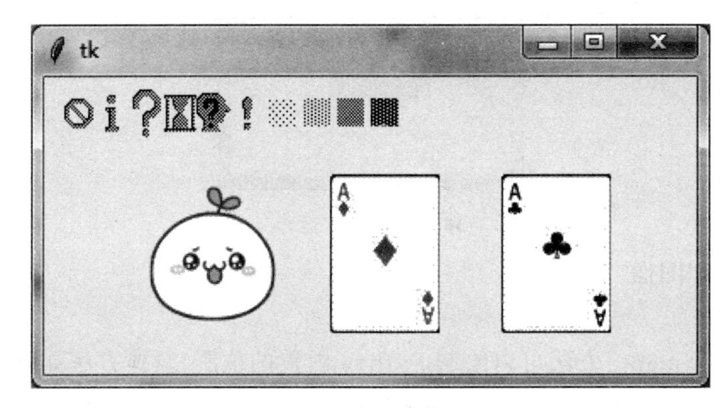

图 7-31　绘制图像示例

学会使用绘制图像，就可以开发图形版的扑克牌游戏了。

9. 修改图形对象的坐标

使用 coords()方法可以修改图形对象的坐标，具体方法如下：

Canvas 对象.coords(图形对象，(图形左上角的 x 坐标，图形左上角的 y 坐标，图形右下角的 x 坐标，图形右下角的 y 坐标))

因为可以同时修改图形对象的左上角的坐标和右下角的坐标，所以可以缩放图形对象。

注意：如果图形对象是图像文件，则只能指定图像中心点坐标，而不能指定图像对象左上角的坐标和右下角的坐标，故不能缩放图像。

【例 7-33】 修改图形对象的坐标。运行效果如图 7-32 所示。

```
from tkinter import *
root = Tk()
cv = Canvas(root)
img1 = PhotoImage(file = 'C:\\aa.png')           #笑脸
img2 = PhotoImage(file = 'C:\\2.gif')            #方块 A
img3 = PhotoImage(file = 'C:\\3.gif')            #梅花 A
rt1 = cv.create_image((100,100),image = img1)    #绘制笑脸
rt2 = cv.create_image((200,100),image = img2)    #绘制方块 A
rt3 = cv.create_image((300,100),image = img3)    #绘制梅花 A
```

```
#重新设置方块 A(rt2 对象)的坐标
cv.coords(rt2,(200,50))                    #调整 rt2 对象方块 A 位置
rt4 = cv.create_rectangle(20,140,110,220,outline = 'red', fill = 'green')    #正方形对象
cv.coords(rt4,(100,150,300,200))    #调整 rt4 对象位置
cv.pack()
root.mainloop()
```

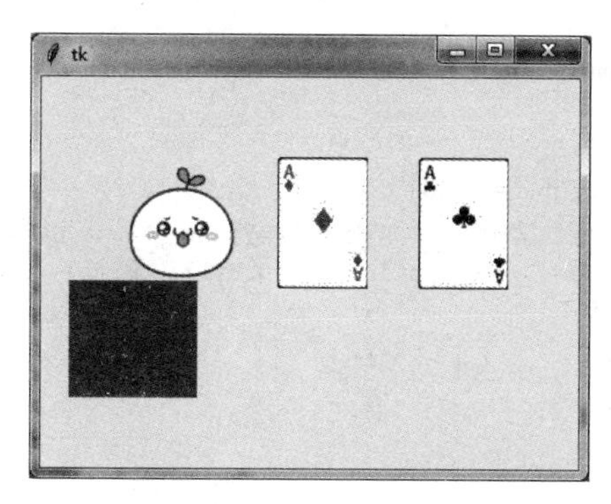

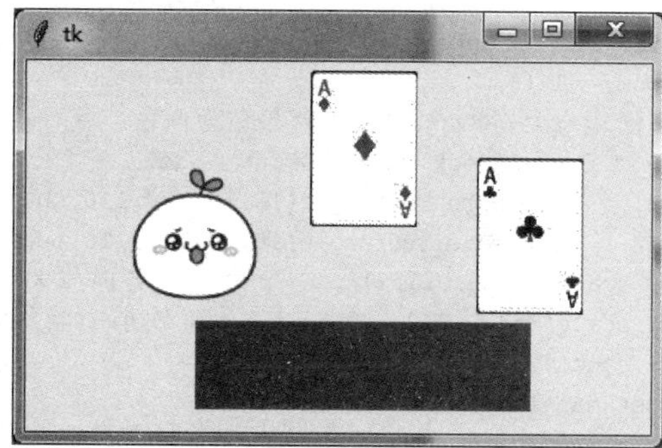

图 7-32　调整图形对象位置之前和之后的效果

10. 移动指定图形对象

使用 move()方法可以修改图形对象的坐标，具体方法如下：

Canvas 对象. move(图形对象，x 坐标偏移量，y 坐标偏移量)

【例 7-34】 移动指定图形对象。运行效果如图 7-33 所示。

```
from tkinter import *
root = Tk()
#创建一个 Canvas,设置其背景色为白色
cv = Canvas(root, bg = 'white', width = 200, height = 120)
rt1 = cv.create_rectangle(20,20,110,110,outline = 'red',stipple = 'gray12',fill = 'green')
cv.pack()
rt2 = cv.create_rectangle(20,20,110,110,outline = 'blue')
cv.move(rt1,20, - 10)      #移动 rt1
cv.pack()
```

为了对比移动图形对象的效果，程序在同一位置绘制了 2 个矩形，其中矩形 rt1 有背景花纹，rt2 无背景填充。然后使用 move()方法移动 rt1，将被填充的矩形 rt1 向右移动 20 像素，向上移动 10 像素。则出现如图 7-33 所示效果。

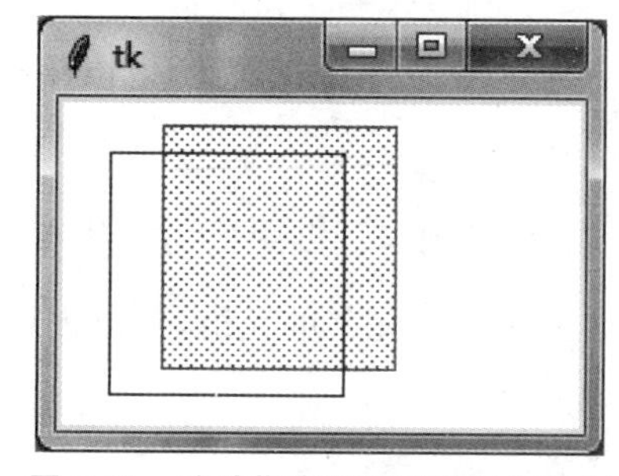

图 7-33　移动指定图形对象运行效果

11. 删除图形对象

使用 delete ()方法可以删除图形对象，具体方法如下：

Canvas 对象. delete (图形对象)

例如：

```
cv.delete(rt1)        #删除 rt1 图形对象
```

12. 缩放图形对象

使用 scale()方法可以缩放图形对象，具体方法如下：

Canvas 对象.scale(图形对象，x 轴偏移量，y 轴偏移量，x 轴缩放比例，y 轴缩放比例)

【例 7-35】 缩放图形对象，对相同图形对象放大、缩小。运行效果如图 7-34 所示。

```
from tkinter import *
root = Tk()
#创建一个 Canvas,设置其背景色为白色
cv = Canvas(root, bg = 'white', width = 200, height = 300)
rt1 = cv.create_rectangle(10,10,110,110,outline = 'red',stipple = 'gray12', fill = 'green')
rt2 = cv.create_rectangle(10,10,110,110,outline = 'green',stipple = 'gray12', fill = 'red')
cv.scale(rt1,0,0,1,2)            #y 方向放大一倍
cv.scale(rt2,0,0,0.5,0.5)        #缩小一半大小
cv.pack()
root.mainloop()
```

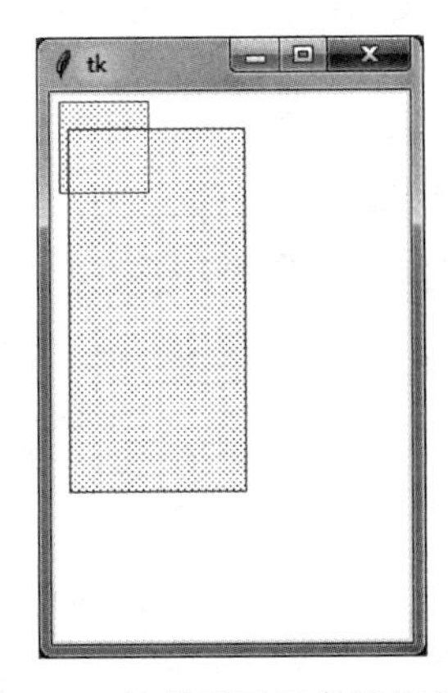

图 7-34　缩放图形对象运行效果

7.4　Tkinter 字体

通过组件的 font 属性，可以设置其显示文本的字体。设置组件字体前首先要能表示一个字体。

7.4.1　通过元组表示字体

通过 3 个元素的元组，可以表示字体：

```
(font family,size,modifiers)
```

作为元组的第一个元素，font family 是字体名；size 为字体大小，单位为 point；modifiers 包含粗体、斜体、下画线的样式修饰符。

例如：

```
("Times New Roman ", "16")                    #16 点阵的 Times 字体
("Times New Roman ", "24", "bold italic")    #24 点阵的 Times 字体,且粗体、斜体
```

【例 7-36】 通过元组表示字体设置标签 Label 字体。运行效果如图 7-35 所示。

```
from tkinter import *
root = Tk()
#创建 Label
for ft in ('Arial',('Courier New',19,'italic'),('Comic Sans MS',),'Fixdsys',('MS Sans Serif',),
('MS Serif',),'Symbol','System',('Times New Roman',),'Verdana'):
    Label(root,text = 'hello sticky',font = ft ).grid()
root.mainloop()
```

图 7-35　通过元组设置标签 Label 字体运行效果

这个程序是在 Windows 上测试字体显示的,注意字体中包含有空格的字体名称必须指定为元组类型。

7.4.2　通过 Font 对象表示字体

使用 tkFont. Font 来创建字体。格式如下：

ft = tkFont. Font(family = '字体名',size ,weight ,slant, underline, overstrike)

其中：size 为字体大小；weight＝'bold'或'normal','bold'为粗体；slant＝'italic'或'normal','italic'为斜体；underline=1 或 0,1 为下画线；overstrike=1 或 0,1 为删除线。

```
ft = Font(family = "Helvetica",size = 36,weight = "bold")
```

【例 7-37】 通过 Font 对象设置标签字体。运行效果如图 7-36 所示。

```
#Font 创建字体
from tkinter import *
import tkinter.font                                          #引入字体模块
root = Tk()
#指定字体名称、大小、样式
ft = tkinter.font.Font(family = 'Fixdsys',size = 20,weight = 'bold')
Label(root,text = 'hello sticky',font = ft ).grid()     #创建一个 Label
root.mainloop()
```

图 7-36　通过 Font 对象设置标签字体运行效果

通过 tkFont.families()函数可以返回所有可用的字体。

```
from tkinter import *
import tkinter.font              #引入字体模块
root = Tk()
print(tkinter.font.families())
```

输出以下结果:

```
('Forte', 'Felix Titling', 'Eras Medium ITC', 'Eras Light ITC', 'Eras Demi ITC', 'Eras Bold ITC',
'Engravers MT', 'Elephant', 'Edwardian Script ITC', 'Curlz MT', 'Copperplate Gothic Light',
'Copperplate Gothic Bold', 'Century Schoolbook', 'Castellar', 'Calisto MT', 'Bookman Old Style',
'Bodoni MT Condensed', 'Bodoni MT Black', 'Bodoni MT', 'Blackadder ITC', 'Arial Rounded MT Bold',
'Agency FB', 'Bookshelf Symbol 7', 'MS Reference Sans Serif', 'MS Reference Specialty', 'Berlin Sans FB
Demi', 'Tw Cen MT Condensed Extra Bold', 'Calibri Light', 'Bitstream Vera Sans Mono', '方正兰亭超细
黑简体', '@方正兰亭超细黑简体', 'Buxton Sketch', 'Segoe Marker', 'SketchFlow Print')
```

7.5　Python 事件处理

所谓事件(event)就是程序上发生的事,例如用户按键盘上某一个键或是单击、移动鼠标。而对于这些事件,程序需要做出反应。Tkinter 提供的组件通常都有自己可以识别的事件。例如,当按钮被单击时执行特定操作或是当一个输入栏成为焦点,而又按了键盘上的某些按键,所输入的内容就会显示在输入栏内。

程序可以使用事件处理函数来指定当触发某个事件时所做的反应(操作)。

7.5.1　事件类型

事件类型的通用格式:

<[modifier－]…type[－detail]>

事件类型必须放置于尖括号<>内。type 描述了类型，例如键盘按键、鼠标单击。

modifier 用于组合键定义，例如 Ctrl、Alt。detail 用于明确定义是哪一个键或按钮的事件，例如 1 表示鼠标左键、2 表示鼠标中键、3 表示鼠标右键。

举例：

➢ <Button-1>：按下鼠标左键。

➢ <KeyPress-A>：按下键盘上的 A 键。

➢ <Control-Shift-KeyPress-A>：同时按下了 Ctrl、Shift、A 三键。

Python 中事件主要有键盘事件（见表 7-10）、鼠标事件（见表 7-11）和窗体事件（见表 7-12）。

表 7-10　键盘事件

名　称	描　述
KeyPress	按下键盘某键时触发，可以在 detail 部分指定是哪个键
KeyRelease	释放键盘某键时触发，可以在 detail 部分指定是哪个键

表 7-11　鼠标事件

名　称	描　述
ButtonPress 或 Button	按下鼠标某键，可以在 detail 部分指定是哪个键
ButtonRelease	释放鼠标某键，可以在 detail 部分指定是哪个键
Motion	单击组件的同时拖曳组件移动时触发
Enter	当鼠标指针移进某组件时触发
Leave	当鼠标指针移出某组件时触发
MouseWheel	当鼠标滚轮滚动时触发

表 7-12　窗体事件

名　称	描　述
Visibility	当组件变为可视状态时触发
Unmap	当组件由显示状态变为隐藏状态时触发
Map	当组件由隐藏状态变为显示状态时触发
Expose	当组件从原本被其他组件遮盖的状态中暴露出来时触发
FocusIn	组件获得焦点时触发
FocusOut	组件失去焦点时触发
Configure	当改变组件大小时触发。例如，拖曳窗体边缘
Property	当窗体的属性被删除或改变时触发，属于 Tk 的核心事件
Destroy	当组件被销毁时触发
Activate	与组件选项中的 state 项有关，表示组件由不可用转为可用。例如，按钮由 disabled（灰色）转为 enabled
Deactivate	与组件选项中的 state 项有关，表示组件由可用转为不可用。例如，按钮由 enabled 转为 disabled（灰色）

modifier 组合键定义中常用的修饰符如表 7-13 所示。

表 7-13　modifier 组合键定义中常用的修饰符

修　饰　符	描　　述
Alt	当 Alt 键按下
Any	任何按键按下，例如< Any-KeyPress >
Control	Ctrl 键按下
Double	两个事件在短时间内发生，例如双击鼠标左键< Double-Button-1 >
Lock	当 Caps Lock 键按下
Shift	当 Shift 键按下
Triple	类似于 Double，三个事件短时间内发生

可用短格式表示事件，例如，< 1 >等同于< Button-1 >、< x >等同于< KeyPress-x >。

对于大多数的单字符按键，还可以忽略“< >”符号。但是空格键和尖括号键不能这样做（正确的表示分别为< space >、< less >）。

7.5.2　事件绑定

程序建立一个处理某一事件的事件处理函数，称为绑定。

1. 创建组件对象时指定

创建组件对象实例时，可通过其命名参数 command 指定事件处理函数。例如：

```
def callback():                #事件处理函数
    showinfo("Python command","人生苦短、我用 Python")
Bu1 = Button(root, text = "设置 command 事件调用命令",command = callback)
Bu1.pack()
```

2. 实例绑定

调用组件对象实例方法 bind()可为指定组件实例绑定事件。这是最常用的事件绑定方式。

组件对象实例名.bind("<事件类型>", 事件处理函数)

例如，假设声明了一个名为 canvas 的 Canvas 组件对象，想在 canvas 上按下鼠标左键时画上一条线，可以这样实现：

```
canvas.bind("< Button - 1 >", drawline)
```

其中，bind()函数的第一个参数是事件描述符，指定无论什么时候在 canvas 上，当按下鼠标左键时就调用事件处理函数 drawline 进行画线的任务。特别地，drawline 后面的圆括号是省略的，Tkinter 会将此函数填入相关参数后调用运行，在这里只是声明而已。

3. 类绑定

将事件与一组件类绑定。调用任意组件实例的.bind_class()函数为特定组件类绑定事件。

组件实例名.bind_class ("组件类","<事件类型>", 事件处理函数)

例如，绑定 Canvas 组件类，使得所有 Canvas 实例都可以处理鼠标左键事件做相应的操作。可以这样实现：

```
widget.bind_class("Canvas", "<Button-1>", drawline)
```

其中,widget 是任意 Canvas 组件对象。

4. 程序界面绑定

无论在哪一组件实例上触发某一事件,程序都做出相应的处理。

例如,将 PrintScreen 键与程序中的所有组件对象绑定,这样整个程序界面就能处理打印屏幕的事件了。调用任意组件实例的.bind_all()函数为程序界面绑定事件。

组件实例名.bind_all("<事件类型>",事件处理函数)

例如,可以这样实现打印屏幕:

```
widget.bind_all("<Key-Print>",printScreen)。
```

5. 标识绑定

在 Canvas 中绘制各种图形,将图形与事件绑定可以使用标识绑定 tag_bind()函数。预先为图形定义标识 tag 后,通过标识 tag 来绑定事件。例如:

```
cv.tag_bind('r1','<Button-1>',printRect)
```

【例 7-38】 标识绑定。

```
from tkinter import *
root = Tk()
def printRect(event):
    print ('rectangle 左键事件')
def printRect2(event):
    print ('rectangle 右键事件')
def printLine(event):
    print ('Line 事件')
cv = Canvas(root,bg = 'white')                    #创建一个 Canvas,设置其背景色为白色
rt1 = cv.create_rectangle(
    10,10,110,110,
    width = 8, tags = 'r1')
cv.tag_bind('r1','<Button-1>',printRect)          #绑定 item 与鼠标左键事件
cv.tag_bind('r1','<Button-3>',printRect2)         #绑定 item 与鼠标右键事件
#创建一个 line,并将其 tags 设置为'r2'
cv.create_line(180,70,280,70,width = 10,tags = 'r2')
cv.tag_bind('r2','<Button-1>',printLine)          #绑定 item 与鼠标左键事件
cv.pack()
root.mainloop()
```

在这个示例中,单击矩形的边框时才会触发事件,矩形既响应鼠标左键又响应右键。鼠标左键单击矩形边框时出现"rectangle 左键事件"信息,鼠标右键单击矩形边框时出现"rectangle 右键事件"信息,鼠标左键单击直线时出现"Line 事件"信息。

7.5.3 事件处理函数

1. 定义事件处理函数

事件处理函数往往带有一个 event 参数。触发事件调用事件处理函数时，将传递 Event 对象实例。

```
def callback(event):              #事件处理函数
    showinfo("Python command","人生苦短、我用 Python")
```

2. Event 事件处理参数属性

Event 对象实例可以获取各种相关参数。Event 事件对象主要参数属性如表 7-14 所示。

表 7-14 Event 事件对象主要参数属性

参　　数	说　　明
.x,.y	鼠标相对于组件对象左上角的坐标
.x_root,.y_root	鼠标相对于屏幕左上角的坐标
.keysym	字符串命名按键，例如 Escape，F1，…，F12，Scroll_Lock，Pause，Insert，Delete，Home，Prior(这个是 Page Up)，Next(这个是 Page Down)，End，Up，Right，Left，Down，Shift_L，Shift_R，Ctrl_L，Ctrl_R，Alt_L，Alt_R，Win_L
.keysym_num	数字代码命名按键
.keycode	键码，但是它不能反映事件前缀 Alt、Ctrl、Shift、Lock，并且不区分按键大小写，即输入 a 和 A 是相同的键码
.time	时间
.type	事件类型
.widget	触发事件的对应组件
.char	字符

Event 事件对象按键详细信息说明如表 7-15 所示。

表 7-15 Event 事件对象按键详细信息

.keysym	.keycode	.keysym_num	说　　明
Alt_L	64	65513	左手边的 Alt 键
Alt_R	113	65514	右手边的 Alt 键
BackSpace	22	65288	BackSpace 键
Cancel	110	65387	Pause Break 键
F1～F11	67～77	65470～65480	功能键 F1～F11
F12	96	68481	功能键 F12
Delete	107	65535	Delete
Down	104	65364	向下方向键
End	103	65367	End
Escape	9	65307	Esc
Print	111	65377	打印屏幕键

【例 7-39】 触发 keyPress 键盘事件。运行效果如图 7-37 所示。

```
from tkinter import *                          # 导入 Tkinter
def printkey(event):                           # 定义的函数监听键盘事件
    print('你按下了: ' + event.char)
root = Tk()                                    # 实例化 Tk
entry = Entry(root)                            # 实例化一个单行输入框
# 给输入框绑定按键监听事件<KeyPress>为监听任何按键
#<KeyPress-x>监听某键 x,如大写的 A<KeyPress-A>、回车<KeyPress-Return>
entry.bind('<KeyPress>', printkey)
entry.pack()
root.mainloop()                                # 显示窗体
```

```
你按下了: h
你按下了: e
你按下了: l
你按下了: l
你按下了: o
你按下了: x
你按下了: m
你按下了: j
```

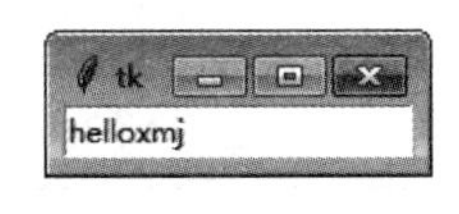

图 7-37 keyPress 键盘事件运行效果

【例 7-40】 获取鼠标单击标签 Label 时坐标的鼠标事件,运行效果如图 7-38 所示。

```
from tkinter import *                          # 导入 Tkinter
def leftClick(event):                          # 定义的函数监听鼠标事件
   print( "x 轴坐标:", event.x)
   print( "y 轴坐标:", event.y)
   print( "相对于屏幕左上角 x 轴坐标:", event.x_root)
   print( "相对于屏幕左上角 y 轴坐标:", event.y_root)
root = Tk()                                    # 实例化 Tk
lab = Label(root,text = "hello")               # 实例化一个 Label
lab.pack()                                     # 显示 Label 组件
# 给 Label 绑定鼠标监听事件
lab.bind("<Button-1>",leftClick)
root.mainloop()                                # 显示窗体
```

```
x轴坐标: 33
y轴坐标: 11
相对于屏幕左上角x轴坐标: 132
相对于屏幕左上角y轴坐标: 91
x轴坐标: 8
y轴坐标: 11
相对于屏幕左上角x轴坐标: 107
相对于屏幕左上角y轴坐标: 91
x轴坐标: 5
y轴坐标: 6
相对于屏幕左上角x轴坐标: 104
相对于屏幕左上角y轴坐标: 86
```

图 7-38 鼠标事件运行效果

7.6 图形界面程序设计的应用

7.6.1 开发猜数字游戏

【例 7-41】 使用 Tkinter 开发猜数字游戏。运行效果如图 7-39 所示。

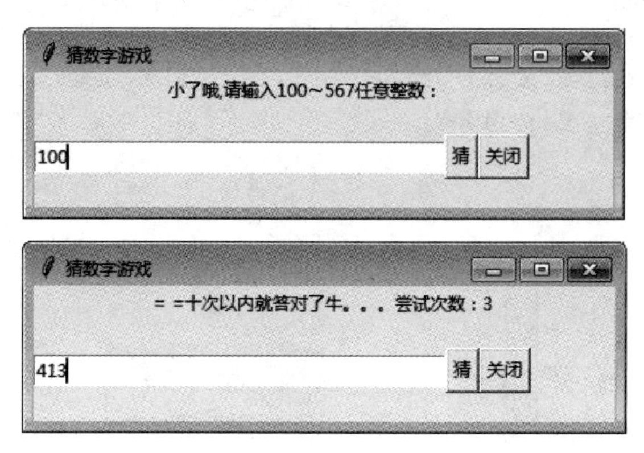

图 7-39 猜数字游戏运行效果

游戏中计算机随机生成 1024 以内数字,玩家去猜,如果猜的数字过大或过小都会提示,程序要统计玩家猜的次数。

```
import tkinter as tk
import sys
import random
import re
number = random.randint(0,1024)                 # 玩家要猜的数字
running = True
num = 0                                         # 猜的次数
nmaxn = 1024                                    # 提示猜测范围的最大数
nminn = 0                                       # 提示猜测范围的最小数
def eBtnClose(event):                           # "关闭"按钮事件函数
    root.destroy()
def eBtnGuess(event):                           # "猜"按钮事件函数
    global nmaxn                                # 全局变量
    global nminn
    global num
    global running
    if running:
        val_a = int(entry_a.get())              # 获取猜的数字字符串并转换成数字
        if val_a == number:
            labelqval("恭喜答对了!")
            num += 1
            running = False
            numGuess()                          # 显示猜的次数
        elif val_a < number:                    # 猜小了
            if val_a > nminn:
                nminn = val_a                   # 修改提示猜测范围的最小数
```

```
                num += 1
                labelqval("小了哦,请输入" + str(nminn) + "到" + str(nmaxn) + "之间任意整
数: ")
        else:
            if val_a < nmaxn:
                nmaxn = val_a                    # 修改提示猜测范围的最大数
                num += 1
                labelqval("大了哦,请输入" + str(nminn) + "到" + str(nmaxn) + "之间任意整
数: ")
    else:
        labelqval('你已经答对啦…')
# 显示猜的次数
def numGuess():
    if num == 1:
        labelqval('哇!一次答对!')
    elif num < 10:
        labelqval('= =十次以内就答对了牛…尝试次数: ' + str(num))
    else:
        labelqval('好吧,您都试了超过10次了…尝试次数: ' + str(num))
def labelqval(vText):
    label_val_q.config(label_val_q,text = vText)# 修改提示标签文字
root = tk.Tk(className = "猜数字游戏")
root.geometry("400x90 + 200 + 200")
label_val_q = tk.Label(root,width = "80")       # 提示标签
label_val_q.pack(side = "top")
entry_a = tk.Entry(root,width = "40")           # 单行输入文本框
btnGuess = tk.Button(root,text = "猜")          # "猜"按钮
entry_a.pack(side = "left")
entry_a.bind('<Return>',eBtnGuess)              # 绑定事件
btnGuess.bind('<Button - 1>',eBtnGuess)         # "猜"按钮
btnGuess.pack(side = "left")
btnClose = tk.Button(root,text = "关闭")        # "关闭"按钮
btnClose.bind('<Button - 1>',eBtnClose)
btnClose.pack(side = "left")
labelqval("请输入0~1024任意整数: ")
entry_a.focus_set()
print(number)
root.mainloop()
```

7.6.2 扑克牌发牌程序窗体图形版

视频讲解

【例7-42】 游戏初步——扑克牌发牌程序窗体图形版。

4名牌手打牌,计算机随机将52张牌(不含大小鬼)发给4名牌手,在屏幕上显示每位牌手的牌。程序的运行效果如图7-40所示。

分析:思路和控制台程序一样。将要发的52张牌,按梅花0…12,方块13…25,红桃26…38,黑桃39…51顺序编号并存储在pocker列表(未洗牌之前)中。同时按此编号顺序存储扑克牌图片于imgs列表中。也就是说,imgs[0]存储梅花A的图片,imgs[1]存储梅花2的图片,imgs[14]则存储方块2的图片。

发牌后,根据每位牌手(p1,p2,p3,p4)各自牌的编号列表,从imgs获取对应牌的图片并使用create_image((x坐标,y坐标), image =图像文件)显示在指定位置。

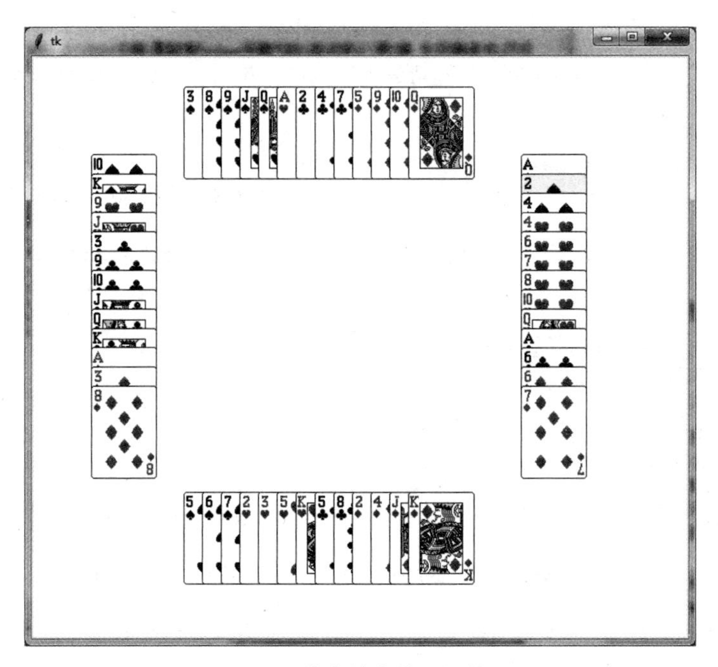

图 7-40　扑克牌发牌运行效果

```
from tkinter import *
import random
n = 52
def gen_pocker(n):
    x = 100
    while(x > 0):
        x = x - 1
        p1 = random.randint(0,n - 1)
        p2 = random.randint(0,n - 1)
        t = pocker[p1]
        pocker[p1] = pocker[p2]
        pocker[p2] = t
    return pocker
pocker = [i for i in range(n)]
pocker = gen_pocker(n)
print(pocker)
(player1,player2,player3,player4) = ([],[],[],[]) #4 位牌手各自牌的图片列表
(p1,p2,p3,p4) = ([],[],[],[])                     #4 位牌手各自牌的编号列表
root = Tk()
#创建一个 Canvas,设置其背景色为白色
cv = Canvas(root, bg = 'white', width = 700, height = 600)
imgs = []
for i in range(1,5):
    for j in range(1,14):
        imgs.insert((i - 1) * 13 + (j - 1),PhotoImage(file = 'D:\\python\\images\\' + str(i) +
'-' + str(j) + '.gif'))
```

```
for x in range(13):                    #13 轮发牌
    m = x * 4
    p1.append( pocker[m] )
    p2.append( pocker[m + 1] )
    p3.append( pocker[m + 2] )
    p4.append( pocker[m + 3] )
p1.sort()                              #牌手的牌排序,相当于理牌,同花色在一起
p2.sort()
p3.sort()
p4.sort()
for x in range(0,13):
    img = imgs[p1[x]]
    player1.append(cv.create_image((200 + 20 * x,80),image = img))
    img = imgs[p2[x]]
    player2.append(cv.create_image((100,150 + 20 * x),image = img))
    img = imgs[p3[x]]
    player3.append(cv.create_image((200 + 20 * x,500),image = img))
    img = imgs[p4[x]]
    player4.append(cv.create_image((560,150 + 20 * x),image = img))
print("player1:",player1)
print("player2:",player2)
print("player3:",player3)
print("player4:",player4)
cv.pack()
root.mainloop()
```

7.7 习　　题

1. 设计登录程序,如图 7-4 所示。正确用户名和密码存储在 uesr.txt 文件中,当用户单击"登录"按钮后判断用户输入是否正确,并用消息对话框显示提示信息。正确时消息对话框显示"欢迎进入",错误时消息对话框显示"用户名和密码错误"。

2. 设计一个简单的某应用程序的用户注册窗口,填写注册姓名、性别、爱好信息,单击"提交"按钮,将出现消息对话框显示填写的信息,如图 7-41 所示,根据图 7-41 建立应用程序界面。

图 7-41　用户注册信息的消息对话框显示

3. 设计一个程序，用两个文本框输入数值数据，用列表框存放＋、－、×、÷、幂次方、余数。用户先输入两个操作数，再从列表框中选择一种运算，即可在标签中显示出计算结果。

4. 编写选课程序。左侧列表框显示学生可以选择的课程名，右侧列表框显示学生已经选择的课程名，通过 4 个按钮在两个列表框中移动数据项。通过“>”“<”按钮移动一门课程，通过“>>”“<<”按钮移动全部课程。程序运行界面如图 7-42 所示。

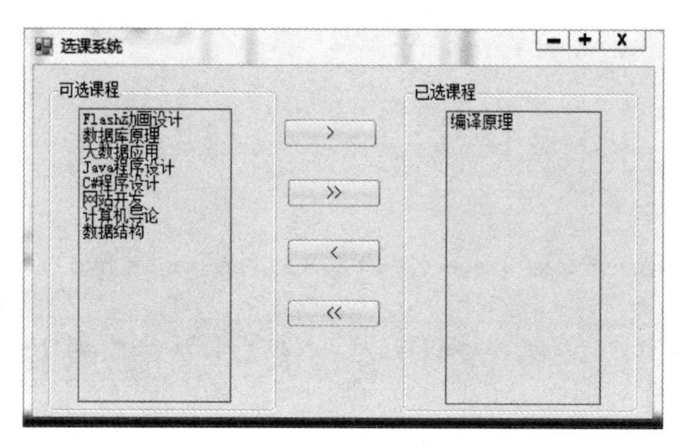

图 7-42　选课程序界面

5. 设计井字棋游戏程序。游戏是一个有 3×3 方格的棋盘。双方各执一种颜色棋子，在规定的方格内轮流布棋。如果一方横竖斜方向连接成 3 子则胜利。

6. 设计一个单选题考试程序。

7. 设计一个电子标题板。要求：

(1) 实现字幕从右向左循环滚动。

(2) 单击“开始”按钮，字幕开始滚动；单击“暂停”按钮，字幕停止滚动。

提示：使用 after()方法每隔 1s 刷新 GUI 图形界面。

8. 设计一个倒计时程序，应用程序界面自己设计。

第8章 Python 数据库应用

使用简单的纯文本文件只能实现有限的功能，如果要处理的数据量巨大并且容易让程序员理解，可以选择相对标准化的数据库(datebase)。Python 支持多种数据库，如 Sybase、SAP、Oracle、SQL Server、SQLite 等。本章主要介绍数据库概念以及结构化查询语言 SQL，讲解 Python 自带轻量级的关系型数据库 SQLite 的使用方法。

8.1 数据库基础

8.1.1 数据库概念

视频讲解

数据库是数据的集合，数据库能将大量数据按照一定的方式组织并存储起来，方便进行管理和维护。数据库的特征主要包括：

(1) 以一定的方式组织、存储数据。

(2) 能为多个用户共享。

(3) 具有尽可能少的冗余代码。

(4) 有与程序彼此独立的数据集合。

相对文件系统而言，数据库管理系统为用户提供安全、高效、快速检索和修改的数据集合。由于数据库管理系统与应用程序文件分开独立存在，因此可为多个应用程序所使用，从而达到数据共享的目的。

数据库管理系统(database management system)是一种操纵和管理数据库的大型软件，用于建立、使用和维护数据库，简称 DBMS。它对数据库进行统一的管理和控制，以保证数据库的安全性和完整性。它所提供的功能有以下几项。

(1) 数据定义功能。DBMS 提供相应数据定义语言(DDL)来定义数据库结构，它们刻画数据库框架，并被保存在数据字典中。

(2) 数据存取功能。DBMS 提供数据操纵语言(DML)，实现对数据库数据的基本存取操作：检索、插入、修改和删除。

(3) 数据库运行管理功能。DBMS 提供数据控制功能，即数据的安全性、完整性和并发控制等，对数据库运行进行有效控制和管理，以确保数据正确有效。

(4) 数据库的建立和维护功能。包括数据库初始数据的装入，数据库的转储、恢复、重组织，系统性能监视、分析等。

(5) 数据库的传输。DBMS 提供处理数据的传输，实现用户程序与 DBMS 之间的通信，通常与操作系统协调完成。

常用的数据库管理系统有 MS SQL、Sybase、DB2、Oracle、MySQL 等。

8.1.2 关系型数据库

数据库可分为层次型数据库、对象型数据库和关系型数据库。关系型数据库是目前的主流数据库类型。关系型数据库不仅描述数据本身，而且对数据之间的关系进行描述。表示关系型数据库中存放关系数据的集合。一个数据库里面通常都包含多个表，例如一个学生信息数据库中可以包含学生的表、班级的表、学校的表等。通过在表之间建立关系，可以将不同表中的数据联系起来，以便用户使用。

关系型数据库中的常用术语如下。

- 关系：可以理解为一张二维表，每一个关系都有一个关系名，也就是表名。
- 属性：可以理解为二维表中的一列，在数据库中称为字段。
- 元组：可以理解为二维表中的一行，在数据库中称为记录。
- 域：属性的取值范围，也就是数据库中某一列的取值范围。
- 关键字：一组可以唯一标识元组的属性，数据库中称为主键，可以由一个或者多个列组成。

当前流行的数据库都是基于关系模型的关系数据库管理系统。关系模型认为世界由实体(enity)和联系(relationship)构成。实体是相互可以区别、具有一定属性的对象。联系是指实体之间的关系，一般分为以下三种类型。

(1) 一对一(1∶1)：实体集 A 中每个实体至多只与实体集 B 中一个实体联系。反之亦然。例如，班级和班长的关系，如图 8-1(a)所示。

(2) 一对多(1∶n)：实体集 A 中每个实体与实体集 B 中有多个实体相联系，而实体集 B 中每个实体至多只与实体集 A 中一个实体相联系。例如，学生和班级的关系，如图 8-1(b)所示。

(3) 多对多(m∶n)：实体集 A 中每个实体与实体集 B 中多个实体相联系，反之，实体集 B 中每个实体与实体集 A 中多个实体相联系。例如，学生和课程之间的关系，如图 8-1(c)所示。

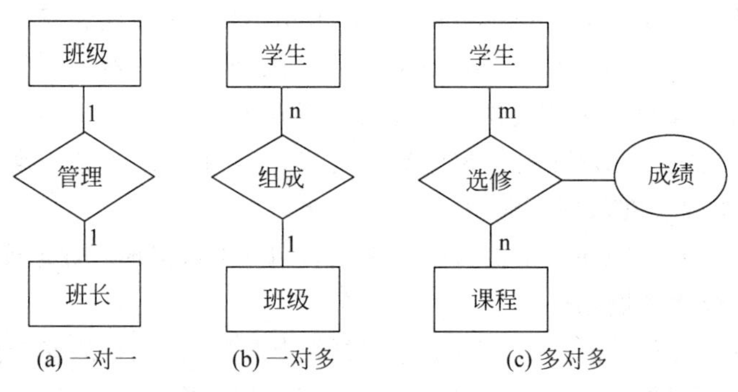

图 8-1 学生和课程的关系

8.1.3 数据库和 Python 接口程序

在 Python 中添加数据库支持可以使 Python 的应用如虎添翼。Python 可以通过数据库接口直接访问数据库。过去，人们编写了各种不同的数据库接口程序来访问各种各样的数据库，但它们的功能接口各不兼容，因此使用这些接口的程序必须自定义它们选择的接口模块，当这个接口模块变化时，应用程序的代码也必须要随之更新。而 DB-API 为不同的数据库提供了一致的访问接口，使在不同的数据库之间移植代码成为一件轻松的事情。

DB-API 是一个规范。它定义了一系列必需的对象和数据库存取方式，以便为各种各样的底层数据库系统和多种多样的数据库接口程序提供一致的访问接口。从 Python 中访问数据库需要接口程序，接口程序是一个 Python 模块，它提供数据库客户端(通常用 C 语言编写)的接口以供访问，所有的 Python 接口程序都一定程度上遵守 Python DB-API 规范。

8.2 结构化查询语言 SQL

视频讲解

数据库命令和查询操作需要通过 SQL 来执行，SQL(Structured Query Language，结构化查询语言)是通用的关系型数据库操作语言，可以查询、定义、操纵和控制数据库。它是一种非过程化语言。下面是常用的 SQL 命令的例子。

8.2.1 数据表的建立和删除

CREATE TABLE 语句用于创建数据库中的表。它的语法格式为：

```
CREATE TABLE 表名称
(
列名称 1 数据类型,
列名称 2 数据类型,
列名称 3 数据类型,
...
)
```

【例 8-1】 创建 students 表，该表包含 stuNumber、stuName、age、sex、score、address、city 字段。

```
CREATE TABLE students
(
stuNumber varchar(12),
stuName varchar(255),
age integer(2),
sex varchar(2),
score integer(4),
address varchar(255),
city varchar(255)
)
```

DROP TABLE 语句用于删除表(表的结构、属性以及索引也会被删除)，它的语法格式为：

```
DROP TABLE 表名称
```

【例 8-2】 删除 students 表。

```
DROP TABLE students
```

8.2.2 查询语句 SELECT

SELECT 语句用于从表中选取数据。结果被存储在一个结果表中(称为结果集)。查询语句语法如下所示:

SELECT 字段表 FROM 表名 WHERE 查询条件 GROUP BY 分组字段 ORDER BY 字段[ASC|DESC]

查询语句 SELECT 包括字段表、FROM 子句和 WHERE 子句。它们分别说明所查询列、查询的表或视图,以及搜索条件等。

1. 字段表

字段表指出所查询列,它可以是一组列名、星号、表达式、变量等。

【例 8-3】 查询 students 表中所有列的数据。

```
SELECT * FROM students
```

【例 8-4】 查询表 students 中所有记录的 stuName、stuNumber 字段内容。

```
SELECT stuName, stuNumber FROM students
```

2. WHERE 子句

WHERE 子句设置查询条件,过滤掉不需要的数据行。WHERE 子句可包括各种条件运算符。

(1) 比较运算符(大小比较):>;、>=、=、<;、<=、<>;、!>;、!<。

【例 8-5】 查找 students 表中姓名为“李四”的学生学号。

```
SELECT stuNumber FROM students WHERE stuName = '李四'
```

(2) 范围运算符(表达式值是否在指定的范围内):BETWEEN…AND…、NOT BETWEEN…AND…。

【例 8-6】 查找 students 表中年龄在 18~20 岁的学生姓名。

```
SELECT stuName FROM students WHERE age BETWEEN 18 AND 20
```

(3) 列表运算符(判断表达式是否为列表中的指定项):IN (项 1,项 2…)、NOT IN (项 1,项 2…)。

【例 8-7】 查找 students 表中籍贯在“河南”或“北京”的学生姓名。

```
SELECT stuName FROM students WHERE city IN ('Henan','BeiJing')
```

(4) 逻辑运算符(用于多条件的逻辑连接)：NOT、AND、OR。

【例 8-8】 查找 students 表中年龄大于 18 岁的女生姓名。

```
SELECT stuName FROM students WHERE age > 18 AND sex = '女'
```

(5) 模式匹配符(判断值是否与指定的字符通配格式相符)：LIKE、NOT LIKE，常用于模糊查找，判断列值是否与指定的字符串格式相匹配。

【例 8-9】 查找 students 表中姓周的所有学生信息。

```
SELECT * FROM students WHERE stuName like "周 % % "
```

说明：%可匹配任意类型和长度的字符，如果是中文，使用两个百分号，即%%。

【例 8-10】 查找 students 表中成绩为 80～90 分的所有学生信息。

```
SELECT * FROM students WHERE score like [80 - 90]
```

说明：[]指定一个字符、字符串或范围，要求所匹配对象为它们中的任一个。[^]则要求所匹配对象为指定字符以外的任一个字符。

3. 数据分组 GROUP BY

GROUP BY 子句用于结合聚合函数，根据一个或多个列对结果集进行分组。

【例 8-11】 统计 students 表所有女生的平均成绩。

```
SELECT sex,avg(score) as 平均成绩 FROM students Group By sex Where sex = '女'
```

说明：常用的聚合函数如表 8-1 所示。

表 8-1 常用的聚合函数

函　数	作　用	函　数	作　用
Sum(列名)	求和	Avg(列名)	求平均值
Max(列名)	求最大值	Count(列名)	统计记录数
Min(列名)	求最小值		

4. 查询结果排序

使用 ORDER BY 子句对查询返回的结果按一列或多列排序。

【例 8-12】 查找 students 表的姓名、学号字段，查询结果按照成绩的降序排列。

```
SELECT stuName, stuNumber FROM students ORDER BY score DESC
```

说明：ASC 表示升序，为默认值；DESC 为降序。

8.2.3 添加记录语句 INSERT INTO

INSERT INTO 语句用于向表格中插入新的行。它的语法格式为：

INSERT INTO 数据表（字段1，字段2，字段3 …）VALUES（值1，值2，值3 …）

【例8-13】 在students表中添加一条记录。

```
INSERT INTO students (stuNumber,stuName,age,sex,score,address,city) VALUES('2010005','李帆',19,
'男',92,'Changjiang 12','Zhengzhou')
```

说明：也可以写成INSERT INTO students VALUES('2010005','李帆',19,'男',92,'Changjiang 12','Zhengzhou')。

不指定具体字段名表示将按照数据表中字段的顺序，依次添加。

8.2.4 更新语句UPDATE

UPDATE语句用于修改表中的数据。语法格式为：

UPDATE 表名 SET 列名 = 新值 WHERE 列名 = 某值

1）更新某一行中的某一列

【例8-14】 将students表中性别为"女"的学生的年龄增加一岁。

```
UPDATE students SET age = age + 1 WHERE sex = '女'
```

2）更新某一行中的若干列

【例8-15】 将students表中"李四"的地址address改为"Zhongyuanlu 41"，并增加城市city为Zhengzhou。

```
UPDATE students SET address = 'Zhongyuanlu41', city = 'Zhengzhou' WHERE stuName = '李四'
```

说明：没有条件则更新整个数据表中的指定字段值。

8.2.5 删除记录语句DELETE

DELETE语句用于删除表中的行。它的语法格式为：

DELETE FROM 表名称 WHERE 列名 = 值

【例8-16】 在students表删除"张三"对应的记录。

```
DELETE FROM students WHERE stuName = '张三'
```

说明：DELETE FROM students表示删除表中所有记录。

8.3 SQLite数据库简介

8.3.1 SQLite数据库

Python自带一个轻量级的关系型数据库SQLite。SQLite是一种嵌入式关系型数据库，它的数据库就是一个文件。由于SQLite本身是用C语言写的，而且占用空间很小，所以经常被集成到各种应用程序中，甚至在 iOS 和 Android 的 App 中都可以集成。

视频讲解

SQLite 不需要一个单独的服务器进程或操作系统（无服务器的），也不需要配置，这意味着不需要安装或管理。一个完整的 SQLite 数据库是存储在一个单一的跨平台的磁盘文件。SQLite 是非常小的、轻量级的、自给自足的。SQLite 支持 SQL92（SQL2）标准的大多数查询语言的功能。SQLite 是用 ANSI-C 编写的，并提供了简单和易于使用的 API。并且，SQLite 可在 UNIX（Linux、Mac OS-X、Android、iOS）和 Windows（Win32、WinCE、WinRT）中运行。

8.3.2 SQLite3 的数据类型

大部分 SQL 数据库引擎使用静态数据类型，数据的类型取决于它的存储单元（即所在的列）的类型。而 SQLite3 采用了动态的数据类型，会根据存入值自动判断。SQLite3 的动态数据类型能够向后兼容其他数据库普遍使用的静态类型，这就意味着，在那些使用静态数据类型的数据库上使用的数据表，在 SQLite3 上也能被使用。

每个存放在 SQLite3 数据库中的值，都是表 8-2 中的一种存储类型。

表 8-2　存储类型

存储类型	说　明
NULL	空值
INTEGER	带符号整数，根据存入的数值的大小占据 1、2、3、4、6 或者 8 字节
REAL	浮点数，采用 8B（即双精度）的 IEEE 格式表示
TEXT	字符串文本，采用数据库的编码（UTF-8、UTF-16BE 或者 UTF-16LE）
BLOB	无类型，可用于保存二进制文件

但实际上，SQLite3 也接收表 8-3 中的数据类型。

表 8-3　数据类型

数据类型	说　明
smallint	16 位整数
integer	32 位整数
decimal(p,s)	p 是精确值，s 是小数位数
float	32 位实数
double	64 位实数
char(n)	n 长度字符串，不能超过 254
varchar(n)	长度不固定，最大字符串长度为 n，n 不超过 4000
graphic(n)	和 char(n)一样，但是单位是两个字符 double-bytes，n 不超过 127（中文字）
vargraphic(n)	可变长度且最大长度为 n
date	包含了年份、月份、日期
time	包含了小时、分钟、秒
timestamp	包含了年、月、日、时、分、秒、千分之一秒

这些数据类型在运算或保存时会转成对应的五种存储类型之一。一般情况下，存储类型与数据类型没什么差别，这两个术语可以互换使用。

SQLite 使用弱数据类型，除了被声明为主键的 INTEGER 类型的列外，允许保存任何类型的数据到所想要保存的任何表的任何列中，与列的类型声明无关。事实上，完全可以不声明列的类型。对于 SQLite 来说，对字段不指定类型是完全有效的。

8.3.3 SQLite3 的函数

1. SQLite 时间/日期函数

(1) datetime()：产生日期和时间。

格式：datetime(日期/时间，修正符，修正符…)

例：select datetime("2012-05-16 00：20：00","3 hour","-12 minute")

结果：2012-05-16 03：08：00

说明：3 hour 和-12 minute 表示可以在基本时间上(datetime 函数的第一个参数)增加或减少一定时间。

例：select datetime('now')

结果：2012-05-16 03：23：21

(2) date()：产生日期。

格式：date (日期/时间，修正符，修正符…)

例：select date("2012-05-16","1 day","1 year")

结果：2013-05-17

(3) time()：产生时间。

(4) strftime()：对以上三个函数产生的日期和时间进行格式化。

格式：strftime(格式，日期/时间，修正符，修正符，…)

说明：strftime()函数可以把 YYYY-MM-DD HH:MM:SS 格式的日期字符串转换成其他形式的字符串。

2. SQlite 算术函数

(1) abs(X)：返回绝对值。

(2) max(X,Y[,…])：返回最大值。

(3) min(X,Y,[,…])：返回最小值。

(4) random(*)：返回随机数。

(5) round(X[,Y])：四舍五入。

3. SQLite 字符串处理函数

(1) length(x)：返回字符串字符个数。

(2) lower(x)：大写转小写。

(3) upper(x)：小写转大写。

(4) substr(x,y,Z)：截取子串。

(5) like(A,B)：确定给定的字符串与指定的模式是否匹配。

4. 其他函数

(1) typeof(x):返回数据的类型。

(2) last_insert_rowid():返回最后插入数据的 ID。

8.3.4 SQLite3 的模块

Python 标准模块 Sqlite3 使用 C 语言实现,提供访问和操作数据库 SQLite 的各种功能。Sqlite3 模块主要包括下列常量、函数和对象。

(1) Sqlite3.Version:常量,版本号。

(2) Sqlite3.Connect(database):函数,链接到数据库,返回 Connect 对象。

(3) Sqlite3.Connect:数据库连接对象。

(4) Sqlite3.Cursor:游标对象。

(5)Sqlite3.Row:行对象。

8.4 Python 的 SQLite3 数据库编程

Python 2.5 版本以上就内置了 SQLite3,所以,在 Python 中使用 SQLite,不需要安装任何东西,直接使用。SQLite3 数据库使用 SQL。SQLite 作为后端数据库,可以制作有数据存储需求的工具。Python 标准库中的 SQLite3 提供该数据库的接口。

8.4.1 访问数据库的步骤

从 Python 2.5 开始,SQLite3 就成了 Python 的标准模块,这也是 Python 中唯一一个数据库接口类模块,这大大方便了用 Python SQLite 数据库开发小型数据库应用系统。

Python 的数据库模块有统一的接口标准,所以数据库操作都有统一的模式。操作数据库 SQLite3 主要分为以下几步。

1) 导入 Python SQLite 数据库模块

Python 标准库中带有 SQLite3 模块,可直接导入。

```
import sqlite3
```

2) 建立数据库连接,返回 Connection 对象

使用数据库模块的 connect()函数建立数据库连接,返回连接对象 con。

```
con = sqlite3.connect(connectstring)    #连接到数据库,返回 sqlite3.connection 对象
```

说明:connectstring 是连接字符串。对于不同的数据库连接对象,其连接字符串的格式各不相同,sqlite 的连接字符串为数据库的文件名,如 E:\\test.db。如果指定连接字符串为 memory,则可创建一个内存数据库。例如:

```
import sqlite3
con = sqlite3.connect("E:\\test.db")
```

如果 E:\\test.db 存在，则打开数据库；否则在该路径下创建数据库 test.db 并打开。

3）创建游标对象

使用游标对象能够灵活地对从表中检索出的数据进行操作，就本质而言，游标实际上是一种能从包括多条数据记录的结果集中每次提取一条记录的机制。

调用 con.cursor()创建游标对象 cur：

```
cur = con.cursor()        #创建游标对象
```

4）使用 cursor 对象的 execute 执行 SQL 命令返回结果集

调用 cur.execute、cur.executemany、cur.executescript 方法查询数据库。

- cur.execute(sql)：执行 SQL 语句。
- cur.execute(sql,parameters)：执行带参数的 SQL 语句。
- cur.executemany(sql,seq_of_pqrameters)：根据参数执行多次 SQL 语句。
- cur.executescript(sql_script)：执行 SQL 脚本。

例如，创建一个表 category。

```
cur.execute('''CREATE TABLE category(id primary key,sort,name)''')
```

上述语句将创建一个包含 3 个字段 id、sort 和 name 的表 category。下面向表中插入记录：

```
cur. execute("INSERT INTO category VALUES (1, 1, 'computer')")
```

SQL 语句字符串中可以使用占位符"?"表示参数，传递的参数使用元组。例如：

```
cur.execute("INSERT INTO category VALUES (?, ?,?) ",(2, 3, 'literature'))
```

5）获取游标的查询结果集

调用 cur.fetchone、cur.fetchall、cur.fetchmany 返回查询结果。

- cur.fetchone()：返回结果集的下一行(Row 对象)；无数据时，返回 None。
- cur.fetchall()：返回结果集的剩余行(Row 对象列表)，无数据时，返回空 List。
- cur.fetchmany()：返回结果集的多行(Row 对象列表)，无数据时，返回空 List。

例如：

```
cur.execute("select *  from catagory")
print (cur.fetchall())           #提取查询到的数据
```

返回结果如下：

```
[(1, 1, 'computer'), (2, 2, 'literature')]
```

如果使用 cur.fetchone()，则首先返回列表中的第一项，再次使用，返回第二项，依次进行。也可以直接使用循环输出结果。例如：

```
for row in cur.execute("select * from catagory"):
  print(row[0],row[1])
```

6）数据库的提交和回滚

根据数据库事务隔离级别的不同，可以提交或回滚。

- con.commit()：事务提交。
- con.rollback()：事务回滚。

7）关闭 Cursor 对象和 Connection 对象

最后，需要关闭打开的 Cursor 对象和 Connection 对象。

- cur.close()：关闭 Cursor 对象。
- con.close()：关闭 Connection 对象。

8.4.2 创建数据库和表

【例 8-17】 创建数据库 sales，并在其中创建表 book，表中包含 id、price 和 name 3 列，其中 id 为主键(primary key)。

```
#导入 Python SQLite 数据库模块
import sqlite3
#创建 SQLite 数据库
con = sqlite3.connect("E:\\sales.db")
#创建表 book: 包含三个列,id(主键)、price 和 name
con.execute("create table book(id primary key,price,name)")
```

说明：Connection 对象的 execute()方法是 Cursor 对象对应方法的快捷方式，系统会创建一个临时 Cursor 对象，然后调用对应的方法，并返回 Cursor 对象。

8.4.3 数据库的插入、更新和删除操作

在数据库表中插入、更新、删除记录的一般步骤为：

(1) 建立数据库连接。

(2) 创建游标对象 Cur，使用 Cur.execute(sql)执行 SQL 的 insert、Update、delete 等语句完成数据库记录的插入、更新、删除操作，并根据返回值判断操作结果。

(3) 提交操作。

(4) 关闭数据库。

【例 8-18】 数据库表记录的插入、更新和删除操作。

```
import sqlite3
books = [("021",25,"大学计算机"),("022",30, "大学英语"),("023",18, "艺术欣赏 "),( "024",
35, "高级语言程序设计")]
#打开数据库
Con = sqlite3.connect("E:\\sales.db")
#创建游标对象
Cur = Con.cursor()
#插入一行数据
Cur.execute("insert into book(id,price,name) values ('001',33,'多媒体技术')")
Cur.execute("insert into book(id,price,name) values (?,?,?) " ,("002",28,"数据库基础"))
#插入多行数据
Cur.executemany("insert into book(id,price,name) values (?,?,?) ",books)
#修改一行数据
Cur.execute("Update book set price = ? where name = ? ",(25,"大学英语"))
#删除一行数据
n = Cur.execute("delete from book where price = ?",(25,))
print("删除了",n.rowcount,"行记录")
Con.commit()                          #提交,否则没有实现插入、更新操作
Cur.close()
Con.close()
```

运行结果如下：

```
删除了 2 行记录
```

8.4.4 数据库表的查询操作

查询数据库的步骤如下：

(1) 建立数据库连接。

(2) 创建游标对象 Cur,使用 Cur.execute(sql)执行 SQL 的 select 语句。

(3) 循环输出结果。

```
import sqlite3
#打开数据库
Con = sqlite3.connect("E:\\sales.db")
#创建游标对象
Cur = Con.cursor()
#查询数据库表
Cur.execute("select id,price,name from book")
for row in Cur:
    print(row)
```

运行结果如下：

```
('001', 33, '多媒体技术')
('002', 28, '数据库基础')
```

```
('023', 18, '艺术欣赏 ')
('024', 35, '高级语言程序设计')
```

8.4.5 数据库使用实例

【例 8-19】 设计一个学生通讯录,可以添加、删除、修改里面的信息。

```
import sqlite3
#打开数据库
def opendb():
        conn = sqlite3.connect("e:\\mydb.db")
        cur = conn.execute("""create table if not exists tongxinlu(usernum integer primary
key,username varchar(128), passworld varchar(128),address varchar(125), telnum varchar
(128))""")
        return cur, conn
#查询全部信息
def showalldb():
        print("--------------------处理后的数据--------------------")
        hel = opendb()
        cur = hel[1].cursor()
        cur.execute("select * from tongxinlu")
        res = cur.fetchall()
        for line in res:
                for h in line:
                    print(h,end=",")  #以逗号结尾
                print()               #换行
        cur.close()
#输入信息
def into():
        usernum=input("请输入学号:")
        username1 = input("请输入姓名:")
        passworld1 = input("请输入密码:")
        address1 = input("请输入地址:")
        telnum1 = input("请输入联系电话:")
        return usernum,username1, passworld1, address1, telnum1
#往数据库中添加内容
def adddb():
        welcome = """----------------欢迎使用添加数据功能------------------"""
        print(welcome)
        person = into()
        hel = opendb()
         hel[1].execute("insert into tongxinlu(usernum, username, passworld, address,
telnum)values (?,?,?,?,?)",(person[0], person[1], person[2], person[3],person[4]))
        hel[1].commit()
        print ("------------------恭喜你,数据添加成功-----------------")
        showalldb()
        hel[1].close()
#删除数据库中的内容
def deldb():
```

```
        welcome = "------------------欢迎使用删除数据库功能------------------"
        print(welcome)
        delchoice = input("请输入想要删除学号: ")
        hel = opendb() #返回游标 conn
        hel[1].execute("delete from tongxinlu where usernum = " + delchoice)
        hel[1].commit()
        print ("------------------恭喜你,数据删除成功-----------------")
        showalldb()
        hel[1].close()
#修改数据库的内容
def alter():
        welcome = "-------------------欢迎使用修改数据库功能----------------"
        print(welcome)
        changechoice = input("请输入想要修改的学生的学号:")
        hel = opendb()
        person = into()
        hel[1].execute("update tongxinlu set usernum = ?,username = ?, passworld = ?,address = ?,
telnum = ? where usernum = " + changechoice, (person[0], person[1], person[2], person[3],
person[4]))
        hel[1].commit()
        showalldb()
        hel[1].close()
#查询数据
def searchdb():
        welcome = "-------------------欢迎使用查询数据库功能----------------"
        print(welcome)
        choice = input("请输入要查询的学生的学号: ")
        hel = opendb()
        cur = hel[1].cursor()
        cur.execute("select * from tongxinlu where usernum = " + choice)
        hel[1].commit()
        print("------------------恭喜你,你要查找的数据如下------------------")
        for row in cur:
            print(row[0],row[1],row[2],row[3],row[4])
        cur.close()
        hel[1].close()
#是否继续
def conti():
        choice = input("是否继续?(y or n):")
        if choice == 'y':
                a = 1
        else:
                a = 0
        return a
if __name__ == "__main__":
        flag = 1
        while flag:
                welcome = "---------欢迎使用数据库通讯录---------"
                print(welcome)
```

```
    choiceshow = """
        请选择您的进一步选择:
        (添加)往数据库里面添加内容
        (删除)删除数据库中内容
        (修改)修改书库的内容
        (查询)查询数据的内容
        选择您想要进行的操作:
        """
    choice = input(choiceshow)
    if choice == "添加":
            adddb()
            flag = conti()
    elif choice == "删除":
            deldb()
            flag = conti()
    elif choice == "修改":
            alter()
            flag = conti()
    elif choice == "查询":
            searchdb()
            flag = conti()
    else:
            print("你输入错误,请重新输入")
```

程序运行界面及添加记录界面如图 8-2 所示。

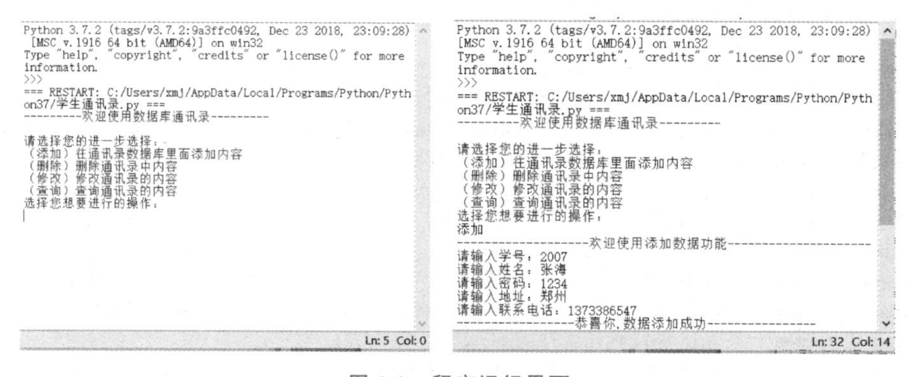

图 8-2　程序运行界面

8.5　Python 数据库应用案例——智力问答游戏

智力问答游戏,内容涉及历史、经济、风情、民俗、地理、人文等古今中外多个方面的知识,在轻松娱乐、益智的同时,自然而然增长知识。答题过程中做对、做错都可以实时跟踪。

视频讲解

程序使用一个 SQLite 试题库 test2.db,其中每个智力问答由题目、4 个选项和正确答案(question, Answer_A, Answer_B, Answer_C, Answer_D, right_

Answer)组成。测试时,程序从试题库中顺序读出题目供用户答题。游戏中程序根据用户答题情况给出成绩。程序运行界面如图 8-3 所示。

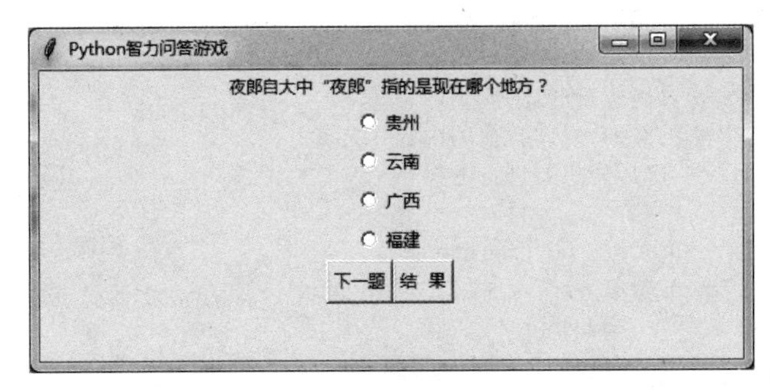

图 8-3　智力问答游戏程序运行界面

程序代码如下:

```
import sqlite3                                    # 导入 SQLite 驱动
# 连接到 SQLite 数据库,数据库文件是 test2.db
# 如果文件不存在,会自动在当前目录创建:
conn = sqlite3.connect('test2.db')
cursor = conn.cursor() # 创建一个 Cursor:
#cursor.execute("delete from exam")
# 执行一条 SQL 语句,创建 exam 表,字段名的方括号可以不写
cursor.execute('CREATE TABLE [exam] ([question] VARCHAR(80) NULL,[Answer_A] VARCHAR(1)
NULL,[Answer_B] VARCHAR(1) NULL,[Answer_C] VARCHAR(1) NULL,[Answer_D] VARCHAR(1) NULL,
[right_Answer] VARCHAR(1) NULL)')
# 继续执行一条 SQL 语句,插入一条记录:
cursor.execute("insert into exam (question, Answer_A,Answer_B,Answer_C,Answer_D,right_
Answer) values ('哈雷彗星的平均周期为', '54 年', '56 年', '73 年', '83 年', 'C')")
cursor.execute("insert into exam (question, Answer_A,Answer_B,Answer_C,Answer_D,right_
Answer) values ('夜郎自大中"夜郎"指的是现在哪个地方?', '贵州', '云南', '广西', '福建', 'A')")
cursor.execute("insert into exam (question, Answer_A,Answer_B,Answer_C,Answer_D,right_
Answer) values ('在中国历史上是谁发明了麻药', '孙思邈', '华佗', '张仲景', '扁鹊', 'B')")
cursor.execute("insert into exam (question, Answer_A,Answer_B,Answer_C,Answer_D,right_
Answer) values ('京剧中花旦是指', '年轻男子', '年轻女子', '年长男子', '年长女子', 'B')")
cursor.execute("insert into exam (question, Answer_A,Answer_B,Answer_C,Answer_D,right_
Answer) values ('篮球比赛每队几人?', '4', '5', '6', '7', 'B')")
cursor.execute("insert into exam (question, Answer_A,Answer_B,Answer_C,Answer_D,right_
Answer) values ('在天愿作比翼鸟,在地愿为连理枝讲述的是谁的爱情故事?', '焦仲卿和刘兰芝',
'梁山伯与祝英台', '崔莺莺和张生', '杨贵妃和唐明皇', 'D')")
print(cursor.rowcount)                            # 通过 rowcount 获得插入的行数
cursor.close()                                    # 关闭 Cursor
conn.commit()                                     # 提交事务
conn.close()                                      # 关闭 Connection
```

以上代码完成数据库 test2.db 的建立。下面是实现智力问答游戏程序功能:

```
conn = sqlite3.connect('test2.db')
cursor = conn.cursor()
```

```
#执行查询语句:
cursor.execute('select * from exam')
#获得查询结果集:
values = cursor.fetchall()
cursor.close()
conn.close()
```

以上代码完成数据库 test2.db 信息的读取试题信息,存储到 values 列表中。

callNext()实现判断用户选择的正误,正确则加 10 分,错误不加分。并判断用户是否做完,如果没做完则将下一题的题目信息显示到 timu 标签,而 4 个选项显示到 radio1～radio4 这 4 个单选按钮上。

```
import tkinter
from tkinter import *
from tkinter.messagebox import *
def callNext():
    global k
    global score
    useranswer = r.get()                            #获取用户的选择
    print (r.get())                                 #获取被选中单选按钮变量值
    if useranswer == values[k][5]:
        showinfo("恭喜","恭喜你对了!")
        score += 10
    else:
        showinfo("遗憾","遗憾你错了!")
    k = k + 1
    if k >= len(values):                            #判断用户是否做完
        showinfo("提示","题目做完了")
        return
    #显示下一题
    timu["text"] = values[k][0]                     #题目信息
    radio1["text"] = values[k][1]                   #A 选项
    radio2["text"] = values[k][2]                   #B 选项
    radio3["text"] = values[k][3]                   #C 选项
    radio4["text"] = values[k][4]                   #D 选项
    r.set('E')
def callResult():
    showinfo("你的得分",str(score))
```

以下是界面布局代码。

```
root = tkinter.Tk()
root.title('Python 智力问答游戏')
root.geometry("500x200")
r = tkinter.StringVar()                             #创建 StringVar 对象
r.set('E')                                          #设置初始值为'E',初始没选中
k = 0
```

```
score = 0
timu = tkinter.Label(root,text = values[k][0])                    #题目
timu.pack()
f1 = Frame(root)                                                   #创建第1个Frame组件
f1.pack()
radio1 = tkinter.Radiobutton(f1,variable = r,value = 'A',text = values[k][1])
radio1.pack()
radio2 = tkinter.Radiobutton(f1,variable = r,value = 'B',text = values[k][2])
radio2.pack()
radio3 = tkinter.Radiobutton(f1,variable = r,value = 'C',text = values[k][3])
radio3.pack()
radio4 = tkinter.Radiobutton(f1,variable = r,value = 'D',text = values[k][4])
radio4.pack()
f2 = Frame(root)                                                   #创建第2个Frame组件
f2.pack()
Button(f2,text = '下一题',command = callNext).pack(side = LEFT)
Button(f2,text = '结果',command = callResult).pack(side = LEFT)
root.mainloop()
```

8.6 习 题

一、简答题

1. 什么是Python DB-API？它有什么作用？

2. SQLite支持哪几类数据类型？SQLite3包含哪些常量、函数和对象？

3. 使用SQLite3模块操作数据的典型步骤是什么？

4. 游标对象的fetch*系列方法有什么不同？

二、操作题

1. 创建一个数据库stuinfo，并在其中创建数据库表student，表中包含stuid（学号）、stuname（姓名）、birthday（出生日期）、sex（性别）、address（家庭地址）、rxrq（入学日期）6列，其中stuid设为主键，并添加5条记录。

2. 将第1题中所有记录的rxrq属性更新为2016-9-1。

3. 查询第2题中性别为“女”的所有学生的stuname和address字段值。

4. 创建商品数据库commodity，并在其中创建商品信息表info，包含num（商品编号）、cname（商品名称）、brand（品牌）、price（价格）、spokesman（代言人）5个字段，其中，num设为主键。并完成以下操作：

（1）向info表中添加5条记录，将最后一条记录的spokesman字段设置为你的姓名。

（2）查询info表中cname字段为“冰箱”并且price大于2000的所有记录，并输出相关记录信息。

（3）删除info表中price字段值大于5000的所有记录，并显示出删除的记录数量。

第9章 网络编程和多线程

Python 提供了用于网络编程和通信的各种模块，可以使用 Socket 模块进行基于套接字的底层网络编程。Socket 是计算机之间进行网络通信的一套程序接口，计算机之间通信都必须遵守 Socket 接口的相关要求。Socket 对象是网络通信的基础，相当于一个管道连接了发送端和接收端，并在两者之间相互传递数据。Python 语言对 Socket 进行了二次封装，简化了程序开发步骤，大大提高了开发的效率。本章主要介绍 Socket 程序的开发，讲述常见的两种通信协议 TCP 和 UDP 的发送和接收的实现，同时介绍多线程并发问题处理。

9.1 网络编程基础

9.1.1 TCP/IP

计算机为了联网，就必须规定通信协议，早期的计算机网络，都是由各厂商自己规定一套协议，IBM、Apple 和 Microsoft 公司都有各自的网络协议，互不兼容，这就好比一群人有的说英语，有的说中文，有的说德语，说同一种语言的人可以交流，不同的语言之间就不行了。

为了把全世界的所有不同类型的计算机都连接起来，就必须规定一套全球通用的协议，为了实现互联网这个目标，国际组织制定了 OSI 七层模型互联网协议标准，如图 9-1 所示。因为互联网协议包含了上百种协议标准，但是最重要的两个协议是 TCP 和 IP，所以，大家把互联网的协议简称 TCP/IP。

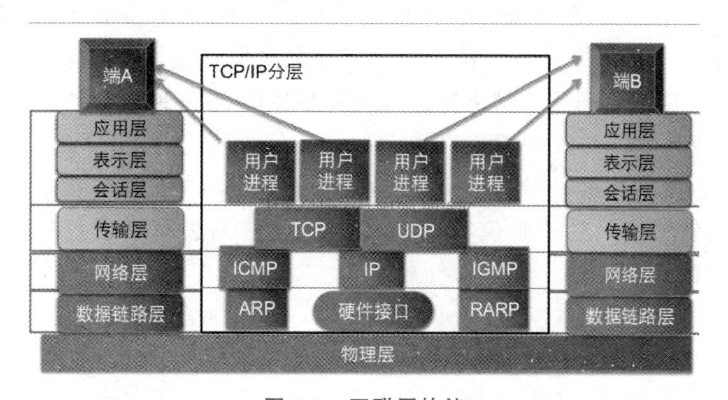

图 9-1 互联网协议

9.1.2 IP

通信的时候，双方必须知道对方的标识，好比发邮件必须知道对方的邮件地址。互联网上每个计算机的唯一标识就是IP地址，类似123.123.123.123。如果一台计算机同时接入两个或更多的网络，如路由器，它就会有两个或多个IP地址，所以，IP地址对应的实际上是计算机的网络接口，通常是网卡。

IP(网络之间互联的协议)负责把数据从一台计算机通过网络发送到另一台计算机。数据被分割成一小块一小块，然后通过IP包发送出去。由于互联网链路复杂，两台计算机之间经常有多条线路，因此，路由器就负责决定如何把一个IP包转发出去。IP包的特点是按块发送，途经多个路由，但不保证能到达，也不保证顺序到达。

IP地址实际上是一个32位整数(称为IPv4)、以字符串表示的地址，类似192.168.0.1，实际上是把32位整数按8位分组后的数字表示，目的是便于阅读。

IPv6地址实际上是一个128位整数，它是目前使用的IPv4的升级版，以字符串表示，类似于2001:0db8:85a3:0042:1000:8a2e:0370:7334。

9.1.3 TCP和UDP

TCP(传输控制协议)则是建立在IP之上的。TCP负责在两台计算机之间建立可靠连接，保证数据包按顺序到达。TCP会通过握手建立连接，然后，对每个IP包编号，确保对方按顺序收到，如果包丢掉了，就自动重发。

许多常用的更高级的协议都是建立在TCP基础上的，如用于浏览器的HTTP、发送邮件的SMTP等。

UDP(用户数据报协议)同样是建立在IP之上，但是UDP是面向无连接的通信协议，不保证数据包的顺利到达，不可靠传输，所以效率比TCP要高。

9.1.4 端口

一个IP包除了包含要传输的数据外，还包含源IP地址和目标IP地址，源端口和目标端口。

端口有什么作用？在两台计算机通信时，只发IP地址是不够的，因为同一台计算机上运行着多个网络程序(例如浏览器、QQ等网络程序)，一个IP包来了之后，到底是交给浏览器还是QQ，就需要端口号来区分。每个网络程序都向操作系统申请唯一的端口号，这样，两个进程在两台计算机之间建立网络连接时就需要各自的IP地址和各自的端口号。例如，浏览器常常使用80端口，FTP程序使用21端口，邮件收发使用25端口。

网络上两个计算机之间的数据通信，归根到底就是不同主机的进程交互，而每个主机的进程都对应着某个端口。也就是说，单独靠IP地址是无法完成通信的，必须要有IP和端口。

9.1.5 Socket

Socket是网络编程的一个抽象概念。Socket是套接字的英文名称，主要用于网络通信编程。20世纪80年代初，美国政府的高级研究工程机构(ARPA)给加利福尼亚大学伯克利分校提供了资金，让他们在 UNIX 操作系统下实现 TCP/IP。在这个项目中，研究人员为 TCP/IP 网络通信开发了一个 API（应用程序接口）。这个 API 称为 Socket（套接字）。Socket 是 TCP/IP 网络最为通用的 API。任何网络通信都是通过 Socket 来完成的。

通常用一个 Socket 表示"打开了一个网络链接"，而打开一个 Socket 需要知道目标计算机的 IP 地址和端口号，再指定协议类型即可。

套接字构造函数 socket(family，type[，protocal])，使用给定的套接字家族、套接字类型、协议编号来创建套接字。

参数说明如下：

➢ family：套接字家族，可以使用 AF_UNIX 或者 AF_INET、AF_INET6。
➢ type：套接字类型，可以根据是面向连接还是非连接分为 SOCK_STREAM 或 SOCK_DGRAM。
➢ protocol：一般不填，默认为 0。

参数取值含义见表 9-1 所示。

表 9-1　参数含义

参　　数	描　　述
socket. AF_UNIX	只能够用于单一的 UNIX 系统进程间通信
socket. AF_INET	服务器之间网络通信
socket. AF_INET6	IPv6
socket. SOCK_STREAM	流式 Socket，针对 TCP
socket. SOCK_DGRAM	数据报式 Socket，针对 UDP
socket. SOCK_RAW	原始套接字，普通的套接字无法处理 ICMP、IGMP 等网络报文，而 SOCK_RAW 可以；SOCK_RAW 也可以处理特殊的 IPv4 报文；此外，利用原始套接字，可以通过 IP_HDRINCL 套接字选项由用户构造 IP 头
socket. SOCK_SEQPACKET	可靠的连续数据包服务

例如，创建 TCP Socket：

```
s = socket.socket(socket.AF_INET,socket.SOCK_STREAM)
```

创建 UDP Socket：

```
s = socket.socket(socket.AF_INET,socket.SOCK_DGRAM)
```

Socket 同时支持数据流 Socket 和数据报 Socket。下面是利用 Socket 进行通信连接的过程框图。其中图 9-2 是面向连接支持数据流 TCP 的时序图，图 9-3 是无连接数据报 UDP 的时序图。

由图可以看出，客户机(Client)与服务器(Server)的关系是不对称的。

对于 TCP C/S，服务器首先启动，然后在某一时刻启动客户机与服务器建立连接。服务器与客户机开始都必须调用 Socket()建立一个套接字 Socket，然后服务器调用 Bind()将套接字与一个本机指定端口绑定在一起，再调用 Listen()使套接字处于一种被动的准备接

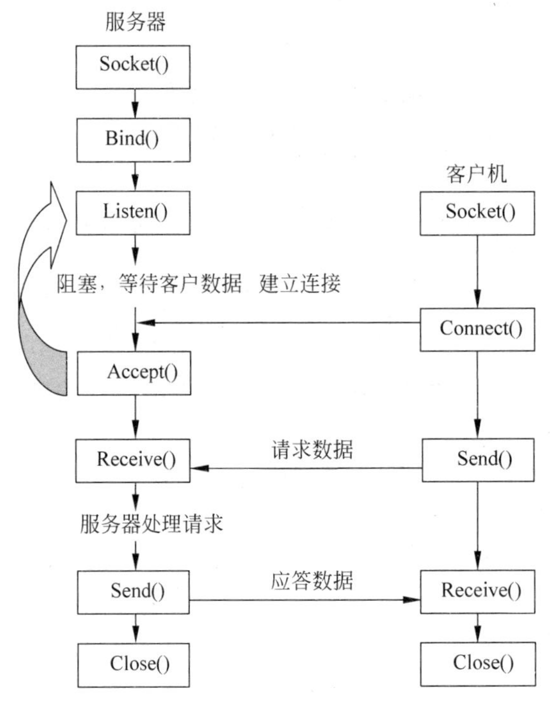

图 9-2　面向连接支持数据流 TCP 的时序图

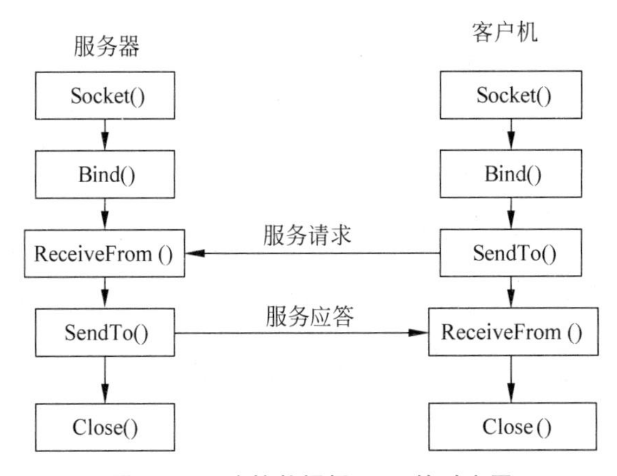

图 9-3　无连接数据报 UDP 的时序图

收状态，这时客户机建立套接字便可通过调用 Connect()和服务器建立连接。服务器就可以调用 Accept()来接收客户机连接。然后继续侦听指定端口，并发出阻塞，直到下一个请求出现，从而实现多个客户机连接。连接建立之后，客户机和服务器之间就可以通过连接发送和接收数据。最后，待数据传送结束，双方调用 Close()关闭套接字。

对于 UDP C/S，客户机并不与服务器建立一个连接，而仅仅调用函数 SendTo()给服务器发送数据报。相似地，服务器也不从客户端接收一个连接，只是调用函数 ReceiveFrom ()，等待从客户端来的数据。依照 ReceiveFrom ()得到的协议地址以及数据报，服务器就可以给客户发送一个应答。

Python 的 Socket 模块中 Socket 对象提供的函数方法如表 9-2 所示。

表 9-2 Socket 对象提供的函数方法

函　　数	描　　述
服务器端套接字	
s. bind(host,port)	绑定地址(host,port)到套接字,在 AF_INET 下以元组(host,port)的形式表示地址
s. listen(backlog)	开始 TCP 监听。backlog 指定在拒绝连接之前,可以达到的最大连接数量。该值至少为 1,大部分应用程序设为 5 就可以了
s. accept()	被动接受 TCP 客户端连接,(阻塞式)等待连接的到来
客户端套接字	
s. connect(address)	主动与 TCP 服务器连接。一般 address 的格式为元组(hostname,port),如果连接出错,则返回 socket. error 错误
s. connect_ex()	connect()函数的扩展版本,出错时返回出错码,而不是抛出异常
公共用途的套接字函数	
s. recv(bufsize,[,flag])	接收 TCP 数据,数据以字节串形式返回。bufsize 指定要接收的最大数据量。flag 提供有关消息的其他信息,通常可以忽略
s. send(data)	发送 TCP 数据,将 data 中的数据发送到连接的套接字。返回值是要发送的字节数量,该数量可能小于 data 的字节大小
s. sendall(data)	完整发送 TCP 数据,将 data 中的数据发送到连接的套接字,但在返回之前会尝试发送所有数据。若成功则返回 None,若失败则抛出异常
s. recvform(bufsize,[,flag])	接收 UDP 数据,与 recv()类似,但返回值是(data,address)。其中 data 是包含接收数据的字节串,address 是发送数据的套接字地址
s. sendto(data,address)	发送 UDP 数据,将数据发送到套接字,address 是形式为(ip,port)的元组,指定远程地址。返回值是发送的字节数
s. close()	关闭套接字
s. getpeername()	返回连接套接字的远程地址。返回值通常是元组(ipaddr,port)
s. getsockname()	返回套接字自己的地址。通常是一个元组(ipaddr,port)
s. setsockopt(level,optname,value)	设置给定套接字选项的值
s. getsockopt(level,optname)	返回套接字选项的值
s. settimeout(timeout)	设置套接字操作的超时时间。timeout 是一个浮点数,单位是秒。值为 None 表示没有超时时间。一般地,超时时间应该在刚创建套接字时设置,因为它们可能用于连接的操作[如 connect()]
s. gettimeout()	返回当前超时时间的值,单位是秒,如果没有设置超时期,则返回 None
s. fileno()	返回套接字的文件描述符
s. setblocking(flag)	如果 flag 为 0,则将套接字设为非阻塞模式,否则将套接字设为阻塞模式(默认值)。非阻塞模式下,如果调用 recv()没有发现任何数据,或 send()调用无法立即发送数据,那么将引起 socket. error 异常
s. makefile()	创建一个与该套接字相关联的文件

了解了 TCP/IP 的基本概念、IP 地址、端口的概念和 Socket 后,就可以开始进行网络编程了。下面采用不同协议类型来开发网络通信程序。

9.2 TCP 编程

视频讲解

日常生活中大多数连接都是可靠的 TCP 连接。创建 TCP 连接时,主动发起连接的叫客户端,被动响应连接的叫服务器端。

举个例子,当在浏览器中访问新浪网时,自己的计算机就是客户端,浏览器会主动向新浪网的服务器端发起连接。如果一切顺利,新浪的服务器接收了我们的连接,一个 TCP 连接就建立起来的,后面的通信就是发送网页内容了。访问新浪的 TCP 客户端程序(浏览器)仅仅需要不断接收服务器发来的网页数据。

服务器端和客户端编程相比,要复杂一些。服务器端进程首先要绑定一个端口并监听来自其他客户端的连接。如果某个客户端连接过来了,服务器就与该客户端建立 Socket 连接,随后的通信就靠这个 Socket 连接了。

所以,服务器端会打开固定端口(比如 80)监听,每来一个客户端连接,就创建该 Socket 连接。由于服务器端会有大量来自客户端的连接,所以,服务器端要能够区分一个 Socket 连接是和哪个客户端绑定的。一个 Socket 依赖 4 项——服务器端地址、服务器端端口、客户端地址、客户端端口来唯一确定一个 Socket。

但是服务器端还需要同时响应多个客户端的请求,所以,每个连接都需要一个新的进程或者新的线程来处理,否则,服务器端一次就只能服务一个客户端了。

【例 9-1】 编写一个简单的 TCP 服务器端程序,它接收客户端连接,把客户端发过来的字符串加上 Hello 再发回去。

完整的 TCP 服务器端程序如下:

```
import socket                                                    #导入 Socket 模块
import threading                                                 #导入 threading 线程模块
def tcplink(sock, addr):
    print('接收一个来自 %s:%s 连接请求' % addr)
    sock.send(b'Welcome!')                                       #发给客户端 Welcome!信息
    while True:
        data = sock.recv(1024)                                   #接收客户端发来的信息
        time.sleep(1)                                            #延时 1s
        if not data or data.decode('utf-8') == 'exit':           #如果没数据或收到'exit'信息
            break                                                #终止循环
        sock.send(('Hello, %s!' % data.decode('utf-8')).encode('utf-8'))
                                                                 #收到信息加上 Hello 发回
    sock.close()                                                 #关闭连接
    print('来自 %s:%s 连接关闭了.' % addr)
s = socket.socket(socket.AF_INET, socket.SOCK_STREAM)
s.bind(('127.0.0.1', 8888))                                      #监听本机 8888 端口
s.listen(5)                                                      #连接的最大数量为 5
print('等待客户端连接…')
while True:
    sock, addr = s.accept()                                      #接收一个新连接
```

```
        #创建新线程来处理 TCP 连接
        t = threading.Thread(target = tcplink, args = (sock, addr))
        t.start()
```

程序中首先创建一个基于 IPv4 和 TCP 的 Socket：

```
s = socket.socket(socket.AF_INET, socket.SOCK_STREAM)
```

然后，要绑定监听的地址和端口。服务器端可能有多块网卡，可以绑定到某一块网卡的 IP 地址上，也可以用 0.0.0.0 绑定到所有的网络地址，还可以用 127.0.0.1 绑定到本机地址。127.0.0.1 是一个特殊的 IP 地址，表示本机地址，如果绑定到这个地址，客户端必须同时在本机运行才能连接，也就是说，外部的计算机无法连接进来。

端口号需要预先指定。因为我们写的这个服务不是标准服务，所以用 8888 这个端口号。请注意，小于 1024 的端口号必须要有管理员权限才能绑定。

```
#监听本机 8888 端口
s.bind(('127.0.0.1', 8888))
```

紧接着，调用 listen()方法开始监听端口，传入的参数指定等待连接的最大数量为 5。

```
s.listen(5)
print('等待客户端连接…')
```

接下来，服务器程序通过一个无限循环来接收来自客户端的连接，accept()会等待并返回一个客户端的连接。

```
while True:
    #接收一个新连接:
    sock, addr = s.accept()     #sock 是新建的 socket 对象，服务器通过它与对应客户端通信
                                #addr 是 IP 址
    #创建新线程来处理 TCP 连接
    t = threading.Thread(target = tcplink, args = (sock, addr))
    t.start()
```

每个连接都必须创建新线程（或进程）来处理，否则，单线程在处理连接的过程中，无法接收其他客户端的连接。

```
def tcplink(sock, addr):
    print('接收一个来自%s:%s连接请求' % addr)
    sock.send(b'Welcome!')                          #发给客户端 Welcome!信息
    while True:
        data = sock.recv(1024)                      #接收客户端发来的信息
        time.sleep(1)                               #延时 1s
```

```
        if not data or data.decode('utf-8') == 'exit':   # 如果没数据或收到'exit'信息
            break                                        # 终止循环
        sock.send(('Hello, %s!' % data.decode('utf-8')).encode('utf-8'))
                                                         # 收到信息加上 Hello 发回
    sock.close()                                         # 关闭连接
print('来自 %s:%s 连接关闭了.' % addr)
```

连接建立后，服务器端首先发一条欢迎消息，然后等待客户端数据，并加上 Hello 再发送给客户端。如果客户端发送了 exit 字符串，就直接关闭连接。

要测试这个服务器端程序，还需要编写一个客户端程序：

```
import socket                                 # 导入 Socket 模块
s = socket.socket(socket.AF_INET, socket.SOCK_STREAM)
s.connect(('127.0.0.1', 8888))                # 建立连接
# 打印接收到欢迎消息
print(s.recv(1024).decode('utf-8'))
for data in [b'Michael', b'Tracy', b'Sarah']:
    s.send(data)                              # 客户端程序发送人名数据给服务器端
    print(s.recv(1024).decode('utf-8'))
s.send(b'exit')
s.close()
```

需要打开两个命令行窗口，一个运行服务器端程序，另一个运行客户端程序，就可以看到运行效果如图 9-4 和图 9-5 所示。

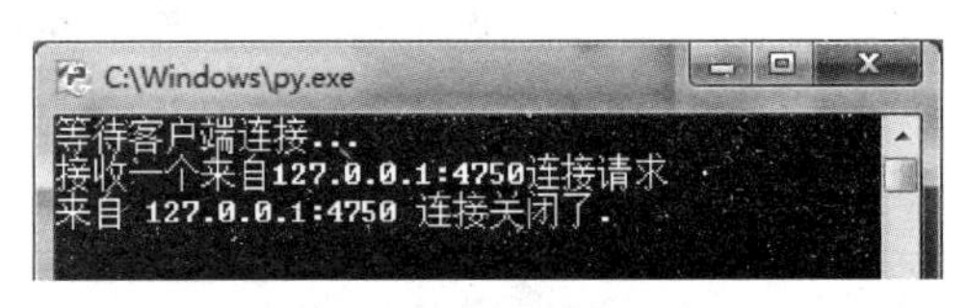

图 9-4　服务器端程序效果

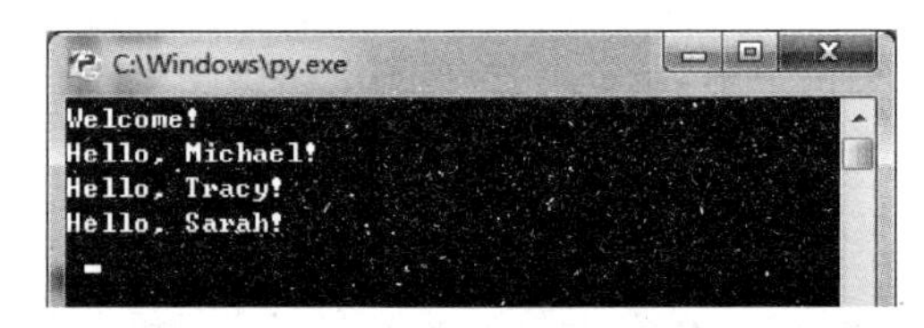

图 9-5　客户端程序效果

需要注意的是，客户端程序运行完毕就退出了，而服务器端程序会永远运行下去，必须按快捷键 Ctrl+C 退出程序。

可见，用 TCP 进行 Socket 编程在 Python 中十分简单，对于客户端，要主动连接服务器端的 IP 和指定端口，对于服务器端，要首先监听指定端口，然后，对每一个新的连接，创建一个线程或进程来处理。通常，服务器端程序会无限运行下去。还需注意，同一个端口被一个 Socket 绑定了以后，就不能被别的 Socket 绑定了。

9.3　UDP 编程

视频讲解

TCP 建立可靠连接，并且通信双方都可以以流的形式发送数据。相对 TCP 而言，UDP 则是面向无连接的协议。

使用 UDP 时，不需要建立连接，只需要知道对方的 IP 地址和端口号，就

可以直接发数据包。但是，能不能到达就不知道了。虽然用 UDP 传输数据不可靠，但它的优点是，和 TCP 比，速度快。对于不要求可靠到达的数据，就可以使用 UDP。

通过 UDP 传输数据和 TCP 类似，使用 UDP 的通信双方也分为客户端和服务器端。

【例 9-2】 编写一个简单的 UDP 演示下棋程序。服务器端把 UDP 客户端发来的下棋 x、y 坐标信息显示出来，并把 x、y 坐标加 1 后（模拟服务器端下棋），再发给 UDP 客户端。

服务器端首先需要绑定 8888 端口：

```
import socket                              #导入 Socket 模块
s = socket.socket(socket.AF_INET, socket.SOCK_DGRAM)
s.bind(('127.0.0.1', 8888))          #绑定端口
```

创建 Socket 时，SOCK_DGRAM 指定了这个 Socket 的类型是 UDP。绑定端口和 TCP 一样，但是不需要调用 listen()方法，而是直接接收来自任何客户端的数据：

```
print('Bind UDP on 8888 … ')
while True:
    #接收数据
    data, addr = s.recvfrom(1024)
    print('Received from %s:%s.' % addr)
    print('received:',data)
    p=data.decode('utf-8').split(",");        #decode()解码，将字节串转换成字符串
    x=int(p[0]);
    y=int(p[1]);
    print(p[0],p[1])
    pos=str(x+1)+","+str(y+1)                 #模拟服务器端下棋位置
    s.sendto(pos.encode('utf-8'),addr)        #发回客户端
```

recvfrom()方法返回数据和客户端的地址与端口，这样，服务器端收到数据后，直接调用 sendto()就可以把数据用 UDP 发给客户端。

客户端使用 UDP 时，首先仍然创建基于 UDP 的 Socket，然后，不需要调用 connect()，直接通过 sendto()给服务器发数据：

```
import socket                                        #导入 Socket 模块
s = socket.socket(socket.AF_INET, socket.SOCK_DGRAM)
x=input("请输入 x 坐标")
y= input("请输入 y 坐标")
data=str(x)+","+str(y)
s.sendto(data.encode('utf-8'), ('127.0.0.1', 8888))
                                                     #encode()编码，将字符串转换成传送的字节串
#接收服务器加 1 后坐标数据
data2, addr = s.recvfrom(1024)
print("接收服务器加 1 后坐标数据：", data2.decode('utf-8'))      #decode()解码
s.close()
```

从服务器端接收数据仍然调用 recvfrom()方法。

仍然用两个命令行分别启动服务器端和客户端测试，看到运行效果如图 9-6 和图 9-7 所示。

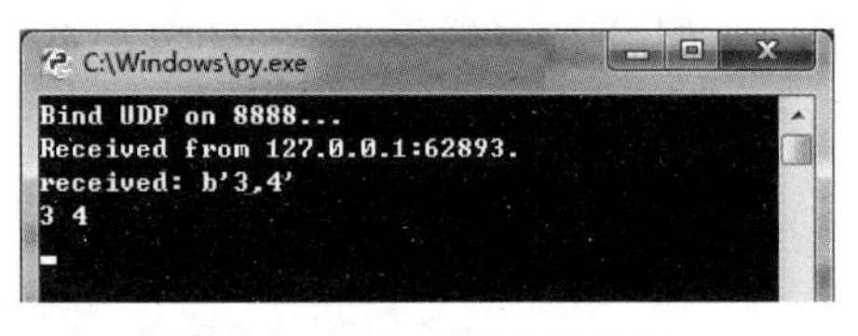

图 9-6　服务器端程序效果

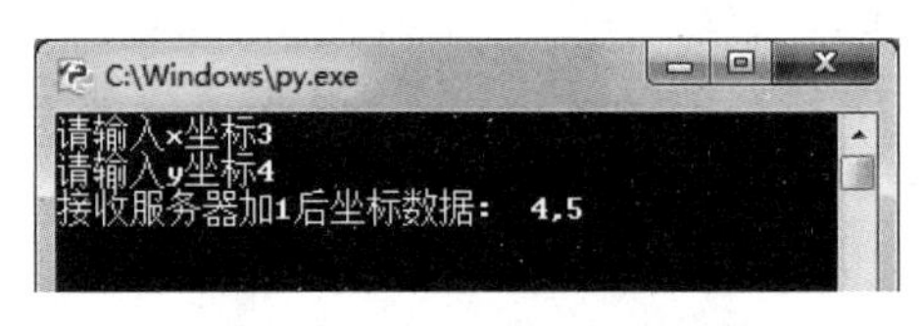

图 9-7　客户端程序效果

上例模拟服务器端和客户端两方下棋过程中的通信过程，后面章节中会学习基于 UDP 网络五子棋游戏，真正开发出实用的网络程序。

9.4　多线程编程

线程是操作系统可以调度的最小执行单位，能够执行并发处理。通常是将程序拆分成 2 个或多个并发运行的线程，即同时执行多个操作。例如，使用线程同时监视用户并发输入，并执行后台任务等。

9.4.1　进程和线程

1. 进程和线程的概念

进程是操作系统中正在执行的应用程序的一个实例，操作系统把不同的进程(即不同程序)分离开来。每一个进程都有自己的地址空间，一般情况下，包括文本区域、数据区域和堆栈区域。文本区域存储处理器执行的代码；数据区域存储变量和进程执行期间使用的动态分配的内存；堆栈区域存储着活动过程调用的指令和本地变量。

每个进程至少包含一个线程，它从程序开始执行，直到退出程序，主线程结束，该进程也被从内存中卸载。主线程在运行过程中还可以创建新的线程，实现多线程的功能。

线程就是一段顺序程序。但是线程不能独立运行，只能在程序中运行。

不同的操作系统实现进程和线程的方法也不同，但大多数是在进程中包含线程，Windows 就是这样。一个进程中可以存在多个线程，线程可以共享进程的资源(如内存)。而不同的进程之间则是不能共享资源的。

2. 多线程优点

多线程类似于同时执行多个不同程序。多线程运行有如下优点。

(1) 使用线程可以把占据长时间的程序中的任务放到后台去处理。

(2) 用户界面可以更加吸引人，如用户单击了一个按钮去触发某些事件的处理，可以弹出一个进度条来显示处理的进度。

(3) 程序的运行速度可能加快。

(4) 在一些等待的任务实现上，如用户输入、文件读/写和网络收发数据等，线程就比较有用了。在这种情况下可以释放一些宝贵的资源，如内存占用等。

线程在执行过程中与进程还是有区别的。每个独立的线程有一个程序运行的入口、顺序执行序列和程序的出口。但是线程不能够独立执行,必须依存在应用程序中,由应用程序提供多个线程执行控制。

每个线程都有自己的一组CPU寄存器,称为线程的上下文,该上下文反映了线程上次运行该线程的CPU寄存器的状态。

3. 线程的状态

在操作系统内核中,线程可以被标记成如下状态。

(1) 初始化(init):在创建线程时,操作系统在内部会将其标识为初始化状态。此状态只在系统内核中使用。

(2) 就绪(ready):线程已经准备好被执行。

(3) 延迟就绪(deferred ready):表示线程已经被选择在指定的处理器上运行,但还没有被调度。

(4) 备用(standby):表示线程已经被选择在下一个指定的处理器上运行。当该处理器上运行的线程因等待资源等被挂起时,调度器将备用线程切换到处理器上运行。只有一个线程可以是备用状态。

(5) 运行(running):表示调度器将线程切换到处理器上运行,它可以运行一个线程周期(quantum),然后将处理器让给其他线程。

(6) 等待(waiting):线程可以因为等待一个同步执行的对象或等待资源等原因切换到等待状态。

(7) 过渡(transition):表示线程已经准备好被执行,但它的内核堆已经从内存中移除。一旦其内核堆被加载到内存中,线程就会变成运行状态。

(8) 终止(terminated):当线程被执行完成后,其状态会变成终止。系统会释放线程中的数据结构和资源。

9.4.2 创建线程

Python中使用线程有两种方式:函数或者用类来创建线程对象。

1. start_new_thread()函数创建线程

调用_thread模块中的start_new_thread()函数来产生新线程。格式如下:

_thread.start_new_thread (function, args[, kwargs])

参数说明如下:

- function:线程运行的函数。
- args:传递给线程函数的参数,必须是元组类型。
- kwargs:可选参数。

start_new_thread()创建一个线程并运行指定函数,当函数返回时,线程自动结束。也可以在线程函数中调用_thread.exit(),抛出SystemExit exception,达到退出线程的目的。

【例 9-3】 使用_thread模块中的start_new_thread()函数来创建线程。

```
import _thread
import time
```

```
#为线程定义一个函数
def print_time( threadName, delay):
    count = 0
    while count < 5:
        time.sleep(delay)
        count += 1
        print ("%s: %s" % (threadName, time.ctime(time.time())))
#创建两个线程
try:
    _thread.start_new_thread( print_time, ("Thread-1", 2, ))
    _thread.start_new_thread( print_time, ("Thread-2", 4, ))
except:
    print ("Error: unable to start thread")
while 1:
    pass
```

执行以上程序，输出结果如下：

```
Thread-1: Tue Aug 2 10:00:53 2016
Thread-2: Tue Aug 2 10:00:55 2016
Thread-1: Tue Aug 2 10:00:56 2016
Thread-1: Tue Aug 2 10:00:58 2016
Thread-2: Tue Aug 2 10:00:59 2016
Thread-1: Tue Aug 2 10:01:00 2016
```

Python 通过两个标准模块_thread 和 threading 提供对线程的支持。_thread 提供了低级别的、原始的线程以及一个简单的锁。

2. Thread 类创建线程

threading 线程模块封装了_thread 模块，并提供更多功能，虽然可以使用_thread 模块中 start_new_thread()函数创建线程，但一般建议使用 threading 模块。

threading 模块提供了 Thread 类来创建和处理线程。格式如下：

线程对象= threading.Thread(target=线程函数，args=(参数列表)，name=线程名，group=线程组)

线程名和线程组都可以省略。

创建线程后，通常需要调用线程对象的 setDaemon()方法将线程设置为守护线程。主线程执行完后，如果还有其他非守护线程，则主线程不会退出，会被无限挂起；必须将线程声明为守护线程之后，如果队列中的线程运行完了，那么整个程序不用等待就可以退出。

setDaemon()函数的使用方法如下：

线程对象.setDaemon(是否设置为守护线程)

setDaemon()函数必须在运行线程之前被调用。调用线程对象的 start()方法可以运行线程。

【例 9-4】 使用 threading.Thread 类来创建线程例子。

```
import threading
def f(i):
   print(" I am from a thread, num =  %d \n" % (i))
def main():
    for i in range(1,10):
    t = threading.Thread(target = f,args = (i,))
        t.setDaemon(True)         #设置为守护进程,主线程可以结束退出
        t.start();
if __name__ == "__main__":
    main();
```

上述程序定义了一个函数 f(),用于打印参数 i。在主程序中依次使用 1～10 作为参数创建 10 个线程来运行函数 f()。以上程序执行结果如下:

```
I am from a thread, num = 2
I am from a thread, num = 1
I am from a thread, num = 5
I am from a thread, num = 3
I am from a thread, num = 6
I am from a thread, num = 7
I am from a thread, num = 8
>>>
I am from a thread, num = 9
I am from a thread, num = 4
```

可以看到,虽然线程的创建和启动是有顺序的,但是线程是并发运行的,所以哪个线程先执行完是不确定的。从运行结果可以看到,输出的数字也是没有规律的。而且在"I am from a thread, num = 9"前面有一个>>>,说明主程序在此处已经退出了。

Thread 类还提供了以下方法。

➢ run():用以表示线程活动的方法。

➢ start():启动线程活动。

➢ join([time]):可以阻塞进程直到线程执行完毕。参数 time 指定超时时间(单位为 s),超过指定时间 join 就不再阻塞进程了。

➢ isAlive():返回线程是否是活动的。

➢ getName():返回线程名。

➢ setName():设置线程名。

threading 模块提供的其他方法如下。

➢ threading.currentThread():返回当前的线程变量。

➢ threading.enumerate():返回一个包含正在运行的线程的 list。正在运行指线程启动后、结束前,不包括启动前和终止后的线程。

➢ threading.activeCount():返回正在运行的线程数量,与 len(threading.enumerate())有相同的结果。

【例 9-5】 编写自己的线程类 myThread 来创建线程对象。

分析：自己的线程类直接从 threading. Thread 类继承，然后重写__init__()方法和 run()方法就可以来创建线程对象了。

```
import threading
import time
exitFlag = 0

class myThread (threading.Thread): #继承父类 threading.Thread
    def __init__(self, threadID, name, counter):
        threading.Thread.__init__(self)
        self.threadID = threadID
        self.name = name
        self.counter = counter
    def run(self): #把要执行的代码写到 run()函数里面,线程在创建后会直接运行 run()函数
        print ("Starting " + self.name)
        print_time(self.name, self.counter, 5)
        print ("Exiting " + self.name)
def print_time(threadName, delay, counter):
    while counter:
        if exitFlag:
            thread.exit()
        time.sleep(delay)
        print ("%s: %s" % (threadName, time.ctime(time.time())))
        counter -= 1
#创建新线程
thread1 = myThread(1, "Thread-1", 1)
thread2 = myThread(2, "Thread-2", 2)
#开启线程
thread1.start()
thread2.start()
print ("Exiting Main Thread")
```

以上程序执行结果如下：

```
Starting Thread-1Exiting Main ThreadStarting Thread-2
Thread-1: Tue Aug 2 10:19:01 2016
Thread-2: Tue Aug 2 10:19:02 2016
Thread-1: Tue Aug 2 10:19:02 2016
Thread-1: Tue Aug 2 10:19:03 2016
Thread-2: Tue Aug 2 10:19:04 2016
Thread-1: Tue Aug 2 10:19:04 2016
Thread-1: Tue Aug 2 10:19:05 2016
Exiting Thread-1
Thread-2: Tue Aug 2 10:19:06 2016
Thread-2: Tue Aug 2 10:19:08 2016
Thread-2: Tue Aug 2 10:19:10 2016
Exiting Thread-2
```

9.4.3 线程同步

如果多个线程共同对某个数据进行修改，则可能出现不可预料的结果。为了保证数据的正确性，需要对多个线程进行同步。

使用 Threading 的 Lock（指令锁）和 Rlock（可重入锁）对象可以实现简单的线程同步，这两个对象都有 acquire()方法（申请锁）和 release()方法（释放锁），对于那些需要每次只允许一个线程操作的数据，可以将其操作放到 acquire()和 release()方法之间。

例如这样一种情况：一个列表里所有元素都是 0，线程"set"从后向前把所有元素改成 1，而线程"print"负责从前往后读取列表并打印。

那么，可能线程"set"开始改的时候，线程"print"便来打印列表了，输出就成了一半 0 一半 1，这就是数据的不同步。为了避免这种情况，引入了锁的概念。

锁有两种状态：锁定和未锁定。每当一个线程如"set"要访问共享数据时，必须先获得锁定；如果已经有别的线程如"print"获得锁定，那么就让线程"set"暂停，也就是同步阻塞；等到线程"print"访问完毕，释放锁以后，再让线程"set"继续。

经过这样的处理，打印列表时要么全部输出 0，要么全部输出 1，不会再出现一半 0 一半 1 的尴尬场面。

【例 9-6】 使用指令锁实行多个线程同步。

```
import threading
import time
class myThread (threading.Thread):
    def __init__(self, threadID, name, counter):
        threading.Thread.__init__(self)
        self.threadID = threadID
        self.name = name
        self.counter = counter
    def run(self):
        print ("Starting " + self.name)
       # 获得锁,成功获得锁定后返回 True
       # 可选的 timeout 参数不填时将一直阻塞直到获得锁定
       # 否则超时后将返回 False
        threadLock.acquire()              # 线程一直阻塞直到获得锁
        print(self.name,"获得锁")
        print_time(self.name, self.counter, 3)
        print(self.name,"释放锁")
        threadLock.release()              # 释放锁
def print_time(threadName, delay, counter):
    while counter:
        time.sleep(delay)
        print ("%s: %s" % (threadName, time.ctime(time.time())))
        counter -= 1
threadLock = threading.Lock()             # 创建一个指令锁
threads = []
# 创建新线程
thread1 = myThread(1, "Thread-1", 1)
```

```
thread2 = myThread(2, "Thread - 2", 2)
# 开启新线程
thread1.start()
thread2.start()
# 添加线程到线程列表
threads.append(thread1)
threads.append(thread2)
# 等待所有线程完成
for t in threads:
    t.join()     # 可以阻塞主程序直到线程执行完毕后主程序结束
print ("Exiting Main Thread")
```

以上程序执行结果如下：

```
Starting Thread - 1Starting Thread - 2
Thread - 1 获得锁
Thread - 1: Tue Aug 2 11:13:20 2016
Thread - 1: Tue Aug 2 11:13:21 2016
Thread - 1: Tue Aug 2 11:13:22 2016
Thread - 1 释放锁
Thread - 2 获得锁
Thread - 2: Tue Aug 2 11:13:24 2016
Thread - 2: Tue Aug 2 11:13:26 2016
Thread - 2: Tue Aug 2 11:13:28 2016
Thread - 2 释放锁
Exiting Main Thread
```

9.4.4 定时器 Timer

定时器 Timer 是 Thread 的派生类，用于在指定时间后调用一个函数。具体方法如下：

timer = threading.Timer(指定时间 t, 函数 f)

timer.start()

执行 timer.start()后，程序会在指定时间 t 后启动线程执行函数 f。

【例 9-7】 使用定时器 Timer 的例子。

```
import threading
import time
def func():
    print(time.ctime())             # 打印出当前时间
print(time.ctime())
timer = threading.Timer(5, func)
timer.start()
```

该程序可实现延迟 5s 后调用 func()方法的功能。

9.5 网络编程案例——网络五子棋游戏

视频讲解

本节介绍通过基于 UDP 的 Socket 编程方法来制作网络五子棋游戏程序。网络五子棋游戏采用 C/S 架构，分为服务器端和客户端。服务器端运行界面如图 9-8 所示，游戏时服务器端首先启动，当客户端连接后，服务器端可以走棋。

用户根据提示信息，轮到自己下棋时才可以在棋盘上落子，同时下方标签会显示对方的走棋信息，服务器端用户通过“退出游戏”按钮可以结束游戏。

客户端运行界面如图 9-9 所示，需要输入服务器 IP 地址（这里采用默认地址本机地址），如果正确且服务器启动则可以连接服务器。连接成功后客户端用户根据提示信息，轮到自己下棋时才可以在棋盘上落子，同样可以通过“退出游戏”按钮结束游戏。

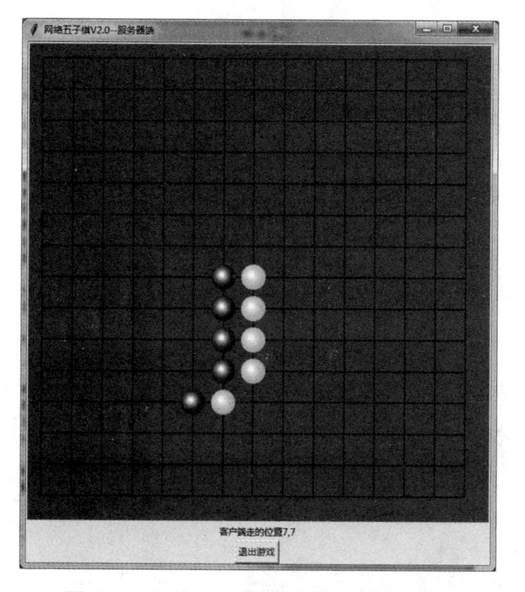

图 9-8　网络五子棋游戏服务器端界面

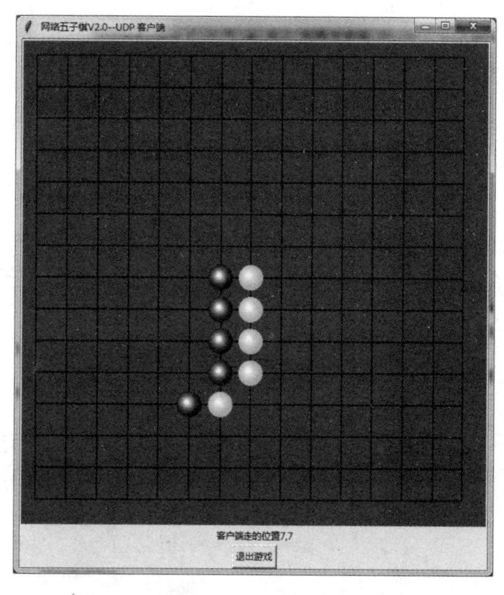

图 9-9　网络五子棋游戏客户端界面

网络五子棋游戏设计的难点在于需要与对方通信。这里使用了面向非连接的 Socket 编程。Socket 编程用于开发 C/S 结构程序，在这类应用中，客户端和服务器端通常需要先建立连接，然后发送和接收数据，交互完成后需要断开连接。本章的通信采用基于 UDP 的 Socket 编程实现。这里虽然两台计算机不分主次，但设计时假设一台做服务器端（黑方），等待其他人加入。其他人想加入的时候输入服务器端主机的 IP。为了区分通信中传送的输赢信息、下的棋子位置信息、结束游戏信息等，在发送信息的首部加上标识。因此定义了如下协议：

（1）move|下的棋子位置坐标（x，y）。例如，“move|7，4”表示对方下子位置坐标（7，4）。

（2）over|哪方赢的信息。例如，“over |黑方你赢了”表示黑方赢了。

（3）exit |。表示对方离开了，游戏结束。

（4）join|。表示连接服务器。

当然可以根据程序功能增加协议，例如悔棋、文字聊天等协议。本程序没有设计“悔棋”“文字聊天”功能，所以没定义相应的协议。读者可以自己完善程序。

程序中接收的信息当然都是字符串，通过字符串.split("|")获取消息类型(move，join，exit或者over)，从中区分出“输赢信息over”“下的棋子位置信息move”等。代码如下：

```
def receiveMessage():#接收消息函数
    global s
    while True:
        #接收客户端发送的消息
        global addr
        data, addr = s.recvfrom(1024)
        data = data.decode('utf-8')
        a = data.split("|")                          #分割数据
        if not data:
            print('client has exited!')
            break
        elif a[0] == 'join':                         #连接服务器请求
            print('client 连接服务器!')
            label1["text"] = 'client 连接服务器成功,请你走棋!'
        elif a[0] == 'exit':                         #对方退出信息
            print('client 对方退出!')
            label1["text"] = 'client 对方退出,游戏结束!'
        elif a[0] == 'over':                         #对方赢信息
            print('对方赢信息!')
            label1["text"] = data.split("|")[0]
            showinfo(title = "提示",message = data.split("|")[1] )
        elif a[0] == 'move':                         #客户端走的位置信息,如 move|7,4
            print('received:',data,'from',addr)
            p = a[1].split(",")
            x = int(p[0]);
            y = int(p[1]);
            print(p[0],p[1])
            label1["text"] = "客户端走的位置" + p[0] + p[1]
            drawOtherChess(x,y)                      #画对方棋子
    s.close()
```

掌握通信协议以及单机版五子棋知识后就可以开发网络五子棋游戏了。下面首先看看服务器端程序设计的步骤。

9.5.1 服务器端程序设计

1. 主程序

主程序定义含两个棋子图片的列表imgs，创建Window窗口对象root，初始化游戏地图map，绘制15×15游戏棋盘，添加显示提示信息的标签Label，绑定Canvas画布的鼠标和

按钮左键单击事件。

同时创建UDP通信服务器端的Socket，绑定在8000端口，启动线程接收客户端的消息receiveMessage()，最后窗口root.mainloop()方法是进入窗口的主循环，也就是显示窗口。

```
from tkinter import *
from tkinter.messagebox import *
import socket
import threading
import os

root = Tk()
root.title("网络五子棋 V2.0 -- 服务器端")
imgs = [PhotoImage(file = 'BlackStone.gif'), PhotoImage(file = 'WhiteStone.gif')]
turn = 0 # 轮到哪方走棋,0 为黑方,1 为白方
Myturn = -1 # 保存自己的角色,-1 表示还没确定下来
map =   [[" "," "," "," "," "," "," "," "," "," "," "," "," "," "," "]for y in range(15)]
cv = Canvas(root, bg = 'green', width = 610, height = 610)
drawQiPan( )                                  # 绘制 15 * 15 游戏棋盘
cv.bind("<Button-1>", callpos)
cv.pack()
label1 = Label(root,text = "服务器端....")   # 显示提示信息
label1.pack()
button1 = Button(root,text = "退出游戏")      # 按钮
button1.bind("<Button-1>", callexit)
button1.pack()
# 创建 UDP SOCKET
s = socket.socket(socket.AF_INET,socket.SOCK_DGRAM)
s.bind(('localhost',8000))
addr = ('localhost',8000)
startNewThread()                              # 启动线程接收客户端的消息 receiveMessage()
root.mainloop()
```

2. 退出函数

“退出游戏”按钮单击事件代码很简单，仅仅发送一个"exit|"命令协议消息，最后调用os._exit(0)结束程序。

```
def callexit(event):                          # 退出
    pos = "exit|"
    sendMessage(pos)
    os._exit(0)
```

3. 走棋函数

鼠标单击事件中，完成走棋功能，判断单击位置是否合法，即不能在已有棋的位置单击，也不能超出游戏棋盘边界，如果合法则将此位置信息记录到map列表(数组)中。

同时由于网络对战，第一次走棋时还要确定自己的角色（是白方还是黑方），而且还要判断是否轮到自己走棋。这里使用两个变量 Myturn、turn 解决。

```
Myturn = -1 #保存自己的角色
```

Myturn 是−1 表明还没确定下来，第一次走棋时修改。

turn 保存轮到谁走棋，如果 turn 是 0 则轮到黑方，如果 turn 是 1 则轮到白方。

最后是本游戏关键输赢判断。程序中调用 win_lose( )函数判断输赢。判断 4 种情况下是否连成五子，返回 True 或 False。根据当前走棋方 turn 的值（0 为黑方，1 为白方），得出谁赢。

自己走完后，当然轮到对方走棋。

```
def callpos(event):                                    #走棋
    global turn
    global Myturn
    if Myturn == -1:                                   #第一次确定自己的角色(是白方还是黑方)
        Myturn = turn
    else:
        if(Myturn!= turn):
            showinfo(title = "提示",message = "还没轮到自己走棋")
            return
    #print ("clicked at", event.x, event.y,turn)
    x = (event.x)//40                                  #换算棋盘坐标
    y = (event.y)//40
    print ("clicked at", x, y,turn)
    if map[x][y]!= " ":
       showinfo(title = "提示",message = "已有棋子")
    else:
        img1 = imgs[turn]
        cv.create_image((x * 40 + 20,y * 40 + 20),image = img1)          #画自己棋子
        cv.pack()
        map[x][y] = str(turn)
        pos = str(x) + "," + str(y)
        sendMessage("move|" + pos)
        print("服务器走的位置",pos)
        label1["text"] = "服务器走的位置" + pos
        #输出输赢信息
        if win_lose( ) == True:
            if turn == 0 :
                showinfo(title = "提示",message = "黑方你赢了")
                sendMessage("over|黑方你赢了")
            else:
                showinfo(title = "提示",message = "白方你赢了")
                sendMessage("over|白方你赢了")
        #换下一方走棋
        if turn == 0 :
            turn = 1
        else:
            turn = 0
```

4. 画对方棋子

轮到对方走棋子后，在自己的棋盘上根据 turn 知道对方角色，根据从 Socket 上获取的对方走棋坐标(x,y)，从而画出对方棋子。画出对方棋子后，同样换下一方走棋。

```
def drawOtherChess(x,y):                    #画对方棋子
        global turn
        img1 =  imgs[turn]
        cv.create_image((x * 40 + 20,y * 40 + 20),image = img1)
        cv.pack()
        map[x][y] = str(turn)
        #换下一方走棋
        if turn == 0 :
            turn = 1
        else:
            turn = 0
```

5. 画棋盘

drawQiPan( )画 15×15 的五子棋棋盘。

```
def drawQiPan( ):                           #画棋盘
    for i in range(0,15):
        cv.create_line(20,20 + 40 * i,580,20 + 40 * i,width = 2)
    for i in range(0,15):
        cv.create_line(20 + 40 * i,20,20 + 40 * i,580,width = 2)
    cv.pack()
```

6. 输赢判断

win_lose( )从 4 个方向扫描整个棋盘，判断是否连成五颗。

```
def win_lose( ):                                     #输赢判断
    #扫描整个棋盘,判断是否连成五颗
    a = str(turn)
    print ("a = ",a)
    for i in range(0,11):#0 -- 10
        #判断 X = Y 轴上是否形成五子连珠
        for j in range(0,11):#0 -- 10
            if map[i][j] == a and map[i + 1][j + 1] == a and map[i + 2][j + 2] == a
                            and map[i + 3][j + 3] == a and map[i + 4][j + 4] == a :
                print("X =  Y 轴上形成五子连珠")
                return True

    for i in range(4,15):# 4 To 14
        #判断 X = -Y 轴上是否形成五子连珠
        for j in range(0,11):#0 -- 10
            if map[i][j] == a and map[i - 1][j + 1] == a and map[i - 2][j + 2] == a
                            and map[i - 3][j + 3] == a and map[i - 4][j + 4] == a :
```

```
                print("X= -Y轴上形成五子连珠")
                return True

    for i in range(0,15):#0--14
        #判断Y轴上是否形成五子连珠
        for j in range(4,15):# 4 To 14
            if map[i][j] == a and map[i][j - 1] == a and map[i][j - 2] == a
                                and map[i][j - 3] == a and map[i][j - 4] == a :
                print("Y轴上形成五子连珠")
                return True

    for i in range(0,11):#0--10
        #判断X轴上是否形成五子连珠
        for j in range(0,15):#0--14
            if map[i][j] == a and map[i + 1][j] == a and map[i + 2][j] == a
                                and map[i + 3][j] == a and map[i + 4][j] == a :
                print("X轴上形成五子连珠")
                return True
    return False
```

7. 输出 map 地图

map 地图主要显示当前棋子信息。

```
def print_map( ):#输出map地图
    for j in range(0,15):#0--14
        for i in range(0,15):#0--14
            print (map[i][j],end='')
        print ('w')
```

8. 接收消息

本程序的关键部分就是接收消息 data，从 data 字符串.split("|")中分割出消息类型(move、join、exit 或者 over)。如果是'join'，是客户端连接服务器端请求；如果是'exit'，是对方客户端退出信息；如果是' move '，是客户端走的位置信息；如果是' over '，是对方客户端赢的信息。这里重点是处理对方走棋信息如“move|7,4”，通过字符串.split(",")分割出(x,y)坐标。

```
def receiveMessage():
    global s
    while True:
        #接收客户端发送的消息
        global addr
        data, addr = s.recvfrom(1024)
        data = data.decode('utf-8')
        a = data.split("|")                          #分割数据
        if not data:
            print('client has exited!')
```

```
            break
        elif a[0] == 'join':                            #连接服务器请求
            print('client 连接服务器!')
            label1["text"] = 'client 连接服务器成功,请你走棋!'
        elif a[0] == 'exit':                            #对方退出信息
            print('client 对方退出!')
            label1["text"] = 'client 对方退出,游戏结束!'
        elif a[0] == 'over':                            #对方赢信息
            print('对方赢信息!')
            label1["text"] = data.split("|")[0]
            showinfo(title = "提示",message = data.split("|")[1] )
        elif a[0] == 'move':                            #客户端走的位置信息"move|7,4"
            print('received:',data,'from',addr)
            p = a[1].split(",")
            x = int(p[0]);
            y = int(p[1]);
            print(p[0],p[1])
            label1["text"] = "客户端走的位置" + p[0] + p[1]
            drawOtherChess(x,y)                         #画对方棋子
    s.close()
```

9. 发送消息

发送消息代码很简单,仅仅调用 Socket 的 sendto()函数,就可以把按协议写的字符串信息发出。

```
def sendMessage(pos):#发送消息
    global s
    global addr
    s.sendto(pos.encode(),addr)
```

10. 启动线程接收客户端的消息

```
#启动线程接收客户端的消息
def startNewThread( ):
        #启动一个新线程来接收客户端的消息
        #thread.start_new_thread(function,args[,kwargs])函数原型
        #其中 function 参数是将要调用的线程函数,args 是传递给线程函数的参数,它必须
        #是个元组类型,而 kwargs 是可选的参数
        #receiveMessage()函数不需要参数,就传一个空元组
        thread = threading.Thread(target = receiveMessage,args = ())
        thread.setDaemon(True);
        thread.start();
```

至此就完成了服务器端程序设计。图 9-10 是服务器端走棋过程打印的输出信息。网络五子棋客户端程序设计基本与服务器端代码相似,主要区别在消息处理上。

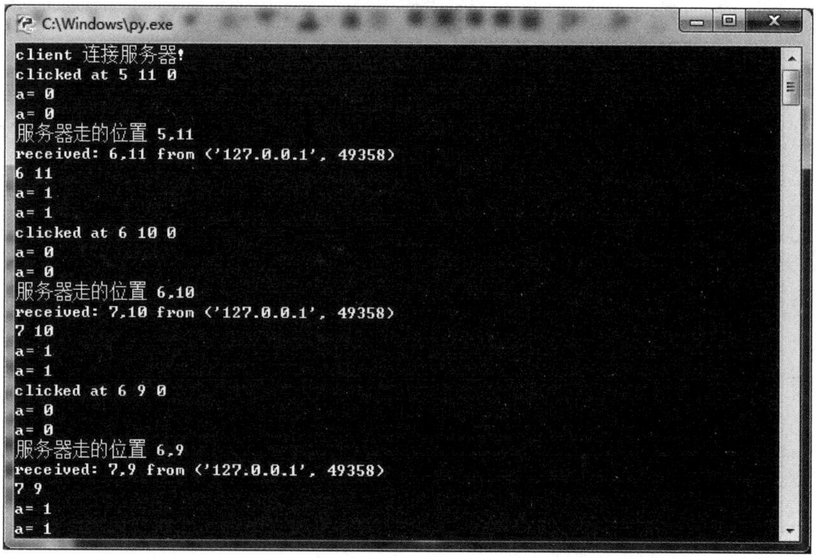

```
C:\Windows\py.exe
client 连接服务器!
clicked at 5 11 0
a= 0
a= 0
服务器走的位置 5,11
received: 6,11 from ('127.0.0.1', 49358)
6 11
a= 1
a= 1
clicked at 6 10 0
a= 0
a= 0
服务器走的位置 6,10
received: 7,10 from ('127.0.0.1', 49358)
7 10
a= 1
a= 1
clicked at 6 9 0
a= 0
a= 0
服务器走的位置 6,9
received: 7,9 from ('127.0.0.1', 49358)
7 9
a= 1
a= 1
```

图 9-10 走棋过程打印的输出信息

下面再来看看客户端程序设计的步骤。

9.5.2 客户端程序设计

1. 主程序

定义含两个棋子图片的列表 imgs,创建 Window 窗口对象 root,初始化游戏地图 map,绘制 15×15 游戏棋盘,添加显示提示信息的标签 Label,绑定 Canvas 画布的鼠标和按钮左键单击事件。

同时创建 UDP 通信客户端的 Socket,这里不指定端口会自动绑定某个空闲端口,由于是客户端 Socket 需要指定服务器端的 IP 和端口号,并发出连接服务器端请求。

启动线程接收服务器端的消息 receiveMessage(),最后窗口 root.mainloop()方法是进入窗口的主循环,也就是显示窗口。

```
from tkinter import *
from tkinter.messagebox import *
import socket
import threading
import os
root = Tk()
root.title("网络五子棋 V2.0 -- UDP 客户端")
imgs = [PhotoImage(file = 'BlackStone.gif'), PhotoImage(file = 'WhiteStone.gif')]
turn = 0
Myturn = - 1
map =  [[" "," "," "," "," "," "," "," "," "," "," "," "," "," "," "]for y in range(15)]
cv = Canvas(root, bg = 'green', width = 610, height = 610)
drawQiPan( )
cv.bind("<Button - 1>", callback)
```

```
cv.pack()
label1 = Label(root,text = "客户端....")
label1.pack()
button1 = Button(root,text = "退出游戏")
button1.bind("< Button - 1 >", callexit)
button1.pack()
#创建 UDP Socket
s = socket.socket(socket.AF_INET,socket.SOCK_DGRAM)
port = 8000                              #服务器端口
host = 'localhost'                       #服务器地址 192.168.0.101
pos = 'join|'                            #"连接服务器"命令
sendMessage(pos);                        #发送连接服务器请求
startNewThread()                         #启动线程接收服务器端的消息 receiveMessage()
root.mainloop()
```

2. 退出函数

退出游戏按钮单击事件代码很简单,仅仅发送一个"exit|"命令协议消息,最后调用os._exit(0)结束程序。

```
def callexit(event):#退出
    pos = "exit|"
    sendMessage(pos)
    os._exit(0)
```

3. 走棋函数

功能同服务器端,仅仅是提示信息不同。

```
def callback(event):                        #走棋
    global turn
    global Myturn
    if Myturn == - 1:                       #第一次确定自己的角色(白方还是黑方)
        Myturn = turn
    else:
        if(Myturn!= turn):
            showinfo(title = "提示",message = "还没轮到自己走棋")
            return
    #print ("clicked at", event.x, event.y,turn)
    x = (event.x)//40                       #换算棋盘坐标
    y = (event.y)//40
    print ("clicked at", x, y,turn)
    if map[x][y]!= " ":
        showinfo(title = "提示",message = "已有棋子")
    else:
        img1 = imgs[turn]
        cv.create_image((x * 40 + 20,y * 40 + 20),image = img1)
        cv.pack()
```

```
        map[x][y] = str(turn)
        pos = str(x) + "," + str(y)
        sendMessage("move|" + pos)
        print("客户端走的位置",pos)
        label1["text"] = "客户端走的位置" + pos
        #输出输赢信息
        if win_lose( ) == True:
            if turn == 0 :
                showinfo(title = "提示",message = "黑方你赢了")
                sendMessage("over|黑方你赢了")
            else:
                showinfo(title = "提示",message = "白方你赢了")
                sendMessage("over|白方你赢了")
        #换下一方走棋
        if turn == 0 :
            turn = 1
        else:
            turn = 0
```

4. 画棋盘

drawQiPan( )画 15×15 的五子棋棋盘。代码同服务器端。

5. 输赢判断

win_lose( )从 4 个方向扫描整个棋盘,判断是否连成五颗。功能同服务器端,代码没有区别,因此这里省略了代码。

6. 接收消息

接收消息 data,从 data 字符串. split("|")中分割出消息类型(move、join、exit 或者 over)。功能同服务器端没有区别,只是没有'join'消息类型,因为客户端连接服务器,而服务器不会连接客户端。所以少了一个'join'消息类型判断。

```
def receiveMessage():                          #接收消息
    global s
    while True:
        data  = s.recv(1024).decode('utf-8')
        a = data.split("|")                    #分割数据
        if not data:
            print('server has exited!')
            break
        elif a[0] == 'exit':                   #对方退出信息
            print('对方退出!')
            label1["text"] = '对方退出,游戏结束!'
        elif a[0] == 'over':                   #对方赢信息
            print('对方赢信息!')
            label1["text"] = data.split("|")[0]
            showinfo(title = "提示",message = data.split("|")[1] )
        elif a[0] == 'move':                   #服务器走的位置信息
            print('received:',data)
```

```
            p = a[1].split(",")
            x = int(p[0]);
            y = int(p[1]);
            print(p[0],p[1])
            label1["text"] = "服务器走的位置" + p[0] + p[1]
            drawOtherChess(x,y)            #画对方棋子,函数代码同服务器端
    s.close()
```

7. 发送消息

发送消息代码很简单,仅仅调用 Socket 的 sendto()函数,就可以把按协议写的字符串信息发出。

```
def sendMessage(pos):                              #发送消息
    global s
    s.sendto(pos.encode(),(host,port))
```

8. 启动线程接收服务器端的消息

```
#启动线程接收端的消息
def startNewThread( ):
        #启动一个新线程来接收服务器端的消息
        #thread.start_new_thread(function,args[,kwargs])函数原型
        #其中 function 参数是将要调用的线程函数,args 是传递给线程函数的参数,它必须
        #是个元组类型,而 kwargs 是可选的参数
        #receiveMessage 函数不需要参数,就传一个空元组
        thread = threading.Thread(target = receiveMessage,args = ())
        thread.setDaemon(True);
        thread.start();
```

至此就完成了客户端程序设计。

9.6 习 题

1. TCP 协议和 UDP 协议的主要区别是什么?
2. Socket 有什么用途?
3. 简单描述开发 UDP 程序的过程。
4. 设计网络井字棋游戏,具有“联机”“悔棋”“退出”功能。
5. 编写获取本机 IP 的程序。

提 高 篇

第10章 科学计算和可视化应用

随着 Numpy、SciPy、Matplotlib 等众多程序库的开发，Python 越来越适合做科学计算。与科学计算领域最流行的商业软件 Matlab 相比，Python 是一门真正的通用程序设计语言，比 Matlab 所采用的脚本语言的应用范围更广泛，有更多程序库的支持。虽然 Matlab 中的某些高级功能目前还无法替代，但是对于基础性、前瞻性的科研工作和应用系统的开发，完全可以用 Python 来完成。

Numpy 是非常有名的 Python 科学计算工具包，其中包含了大量有用的工具，如数组对象(用来表示向量、矩阵、图像等)以及线性代数函数。Numpy 中的数组对象可以帮助实现数组中重要的操作，如矩阵乘积、转置、解方程、向量乘积和归一化，这为图像变形及对变化进行建模、图像分类、图像聚类等提供了基础。

Matplotlib 是 Python 的 2D&3D 绘图库，它提供了一整套和 Matlab 相似的命令 API，十分适合交互式地进行绘图和可视化，在处理数学运算、绘制图表，或者在图像上绘制点、直线和曲线时，Matplotlib 是一个很好的类库，具有比 PIL 更强大的绘图功能。

10.1 Numpy 库的使用

Numpy(Numerical Python 的简称)是高性能科学计算和数据分析的基础包。Numpy 是 Python 的一个科学计算的库，提供了矩阵运算的功能，其一般与 Scipy、Matplotlib 一起使用。Numpy 可以从 http://www.scipy.org/Download 免费下载，在线说明文档(http://docs.scipy.org/doc/numpy/)包含了可能遇到的大多数问题的答案。

视频讲解

其主要功能如下。

(1) 提供 ndarray 对象，它是一个具有矢量算术运算和复杂广播能力的快速且节省空间的多维数组。

(2) 用于对整组数据进行快速运算的标准数学函数(无须编写循环)。

(3) 用于读写磁盘数据的工具以及用于操作内存映射文件的工具。

(4) 线性代数、随机数生成以及傅里叶变换功能。

(5) 用于集成由 C、C++、FORTRAN 等语言编写的代码的工具。

10.1.1 Numpy 数组

1. Numpy 数组简介

Numpy 库中处理的最基础数据类型是同种元素构成的数组。Numpy 数组是一个多维数组对象，称为ndarray。Numpy数组的维数称为秩(rank)，一维数组的秩为1，二维数组的秩为2，以此类推。在Numpy中，每一个线性的数组称为一个轴(axis)，秩其实是描述轴的数量。如二维数组相当于是两个一维数组，其中第一个一维数组中每个元素又是一个一维数组。而轴的数量——秩，就是数组的维数。关于Numpy数组必须了解：Numpy数组的下标从0开始；同一个Numpy数组中所有元素的类型必须是相同的。

2. 创建Numpy数组

创建Numpy数组的方法有很多。如可以使用array()函数从常规的Python列表和元组创建数组。所创建的数组类型由原序列中的元素类型推导而来。

```
>>> from numpy import *
>>> a = array( [2,3,4] )                       #一维数组
>>> a                                          #输出 array([2, 3, 4])
>>> a.dtype                                    #输出 dtype('int32')
>>> b = array([1.2, 3.5, 5.1])
>>> b.dtype                                    #输出 dtype('float64')
```

使用array()函数创建时，参数必须使用由方括号括起来的列表，而不能使用多个数值作为参数调用array。

```
>>> a = array(1,2,3,4)                         #错误
>>> a = array([1,2,3,4])                       #正确
```

可使用双重序列表示二维的数组，使用三重序列表示三维数组，以此类推。

```
>>> b = array( [ (1.5,2,3), (4,5,6) ] )        #二维数组
>>> b
    array([[ 1.5,  2. ,  3. ],
        [ 4. ,  5. ,  6. ]])
```

可以在创建时显式指定数组中元素的类型。

```
>>> c = array( [ [1,2], [3,4] ], dtype = complex)    #complex为复数类型
>>> c
    array([[ 1. + 0.j,  2. + 0.j],
        [ 3. + 0.j,  4. + 0.j]])
```

通常，刚开始时数组的元素未知，而数组的大小已知。因此，Numpy提供了一些使用占位符创建数组的函数。这些函数有助于满足数组扩展的需要，同时降低了高昂的运算开销。

用函数zeros()可创建一个全是0的数组，用函数ones()可创建一个全为1的数组，用函数random()可创建一个内容随机并且依赖于内存状态的数组。默认创建的数组类型(dtype)都是float64。可以用d.dtype.itemsize来查看数组中元素占用的字节数。

```
>>> d = zeros((3,4))
>>> d.dtype                  #输出 dtype('float64')
```

```
>>> d
array([[ 0.,   0.,   0.,   0.],
       [ 0.,   0.,   0.,   0.],
       [ 0.,   0.,   0.,   0.]])
>>> d.dtype.itemsize                          #输出 8
```

Numpy 提供两个类似 range()的函数返回一个数列形式的数组。

1) arange()函数

类似于 Python 的 range()函数，通过指定开始值、终值和步长来创建一维数组。注意，数组不包括终值：

```
>>> import numpy as np
>>> np.arange(0, 1, 0.1)                  #步长 0.1
array([ 0. ,0.1,0.2,0.3,0.4,0.5,0.6,0.7,0.8,0.9])
```

此函数在区间[0,1]以 0.1 为步长生成一个数组。如果仅使用一个参数，代表的是终值，开始值为 0；如果仅使用两个参数，则步长默认为 1。

```
>>> np.arange(10)                         #仅使用一个参数,相当于 np.arange(0, 10)
array([0, 1, 2, 3, 4, 5, 6, 7, 8, 9])
>>> np.arange(0, 10)
array([0, 1, 2, 3, 4, 5, 6, 7, 8, 9])
>>> np.arange(0, 5.6)
array([ 0.,1.,2.,3.,4.,5.])
>>> np.arange(0.3, 4.2)
array([ 0.3,1.3, 2.3,3.3])
```

2) linspace 函数

通过指定开始值、终值和元素个数(默认为 50)来创建一维数组，可以通过 endpoint 关键字指定是否包括终值，默认设置包括终值。

```
>>> np.linspace(0, 1, 5)                            #元素个数为 5
array([  0. ,   0.25,   0.5 ,   0.75,   1.  ])
```

注意：Numpy 库由一般 math 库函数的数组实现，如 sin()、cos()、log()。基本函数(三角、对数、平方和立方等)的使用就是在函数前加上 np.，这样就能实现数组的函数计算。

```
>>> x = np.arange(0,np.pi/2,0.1)
>>> x
array([0. ,0.1, 0.2, 0.3, 0.4, 0.5, 0.6, 0.7, 0.8, 0.9, 1. ,1.1, 1.2, 1.3, 1.4, 1.5])
>>> y = sin(x)              #NameError: name 'sin' is not defined
```

改成如下：

```
>>> y = np.sin(x)
>>> y
array([ 0. ,  0.09983342,  0.19866933,  0.29552021,  0.38941834,
0.47942554,  0.56464247,  0.64421769,  0.71735609,  0.78332691,
0.84147098,  0.89120736,  0.93203909,  0.96355819,  0.98544973,
0.99749499])
```

从结果可见，y 数组的元素分别是 x 数组元素对应的正弦值，计算起来十分方便。

3. Numpy 中的数据类型

对于科学计算来说，Python 中自带的整型、浮点型和复数类型远远不够，因此 Numpy 中添加了许多数据类型，如表 10-1 所示。

表 10-1　Numpy 数组的数据类型

名　称	描　述
bool	用一个字节存储的布尔类型(True 或 False)
int	由所在平台决定其大小的整数(一般为 int32 或 int64)
int8	一个字节大小，−128～127
int16	整数，−32768～32767
int32	整数，$-2^{31} \sim 2^{32}-1$
int64	整数，$-2^{63} \sim 2^{63}-1$
uint8	无符号整数，0～255
uint16	无符号整数，0～65535
uint32	无符号整数，$0 \sim 2^{32}-1$
uint64	无符号整数，$0 \sim 2^{64}-1$
float16	半精度浮点数：16 位，正负号 1 位，指数 5 位，精度 10 位
float32	单精度浮点数：32 位，正负号 1 位，指数 8 位，精度 23 位
float64 或 float	双精度浮点数：64 位，正负号 1 位，指数 11 位，精度 52 位
complex64	复数，分别用两个 32 位浮点数表示实部和虚部
complex128 或 complex	复数，分别用两个 64 位浮点数表示实部和虚部

4. Numpy 数组中的元素访问

Numpy 数组中的元素是通过下标来访问的，可以通过方括号括起一个下标来访问数组中单一一个元素，也可以以切片的形式访问数组中多个元素。表 10-2 给出了 Numpy 数组的索引和切片方法。

表 10-2　Numpy 数组的索引和切片方法

访　问	描　述
X[i]	索引第 i 个元素
X[−i]	从后向前索引第 i 个元素
X[n:m]	切片，默认步长为 1，从前往后索引，不包含 m
X[−m,−n]	切片，默认步长为 1，从后往前索引，不包含 n
X[n,m,i]	切片，指定 i 步长的 n～m 的索引

可以使用和列表相同的方式对数组的元素进行存取：

```
>>> import numpy as np
>>> a = np.arange(10)              #array([0, 1, 2, 3, 4, 5, 6, 7, 8, 9])
>>> a[5]                           #用整数作为下标可以获取数组中的某个元素
```

输出：

```
5
```

```
>>> a[3:5]                         #用切片作为下标获取数组的一部分,包括 a[3]但不包括 a[5]
```

输出：

```
array([3, 4])
```

```
>>> a[:5]                          #切片中省略开始下标,表示从 a[0]开始
```

输出：

```
array([0, 1, 2, 3, 4])
```

```
>>> a[:-1]                         #下标可以使用负数,表示从数组最后往前数
```

输出：

```
array([0, 1, 2, 3, 4, 5, 6, 7, 8])
```

```
>>> a[2:4] = 100,101               #访问同时修改元素的值
>>> a
```

输出：

```
array([0, 1, 100, 101, 4, 5, 6, 7, 8, 9])
```

```
>>> a[1:-1:2]                      #切片中的第三个参数表示步长,2 表示隔一个元素取一个
                                   #元素
```

输出：

```
array([1,101, 5, 7])
```

```
>>> a[::-1]                  #省略切片的开始下标和结束下标,步长为-1,整个数组头尾颠倒
```

输出:

```
array([9, 8, 7, 6, 5, 4, 101, 100, 1, 0])
```

```
>>> a[5:1:-2]                      #步长为负数时,开始下标必须大于结束下标
```

输出:

```
array([5, 101])
```

多维数组可以每个轴有一个索引,这些索引由一个逗号分隔的元组给出。下面是一个二维数组的例子:

```
import numpy as np
b = np.array([[ 0, 1, 2, 3],
              [10, 11, 12, 13],
              [20, 21, 22, 23],
              [30, 31, 32, 33],
              [40, 41, 42, 43]])
>>> b[2,3]                          #输出: 23
>>> b[0:5, 1]                       #每行的第二个元素 输出: array([ 1, 11, 21, 31, 41])
>>> b[:,1]                          #与前面的效果相同 输出: array([ 1, 11, 21, 31, 41])
>>> b[1:3,:]                        #每列的第二和第三个元素
```

输出:

```
array([[10, 11, 12, 13],
       [20, 21, 22, 23]])
```

表10-2给出了Numpy数组的索引和切片方法。数组切片得到的是原始数组的视图,所有修改都会直接反映到源数组。如果需要得到Numpy数组切片的一份副本,需要进行复制操作,如b[5:8].copy()。

10.1.2 Numpy数组的算术运算

Numpy数组的算术运算是按元素逐个运算的。Numpy数组运算后将创建包含运算结果的新数组。

```
>>> import numpy as np
>>> a = np.array([20,30,40,50])
>>> b = np.arange( 4)                          # 相当于 np.arange(0, 4)
>>> b
```

输出:

```
array([0, 1, 2, 3])
```

```
>>> c = a - b
>>> c
```

输出:

```
array([20, 29, 38, 47])
```

```
>>> b * * 2                                    # 乘方运算,2 次方
```

输出:

```
array([0, 1, 4, 9])
```

```
>>> 10 * np.sin(a)                             # 10 * sina
```

输出:

```
array([ 9.12945251, - 9.88031624, 7.4511316, - 2.62374854])
```

```
>>> a < 35                                     # 每个元素与 35 比较大小
```

输出:

```
array([True, True, False, False], dtype = bool)
```

与其他矩阵语言不同,Numpy 中的乘法运算符 * 按元素逐个计算,矩阵乘法可以使用 dot()函数或创建矩阵对象实现。

```
>>> import numpy as np
>>> A = np.array([[1,1],   [0,1]])
>>> B = np.array([[2,0],   [3,4]])
>>> A * B                                      # 逐个元素相乘
```

```
array([[2, 0],
       [0, 4]])
>>> np.dot(A,B)                                    #矩阵相乘
array([[5, 4],
       [3, 4]])
```

需要注意的是，有些操作符，如+=和*=，用来更改已存在数组而不创建一个新的数组。

```
>>> a = np.ones((2,3), dtype = int)                #全 1 的 2 * 3 数组
>>> b = np.random.random((2,3))                    #随机小数填充的 2 * 3 数组
>>> a *= 3
>>> a
array([[3, 3, 3],
       [3, 3, 3]])
>>> b += a
>>> b
array([[ 3.69092703, 3.8324276, 3.0114541],
       [ 3.18679111, 3.3039349, 3.37600289]])
>>> a += b                                         #b 转换为整数类型
>>> a
array([[6, 6, 6],
       [6, 6, 6]])
```

许多非数组之间相互运算，如计算数组所有元素之和，都作为 ndarray 类的方法来实现，使用时需要用 ndarray 类的实例来调用这些方法。

```
>>> a = np.random.random((3,4))
>>> a
array([[ 0.8672503 ,  0.48675071,  0.32684892,  0.04353831],
       [ 0.55692135,  0.20002268,  0.41506635,  0.80520739],
       [ 0.42287012,  0.34924901,  0.81552265,  0.79107964]])
>>> a.sum()                                        #求和
6.0803274306192927
>>> a.min()                                        #最小
0.043538309733581748
>>> a.max()                                        #最大
0.86725029797617903
>>> a.sort()                                       #排序
>>> a
array([[ 0.04353831,  0.32684892,  0.48675071,  0.8672503 ],
       [ 0.20002268,  0.41506635,  0.55692135,  0.80520739],
       [ 0.34924901,  0.42287012,  0.79107964,  0.81552265]])
```

这些运算将数组看作一维线性列表。但可通过指定 axis 参数（即数组的维）对指定的轴做相应的运算：

```
>>> b = np.arange(12).reshape(3,4)
>>> b
array([[ 0, 1, 2, 3],
       [ 4, 5, 6, 7],
       [ 8, 9, 10, 11]])
>>> b.sum(axis = 0)                        # 计算每一列的和,注意理解轴的含义
array([12, 15, 18, 21])
>>> b.min(axis = 1)                        # 获取每一行的最小值
array([0, 4, 8])
>>> b.cumsum(axis = 1)                     # 计算每一行的累计和
array([[ 0, 1, 3, 6],
       [ 4, 9, 15, 22],
       [ 8, 17, 27, 38]])
```

10.1.3 Numpy 数组的形状操作

1. 数组的形状

数组的形状取决于其每个轴上的元素个数。

```
>>> a = np.int32(100 * np.random.random((3,4)))          # 3 * 4 整数二维数组
>>> a
array([[26, 11, 0, 41],
       [48, 9, 93, 38],
       [73, 55, 8, 81]])
>>> a.shape                                              # 3 行 4 列的数组
(3, 4)
```

2. 更改数组的形状

可以用多种方式修改数组的形状：

```
>>> a.ravel()                    # 平坦化数组
array([26, 11,  0, 41, 48,  9, 93, 38, 73, 55,  8, 81])
>>> a.shape = (6, 2)             # 形状为 6 * 2 数组
>>> a.transpose()                # 对数组转置,原数组 a 不变
array([[26, 0, 48, 93, 73, 8],
       [11, 41,  9, 38, 55, 81]])
```

由 ravel()展平的数组元素的顺序通常是 C 语言风格的，就是以行为基准，最右边的索引变化得最快，所以元素 a[0,0]之后是 a[0,1]。如果数组改变成其他形状(reshape)，数组仍然是 C 语言风格的。Numpy 通常创建一个以这个顺序保存数据的数组，所以 ravel()通常不需要创建调用数组的副本。但如果数组是通过切片其他数组或有不同寻常的选项时，就可能需要创建其副本。还可以通过一些可选参数函数让 reshape()和 ravel()构建 FORTRAN 风格的数组，即最左边的索引变化最快。

reshape()函数改变调用数组的形状并返回该数组(原数组自身不变)，而 resize()函数改变调用数组自身。

```
>>> a
array([  [26, 11],
         [ 0, 41],
         [48,  9],
         [93, 38],
         [73, 55],
         [ 8, 81]])
>>> a.resize((2,6))
>>> a
array([[26, 11, 0, 41, 48, 9],
       [93, 38, 73, 55, 8, 81]])
```

如果在 reshape()操作中指定一个维度为－1，那么其准确维度将根据实际情况计算得到。更多关于 shape()、reshape()、resize()和 ravel()的内容请参考 Numpy 示例。

10.1.4 Numpy 中的矩阵对象

Numpy 模块库中的矩阵对象为 numpy.matrix，包括矩阵数据的处理、矩阵的计算，以及基本的统计功能、转置、可逆性等，还包括对复数的处理，这些均在 matrix 对象中。

numpy.matrix(data,dtype,copy)：返回一个矩阵，其中参数 data 为 ndarray 对象或者字符串形式；dtype 为 data 的数据类型；copy 为布尔类型。

```
>>> a = np.matrix('1 2 7; 3 4 8; 5 6 9')
>>> a                        #矩阵的换行必须用分号(;)隔开，矩阵的元素之间必须以空格隔开
matrix([[1, 2, 7],
        [3, 4, 8],
        [5, 6, 9]])
>>> b = np.array([[1,5],[3,2]])
>>> x = np.matrix(b)         #矩阵中的 data 可以为数组对象
>>> x
matrix([[1, 5],
        [3, 2]])
```

矩阵对象的属性如下：

- matrix.T (transpose)：返回矩阵的转置矩阵。
- matrix.H (conjugate)：返回复数矩阵的共轭元素矩阵。
- matrix.I (inverse)：返回矩阵的逆矩阵。
- matrix.A(base array)：返回矩阵基于的数组。

例如：

```
>>> a
matrix([[1, 2, 7],
        [3, 4, 8],
        [5, 6, 9]])
>>> b = a.T                  #b 是 a 的转置矩阵
```

```
>>> b
matrix([[1, 3, 5],
        [2, 4, 6],
        [7, 8, 9]])
>>> a.H                              #a 的共轭元素矩阵
matrix([[1, 3, 5],
        [2, 4, 6],
        [7, 8, 9]])
```

Numpy 库还包括三角运算函数、傅里叶变换、随机和概率分布、基本数值统计、位运算、矩阵运算等,具有非常丰富的功能,读者在使用时可以到官方网站查询。

10.1.5 文件存取数组内容

Numpy 提供了多种文件操作函数,便于存取数组内容。文件存取的格式分为两类:二进制和文本。而二进制格式的文件又分为 Numpy 专用的格式化二进制类型和无格式类型。

使用数组的方法函数 tofile()可以方便地将数组中数据以二进制的格式写进文件。tofile()输出的数据没有格式,因此用 np.fromfile()读回来的时候需要自己格式化数据:

```
>>> import numpy as np
>>> a = np.arange(0,12)
>>> a.shape = 3,4                              #改成 3*4 数组
>>> a
array([[ 0,  1,  2,  3],
       [ 4,  5,  6,  7],
       [ 8,  9, 10, 11]])
>>> a.tofile("a.bin")
>>> b = np.fromfile("a.bin", dtype=np.float) #按照 float 类型读入数据
>>> b                                          #读入的数据是错误的
array([  2.12199579e-314,   6.36598737e-314,   1.06099790e-313,
         1.48539705e-313,   1.90979621e-313,   2.33419537e-313])
>>> a.dtype                                    #查看 a 的 dtype
dtype('int32')
>>> b = np.fromfile("a.bin", dtype=np.int32) #按照 int32 类型读入数据
>>> b                                          #数据是一维的
array([ 0,  1,  2,  3,  4,  5,  6,  7,  8,  9, 10, 11])
>>> b.shape = 3, 4                             #按照 a 的 shape 修改 b 的 shape
>>> b                                          #这次终于正确了
array([[ 0,  1,  2,  3],
       [ 4,  5,  6,  7],
       [ 8,  9, 10, 11]])
```

从上面的例子可以看出,需要在读入的时候只有设置正确的 dtype 和 shape 才能保证数据一致。

此外,如果 fromfile()和 tofile()函数调用时指定了 sep 关键字参数,则数组将以文本格

式输入输出。

```
>>> a.tofile("a.bin",sep=',')
>>> b = np.fromfile("a.bin", sep=',')        #存入文件数据,以逗号分隔
array([  0.,   1.,   2.,   3.,   4.,   5.,   6.,   7.,   8.,   9.,  10., 11.])
>>> b = np.fromfile("a.bin", sep=',', dtype=np.int)
>>> b
array([ 0,  1,  2,  3,  4,  5,  6,  7,  8,  9, 10, 11])
```

np.load()和 np.save()函数以 Numpy 专用的二进制类型保存数据,这两个函数会自动处理元素类型和 shape 等信息,使用它们读写数组就方便多了,但是 np.save()输出的文件很难和其他语言编写的程序读入:

```
>>> np.save("a.npy", a)
>>> c = np.load( "a.npy" )
>>> c
array([[ 0,  1,  2,  3],
       [ 4,  5,  6,  7],
       [ 8,  9, 10, 11]])
```

10.2 Matplotlib 绘图可视化

视频讲解

Matplotlib 旨在用 Python 实现 Matlab 的功能,是 Python 下最出色的绘图库,功能很完善,同时也继承了 Python 的简单明了风格,可以很方便地设计和输出二维以及三维的数据,提供了常规的笛卡儿坐标、极坐标、球坐标、三维坐标等。其输出的图片质量也达到了科技论文中的印刷质量,日常的基本绘图更不在话下。

Matplotlib 实际上是一套面向对象的绘图库,它所绘制的图表中的每个绘图元素,如线条 Line2D、文字 Text、刻度等都有一个对象与之对应。为了方便快速绘图,Matplotlib 通过 pyplot 模块提供了一套和 Matlab 类似的绘图 API,将众多绘图对象所构成的复杂结构隐藏在这套 API 内部。只需要调用 pyplot 模块所提供的函数就可以实现快速绘图以及设置图表的各种细节。pyplot 模块虽然用法简单,但不适合在较大的应用程序中使用。

安装 Matplotlib 之前先要安装 Numpy。Matplotlib 是开源工具,可以从 http://matplotlib.sourceforge.net/ 免费下载。该链接中包含非常详尽的使用说明和教程。

10.2.1 Matplotlib.pyplot 模块——快速绘图

Matplotlib 的 pyplot 子库提供了和 Matlab 类似的绘图 API,方便用户快速绘制 2D 图表。Matplotlib 还提供了一个名为 pylab 的模块,其中包括了许多 Numpy 和 pyplot 模块中常用的函数,方便用户快速进行计算和绘图,十分适合在 Python 交互式环境中使用。

先看一个简单的绘制正弦三角函数 y=sin(x)的例子。

```
#plot a sine wave from 0 to 4pi
import matplotlib.pyplot as plt
from numpy import *                        #也可以使用 from pylab import *
plt.figure(figsize=(8,4))                  #创建一个绘图对象,大小为 800 像素×400 像素
x_values = arange(0.0, math.pi * 4, 0.01)    #步长 0.01,初始值 0.0,终值 4π
y_values = sin(x_values)
plt.plot(x_values, y_values, 'b--', label('$ sin(x) $', linewidth=1.0)  #进行绘图
plt.xlabel('x')                            #设置 X 轴的文字
plt.ylabel('sin(x)')                       #设置 Y 轴的文字
plt.ylim(-1, 1)                            #设置 Y 轴的范围
plt.title('Simple plot')                   #设置图表的标题
plt.legend()                               #显示图例(legend)
plt.grid(True)                             #显示网格
plt.savefig("sin.png")                     #保存曲线图片
plt.show()                                 #显示图形
```

效果如图 10-1 所示。

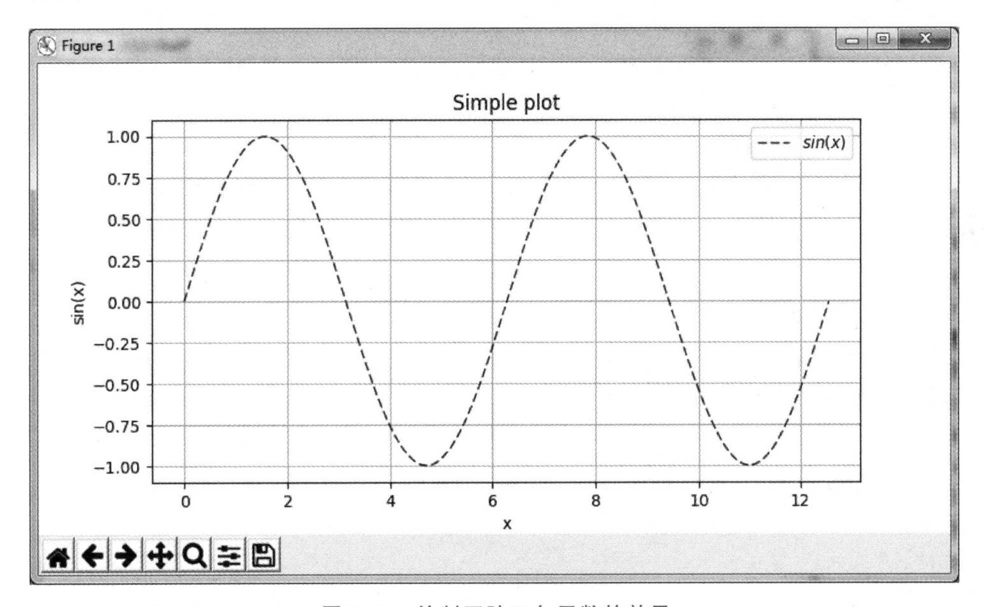

图 10-1 绘制正弦三角函数的效果

1. 调用 figure()创建一个绘图对象

```
plt.figure(figsize=(8,4))
```

调用 figure()可以创建一个绘图对象,也可以不创建绘图对象直接调用 plot()函数绘图,Matplotlib 会自动创建一个绘图对象。

如果需要同时绘制多幅图表,则可以给 figure()传递一个整数参数指定图表的序号,如果所指定序号的绘图对象已经存在,则不创建新的对象,而只是让它成为当前绘图对象。

figsize 参数指定绘图对象的宽度和高度,单位为英寸; dpi 参数指定绘图对象的分辨

率，即每英寸多少像素，默认值为 100。因此本例中所创建的图表窗口的宽度为 800（=8×100）像素，高度为 400（=4×100）像素。

用 show()出来的工具栏中的“保存”按钮保存下来的 png 图像的大小是 800 像素×400 像素。这个 dpi 参数可以通过如下语句进行查看：

```
>>> import matplotlib
>>> matplotlib.rcParams["figure.dpi"]          #每英寸多少个像素
100
```

2. 通过调用 plot()函数在当前的绘图对象中进行绘图

创建 Figure 对象之后，接下来调用 plot()在当前的 Figure 对象中绘图。实际上 plot()是在 Axes(子图)对象上绘图，如果当前的 Figure 对象中没有 Axes 对象，将会为之创建一个几乎充满整个图表的 Axes 对象，并且使此 Axes 对象成为当前的 Axes 对象。

```
x_values = arange(0.0, math.pi * 4, 0.01)
y_values = sin(x_values)
plt.plot(x_values, y_values, 'b--', linewidth=1.0, label="sin(x)")
```

(1) 第 3 句将 x、y 数组传递给 plot。

(2) 通过第 3 个参数"b--"指定曲线的颜色和线型，这个参数称为格式化参数，它能够通过一些易记的符号快速指定曲线的样式。其中，b 表示蓝色，"--"表示线型为虚线。

常用作图参数如下。

① 颜色(color 简写为 c)。

蓝色： 'b'(blue)

绿色： 'g'(green)

红色： 'r'(red)

蓝绿色(墨绿色)： 'c'(cyan)

红紫色(洋红)： 'm'(magenta)

黄色： 'y'(yellow)

黑色： 'k'(black)

白色： 'w'(white)

灰度表示： e.g. 0.75 ([0,1]内任意浮点数)

RGB 表示法： e.g. '#2F4F4F' 或 (0.18, 0.31, 0.31)

② 线型(linestyles，简写为 ls)。

实线： '-'

虚线： '--'

虚点线： '-.'

点线： ':'

点： '.'

星形： '*'

③ 线宽 linewidth：浮点数(float)。

pyplot 的 plot()函数与 Matlab 很相似，也可以在后面增加属性值。可以用 help 查看说明：

```
>>> import matplotlib.pyplot as plt
>>> help(plt.plot)
```

例如，用'r * '(即红色)、星形来画图：

```
import math
import matplotlib.pyplot as plt
y_values = []
x_values = []
num = 0.0
#collect both num and the sine of num in a list
while num < math.pi * 4:
    y_values.append(math.sin(num))
    x_values.append(num)
    num += 0.1
plt.plot(x_values,y_values,'r * ')
plt.show()
```

效果如图 10-2 所示。

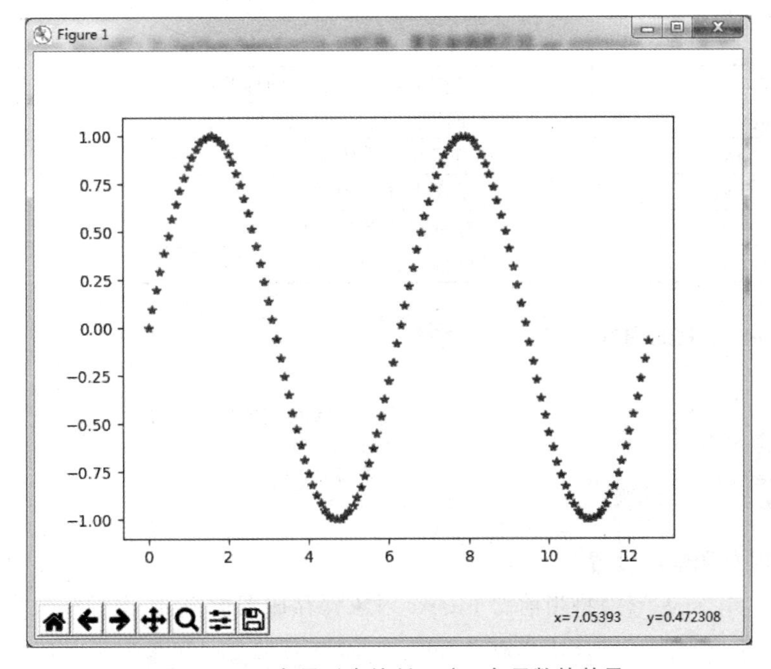

图 10-2　红色星形来绘制正弦三角函数的效果

(3) 也用关键字参数指定各种属性。label：给所绘制的曲线一个名字，此名字在图例(legend)中显示。只要在字符串前后添加"＄"符号，Matplotlib 就会使用其内嵌的 latex 引擎绘制的数学公式。color：指定曲线的颜色；linewidth：指定曲线的宽度。

例如：

```
plt.plot(x_values, y_values, color='r*', linewidth=1.0)     #红色,线条宽度为1
```

3. 设置绘图对象的各个属性

- xlabel、ylabel：分别设置 X 轴、Y 轴的标题文字。
- title：设置图的标题。
- xlim、ylim：分别设置 X 轴、Y 轴的显示范围。
- legend()：显示图例，即图中表示每条曲线的标签(label)和样式的矩形区域。

```
例如：
    plt. xlabel('x')                  #设置 X 轴的文字
    plt. ylabel('sin(x)')             #设置 Y 轴的文字
    plt.ylim(-1, 1)                   #设置 Y 轴的范围
    plt. title('Simple plot')         #设置图表的标题
    plt.legend()                      #显示图例(legend)
```

pyplot 模块提供了一组读取和与显示相关的函数，用于在绘图区域中增加显示内容及读入数据，如表 10-3 所示。这些函数需要与其他函数搭配使用，此处读者有所了解即可。

表 10-3　pyplot 模块的读取和显示函数

函　　数	功　　能
plt. legend()	在绘图区域中放置绘图标签(也称图注或者图例)
plt. show()	显示创建的绘图对象
plt. matshow()	在窗口显示数组矩阵
plt. imshow()	在子图上显示图像
plt. imsave()	保存数组为图像文件
plt. imread()	从图像文件中读取数组

4. 清空 plt 绘制的内容

```
plt.cla()                    #清空 plt 绘制的内容
plt.close(0)                 #关闭 0 号图
plt.close('all')             #关闭所有图
```

5. 图形保存和输出设置

可以调用 plt. savefig()将当前的 Figure 对象保存成图像文件，图像格式由图像文件的扩展名决定。下面将当前的图表保存为 test. png，并且通过 dpi 参数指定图像的分辨率为 120 像素，因此输出图像的宽度为 8×120 ＝ 960 像素。

```
plt.savefig("test.png",dpi=120)
```

Matplotlib 中绘制完成图形之后通过 show()展示出来，还可以通过图形界面中的工具栏对其进行设置和保存。图形界面下方工具栏中按钮(config subplot)还可以设置图形上、下、左、右的边距。

6. 绘制多子图

可以使用 subplot()快速绘制包含多个子图的图表，它的调用形式如下：

```
subplot(numRows, numCols, plotNum)
```

subplot()将整个绘图区域等分为 numRows 行×numCols 列个子区域，然后按照从左到右、从上到下的顺序对每个子区域进行编号，左上的子区域的编号为 1。plotNum 指定使用第几个子区域。

如果 numRows、numCols 和 plotNum 这三个数都小于 10，则可以把它们缩写为一个整数。例如，subplot(324)和 subplot(3,2,4)是相同的。这意味着图表被分割成 3×2(3 行 2 列)的网格子区域，在第 4 个子区域绘制。

subplot()会在参数 plotNum 指定的区域中创建一个轴对象。如果新创建的轴和之前创建的轴重叠，则之前的轴将被删除。

通过 axisbg 参数(版本 2.0 为 facecolor 参数)给每个轴设置不同的背景颜色。例如下面的程序创建 3 行 2 列共 6 个子图，并通过 facecolor 参数给每个子图设置不同的背景色。

```
for idx, color in enumerate("rgbyck"):                    #红、绿、蓝、黄、蓝绿色、黑色
    plt.subplot(321 + idx, facecolor = color)             #axisbg = color
plt.show()
```

运行效果如图 10-3 所示。

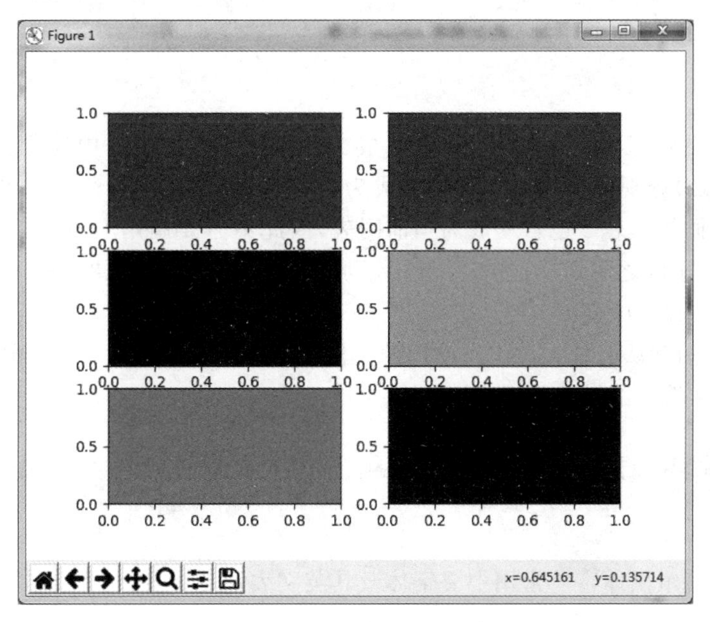

图 10-3　为每个子图设置不同的背景颜色运行效果

subplot()返回它所创建的Axes对象，可以将它用变量保存起来，然后用sca()交替让它们成为当前Axes对象，并调用plot()在其中绘图。

7. 调节轴之间的间距和轴与边框之间的距离

当绘图对象中有多个轴的时候，可以通过工具栏中的Configure Subplots按钮，交互式地调节轴之间的间距和轴与边框之间的距离。

如果希望在程序中调节，则可以调用subplots_adjust()函数，它有left、right、bottom、top、wspace、hspace等几个关键字参数，这些参数的值都是0～1的小数，它们是以绘图区域的宽、高都为1进行正规化之后的坐标或者长度。

8. 绘制多幅图表

如果需要同时绘制多幅图表，可以给figure()传递一个整数参数指定Figure对象的序号，如果序号所指定的Figure对象已经存在，将不创建新的对象，而只是让它成为当前的Figure对象。下面的程序演示了如何依次在不同图表的不同子图中绘制曲线。

```
import numpy as np
import matplotlib.pyplot as plt
plt.figure(1)                          # 创建图表 1
plt.figure(2)                          # 创建图表 2
ax1 = plt.subplot(211)                 # 在图表 2 中创建子图 1
ax2 = plt.subplot(212)                 # 在图表 2 中创建子图 2

x = np.linspace(0, 3, 100)
for i in x:
    plt.figure(1)                      # 选择图表 1
    plt.plot(x, np.exp(i * x/3))
    plt.sca(ax1)                       # 选择图表 2 的子图 1
    plt.plot(x, np.sin(i * x))
    plt.sca(ax2)                       # 选择图表 2 的子图 2
    plt.plot(x, np.cos(i * x))
    plt.show()
```

在循环中，先调用figure(1)让图表1成为当前图表，并在其中绘图。然后调用sca(ax1)和sca(ax2)分别让子图ax1和ax2成为当前子图，并在其中绘图。当它们成为当前子图时，包含它们的图表2也自动成为当前图表，因此不需要调用figure(2)，依次在图表1和图表2的两个子图之间切换，逐步在其中添加新的曲线。运行效果如图10-4所示。

9. 在图表中显示中文

Matplotlib的默认配置文件中所使用的字体无法正确显示中文。为了让图表能正确显示中文，在.py文件头部加上如下内容：

```
plt.rcParams['font.sans-serif'] = ['SimHei']                  # 指定默认字体
plt.rcParams['axes.unicode_minus'] = False # 解决保存图像是负号'-'显示为方块的问题
```

其中，'SimHei'表示黑体字。常用中文字体及其英文表示如下：

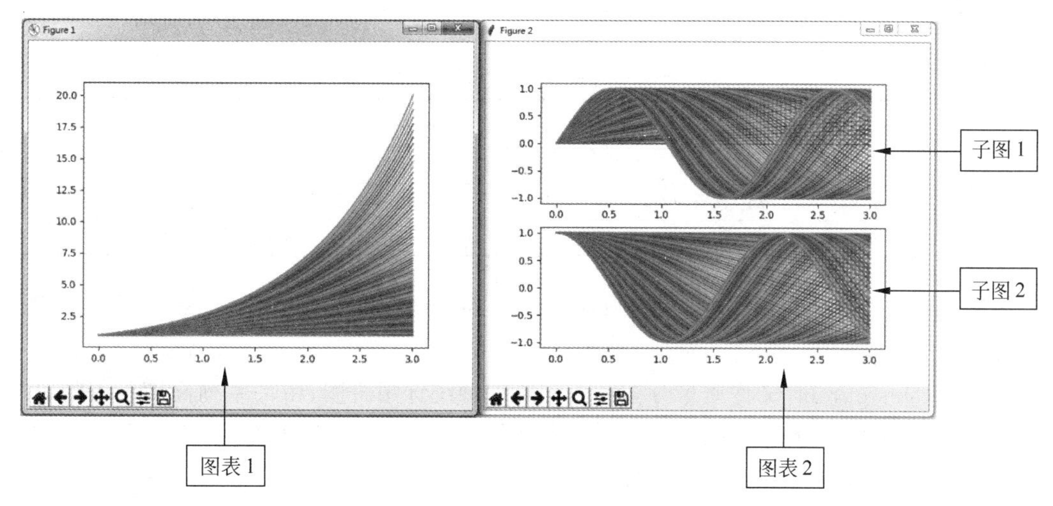

图 10-4　在不同图表的不同子图中绘制曲线运行效果

宋体 SimSun　黑体 SimHei　楷体 KaiTi　微软雅黑 Microsoft YaHei　隶书 LiSu　仿宋 FangSong
幼圆 YouYuan　华文宋体 STSong　华文黑体 STHeiti 苹果丽中黑 Apple LiGothic Medium

10.2.2　绘制条形图、饼状图、散点图

Matplotlib 是一个 Python 的绘图库,使用其绘制出来的图形效果和 Matlab 下绘制的图形类似。pyplot 模块提供了 14 个用于绘制基础图表的常用函数,如表 10-4 所示。

表 10-4　pyplot 模块中绘制基础图表的常用函数

函　　数	功　　能
plt.plot(x, y, label, color, width)	根据 x、y 数组绘制点、直线或曲线
plt.boxplot(data, notch, position)	绘制一个箱型图(box-plot)
plt.bar(left, height, width, bottom)	绘制一个条形图
plt.barh(bottom, width, height, left)	绘制一个横向条形图
plt.polar(theta, r)	绘制极坐标图
plt.pie(data,explode)	绘制饼图
plt.psd(x, NFFT=256, pad_to, Fs)	绘制功率谱密度图
plt.specgram(x, NFFT=256, pad_to, F)	绘制谱图
plt.cohere (x, y, NFFT=256, Fs)	绘制 X-Y 的相关性函数
plt.scatter()	绘制散点图(x、y 是长度相同的序列)
plt.step(x, y, where)	绘制步阶图
plt.hist(x, bins, normed),	绘制直方图
plt.contour(X, Y, Z, N)	绘制等值线
pit.vlines()	绘制垂直线
plt.stem(x, y, linefmt, markerfmt, basefmt)	绘制曲线每个点到水平轴线的垂线
plt.plot_date()	绘制数据日期
plt.plothle()	绘制数据后写入文件

pyplot 模块提供了 3 个区域填充函数，对绘图区域填充颜色，如表 10-5 所示。

表 10-5　pyplot 模块的区域填充函数

函　　数	功　　能
fill(x,y,c,color)	填充多边形
fill_between(x,y1,y2,where,color)	填充两条曲线围成的多边形
fill_betweenx(y,x1,x2,where,hold)	填充两条水平线之间的区域

下面通过一些简单的代码介绍如何使用 Python 绘图。

1. 直方图

直方图(histogram)又称质量分布图。它是一种统计报告图，由一系列高度不等的纵向条纹或线段表示数据分布的情况。一般用横轴表示数据类型，纵轴表示分布情况。直方图的绘制通过 pyplot 中的 hist()来实现。

```
pyplot.hist(x, bins = 10, color = None, range = None, rwidth = None, normed = False,
orientation = u'vertical', * * kwargs)
```

hist 的主要参数如下。

- x：这个参数是 arrays，指定每个 bin(箱子)分布在 x 的位置。
- bins：这个参数指定 bin(箱子)的个数，也就是总共有几条条状图。
- normed：是否对 Y 轴数据进行标准化(如果为 True，则是在本区间的点在所有的点中所占的概率)。
- color：这个指定条状图(箱子)的颜色。
- range：指定上下界，即最大值和最小值。

下例中 Python 产生 20 000 个正态分布随机数，用概率分布直方图显示。运行效果如图 10-5 所示。

```
#概率分布直方图,本例是标准正态分布
import matplotlib.pyplot as plt
import numpy as np
mu = 100                                    #设置均值,中心所在点
sigma = 20                                  #用于将每个点都扩大响应的倍数
#x 中的点分布在 mu 旁边,以 mu 为中点
x = mu + sigma * np.random.randn(20000)     #随机样本数量 20000
#bins 设置分组的个数 100(显示有 100 个直方)
plt.hist(x,bins = 100,color = 'green',normed = True)
plt.show()
```

2. 条形图

条形图(也称柱状图)是用一个单位长度表示一定的数量，根据数量的多少画成长短不同的直条，然后把这些直条按一定的顺序排列起来。从条形图中很容易看出各种数量的多少。条形图的绘制通过 pyplot 中的 bar( )或者是 barh( )来实现。bar 默认是绘制竖直方向的条形图，也可以通过设置 orientation ＝ "horizontal" 参数来绘制水平方向的条形图。

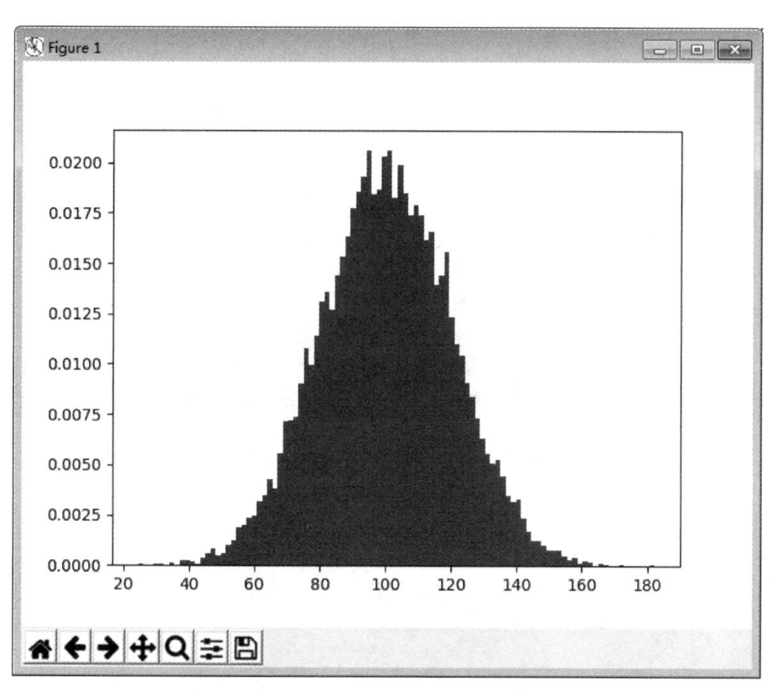

图 10-5　直方图实例运行效果

barh( )就是绘制水平方向的条形图。

```
import matplotlib.pyplot as plt
import numpy as np
y = [20,10,30,25,15,34,22,11]
x = np.arange(8)                        #0-- -7
plt.bar(x = x,height = y,color = 'green',width = 0.5)      #通过设置 x 来设置并列显示
plt.show()
```

运行效果如图 10-6 所示。也可以绘制层叠的条形图,运行效果如图 10-7 所示。

```
import numpy as np
import matplotlib.pyplot as plt
x  =  np.random.randint(10, 50, 20)                  #随机产生 20 个[10,50]的数
y1  =  np.random.randint(10, 50, 20)
y2  =  np.random.randint(10, 50, 20)
plt.ylim(0, 100) #设置 y 轴的显示范围
plt.bar(x = x, height = y1, width = 0.5, color = "red", label = "$y1$")
#设置一个底部,底部就是 y1 的显示结果,y2 在上面继续累加即可
plt.bar(x = x, height = y2, bottom = y1, width = 0.5, color = "blue", label = "$y2$")
plt.legend()
plt.show()
```

3. 散点图

散点图(scatter diagram)在回归分析中是数据点在直角坐标系平面上的分布图。一般

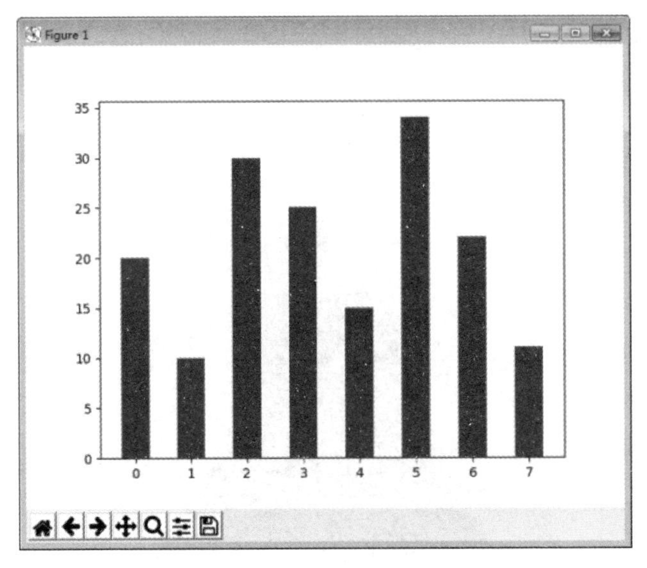

图 10-6　条形图实例运行效果

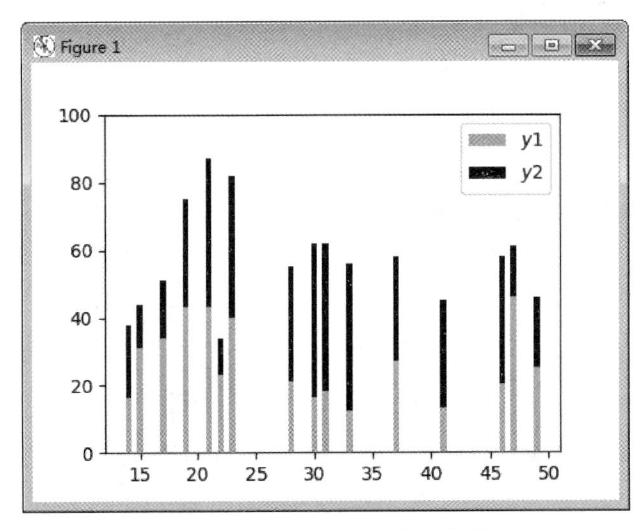

图 10-7　层叠的条形图实例运行效果

用两组数据构成多个坐标点，考查坐标点的分布，判断两变量之间是否存在某种关联或总结坐标点的分布模式。使用 pyplot 中的 scatter( )绘制散点图。

```
import matplotlib.pyplot as plt
import numpy as np
#产生 100～200 的 10 个随机整数
x = np.random.randint(100, 200, 10)
y = np.random.randint(100, 130, 10)
#x 指 x 轴,y 指 y 轴
#s 设置数据点显示的大小(面积),c 设置显示的颜色
```

```
#marker 设置显示的形状, "o"是圆,"v"是向下三角形," ^"是向上三角形,所有的类型见网址
#http://matplotlib.org/api/markers_api.html?highlight = marker#module - matplotlib.markers
#alpha 设置点的透明度
plt.scatter(x, y, s= 100, c= "r", marker= "v", alpha= 0.5) #绘制图形
plt.show()                    #显示图形
```

散点图实例运行效果如图 10-8 所示。

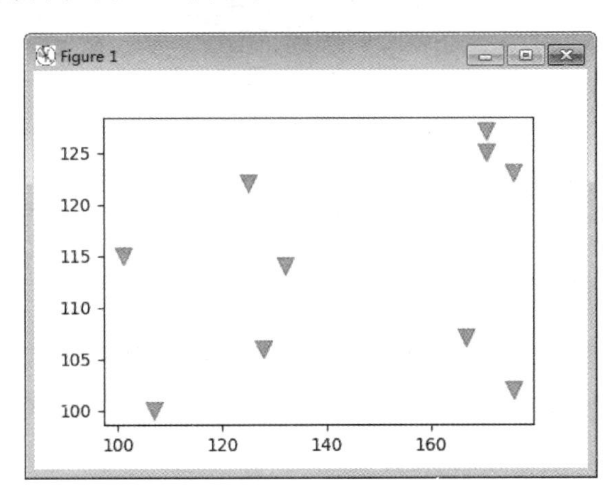

图 10-8　散点图实例运行效果

4. 饼状图

饼状图(sector graph,又名 pie graph)显示一个数据系列中各项的大小占各项总和的比例。饼状图中的数据点显示为整个饼状图的百分比。使用 pyplot 中的 pie( )绘制饼状图。

```
import numpy as np
import matplotlib.pyplot as plt
plt.rcParams['font.sans - serif'] = ['SimHei']                #指定默认字体
labels = ["一季度", "二季度", "三季度", "四季度"]
facts = [25, 40, 20, 15]
explode = [0, 0.03, 0, 0.03]
#设置显示的是一个正圆,长宽比为 1:1
plt.axes(aspect = 1)
#x 为数据, 根据数据在所有数据中所占的比例显示结果
#labels 设置每个数据的标签
#autopct 设置每一块所占的百分比
#explode 设置某一块或者很多块突出显示出来, 由上面定义的 explode 数组决定
#shadow 设置阴影,这样显示的效果更好
plt.pie(x = facts, labels = labels, autopct = "%.0f%%", explode= explode, shadow= True)
plt.show()
```

饼状图实例运行效果如图 10-9 所示。

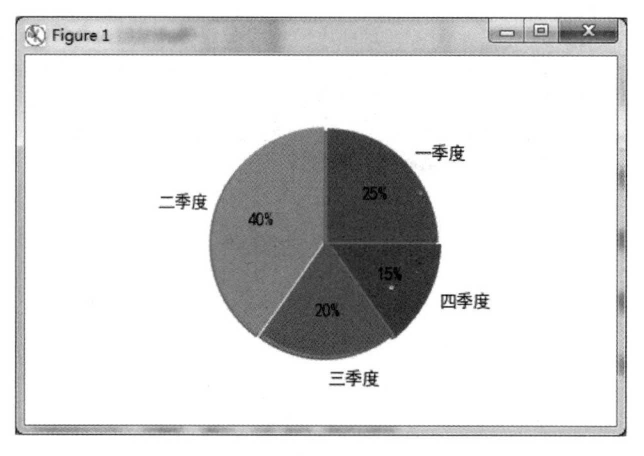

图 10-9　饼状图实例运行效果

10.2.3　交互式标注

有时用户需要和某些应用交互，例如在一幅图像中标记一些点，或者标注一些训练数据。用 pyplot 库中的 ginput() 函数就可以实现交互式标注。下面是一个简短的例子。

```
#交互式标注
from PIL import Image
from numpy import *
import matplotlib.pyplot as plt
im = array(Image.open('d:\\test.jpg'))
plt.imshow(im)                          #显示 test.jpg 图像
print ('Please click 3 points')
x = plt.ginput(3)                       #等待用户单击 3 次
print ('you clicked:',x   )
plt.show()
```

上面的程序首先绘制一幅图像，然后等待用户在绘图窗口的图像区域单击 3 次。程序将这些单击的坐标(x, y)自动保存在 x 列表里。

10.3　习　　题

1. 编写绘制余弦三角函数 y=cos(2x)的程序。
2. 编写绘制笛卡儿心形线的程序。
3. 使用 Numpy 和 Matplotlib 实现学生成绩分布条形图。

第11章 推箱子游戏

11.1 推箱子游戏介绍

视频讲解

经典的推箱子游戏是一个来自日本的古老游戏，目的是训练人的逻辑思考能力。在一个狭小的仓库中，要求把木箱放到指定的位置，稍不小心就会出现箱子无法移动或者通道被堵住的情况，所以需要巧妙地利用有限的空间和通道，合理安排移动的次序和位置，才能顺利地完成任务。

推箱子游戏功能如下：游戏运行载入相应的地图，屏幕中出现一个推箱子的工人，其周围是围墙、人可以走的通道、几个可以移动的箱子和箱子放置的目的地。让玩家通过按上、下、左、右键控制工人推箱子，当箱子都推到了目的地后就会出现过关信息，并显示下一关。推错了，玩家可按空格键重新玩过这关。直到过完全部关卡。

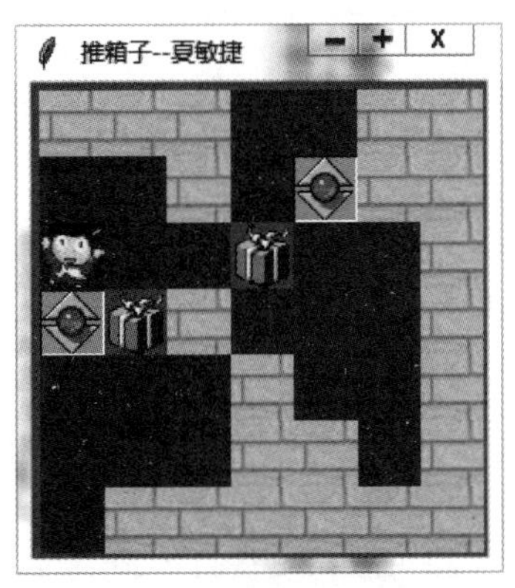

图 11-1　推箱子游戏界面

本章开发推箱子游戏，推箱子游戏效果如图 11-1 所示。

本游戏使用的图片元素含义如下：

目的地

工人

箱子

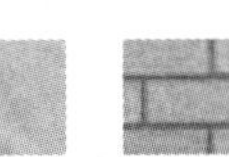

通道　围墙

箱子已在目的地

11.2 程序设计的思路

首先确定一下开发难点。对工人的操作很简单，就是四方向移动，工人移动，箱子也移动，所以对按键处理也比较简单些。当箱子到达目的地位置时，就会产生游戏过关事件，需要一个逻辑判断。那么仔细想一下，这些所有的事件都发生在一张地图中。这张地图就包括了箱子的初始化位置、箱子最终放置的位置和围墙障碍等。每一关地图都要更换。这些位置也要变。所以每关的地图数据是最关键的。它决定了每关的不同场景和物体位置。那么就重点分析一下地图。

把地图想象成一个网格，每个格子都是工人每次移动的步长，也是箱子移动的距离，这样问题就简化多了。首先设计一个 7×7 的二维列表 myArray。按照这样的框架来思考，对于格子的 X、Y 两个屏幕像素坐标,可以由二维列表下标换算。

每个格子状态值分别用常量 Wall(0)代表墙,Worker(1)代表人,Box(2)代表箱子,Passageway (3)代表路,Destination(4)代表目的地,WorkerInDest(5)代表人在目的地,RedBox(6)代表放到目的地的箱子。文件中存储的原始地图中格子的状态值采用相应的整数形式存放。

在玩家通过键盘控制工人推箱子的过程中,需要按游戏规则进行判断是否响应该按键指示。下面分析一下工人将会遇到什么情况,以便归纳出所有的规则和对应算法。为了描述方便,可以假设工人移动趋势方向向右,其他方向的原理是一致的。P1、P2 分别代表工人移动趋势方向前两个方格,如图 11-2 所示。

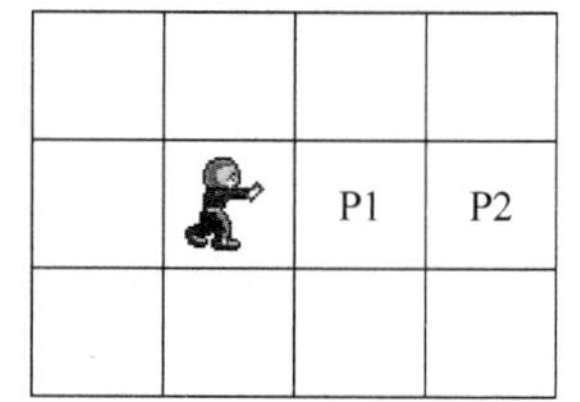

图 11-2　推箱子移动趋势示意图

1) 前方 P1 是通道

```
如果工人前方是通道
{
    工人可以进到 P1 方格; 修改相关位置格子的状态值
}
```

2) 前方 P1 是围墙或出界

```
如果工人前方是围墙或出界(即阻挡工人的路线)
{
    退出规则判断,布局不做任何改变
}
```

3) 前方 P1 是目的地

```
如果工人前方是目的地
{
    工人可以进到 P1 方格; 修改相关位置格子的状态值
}
```

4) 前方 P1 是箱子

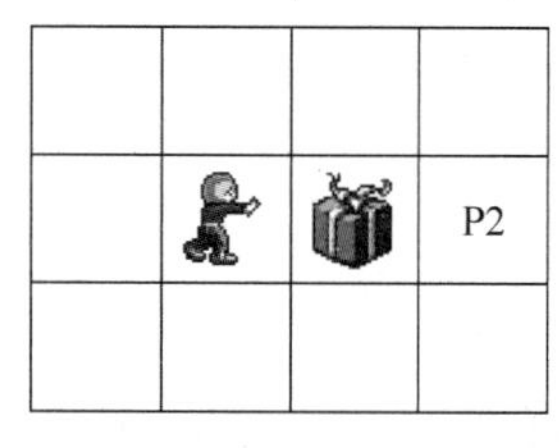

图 11-3　工人前方 P1 为箱子

在前面三种情况中,只要根据前方 P1 处的物体就可以判断出工人是否可以移动,而在第四种情况中(如图 11-3 所示),需要判断箱子前方 P2 处的物体才能判断出工人是否可以移动。此时有以下可能:

(1) P1 处为箱子,P2 处为墙或出界。如果工人前方 P1 处为箱子,P2 处为墙或出界,则退出规则判断,布局不做任何改变。

(2) P1 处为箱子,P2 处为通道。如果工人前方 P1 处为箱子,P2 处为通道,则工人可以进到 P1 方格,P2 方格状态为箱子。修改相关位置格子的状态值。

(3) P1 处为箱子,P2 处为目的地。如果工人前方 P1 处为箱子,P2 处为目的地,则工人可以进到 P1 方格,P2 方格状态为放置好的箱子。修改相关位置格子的状态值。

(4) P1 处为放到目的地的箱子,P2 处为通道。如果工人前方 P1 处为放到目的地的箱子,P2 处为通道,则工人可以进到 P1 方格,P2 方格状态为箱子。修改相关位置格子的状态值。

(5) P1 处为放到目的地的箱子,P2 处为目的地。如果工人前方 P1 处为放到目的地的箱子,P2 处为目的地,则工人可以进到 P1 方格,P2 方格状态为放置好的箱子。修改相关位置格子的状态值。

综合前面的分析,可以设计出整个游戏的实现流程。

11.3 关键技术

游戏中设计“重玩”功能便于玩家无法通过时,重玩此关游戏,这时需要将地图信息恢复到初始状态,所以需要将 7×7 的二维列表 myArray 复制,注意此时需要了解“列表复制——深拷贝”问题。

下面举个例子。

问题描述:已知一个列表 a,生成一个新的列表 b,列表元素是原列表的复制。

```
a=[1,2]
b=a
```

这种做法其实并未真正生成一个新的列表,b 指向的仍然是 a 所指向的对象。这样,如果对 a 或 b 的元素进行修改,a、b 列表的值同时发生变化。

解决的方法为:

```
a=[1,2]
b=a[:]      #切片,或者使用 copy()函数 b=copy.copy(a)
```

这样修改 a 对 b 没有影响,修改 b 对 a 没有影响。

但这种方法只适用于简单列表,也就是列表中的元素都是基本类型,如果列表元素还存在列表,这种方法就不适用了。原因就是 a[:]这种处理,只是将列表元素的值生成一个新的列表,如果列表元素也是一个列表,如 a=[1,[2]],那么这种复制对于元素[2]的处理只是复制[2]的引用,而并未生成[2]的一个新的列表复制。为了证明这一点,测试步骤如下:

```
>>> a=[1,[2]]
>>> b=a[:]
>>> b
[1, [2]]
>>> a[1].append(3)
>>> a
[1, [2, 3]]
>>> b
[1, [2, 3]]
```

可见，对 a 的修改影响到了 b。解决这一问题，可以使用 copy 模块中的 deepcopy()函数。修改测试如下：

```
>>> import copy
>>> a = [1,[2]]
>>> b = copy.deepcopy(a)
>>> b
[1, [2]]
>>> a[1].append(3)
>>> a
[1, [2, 3]]
>>> b
[1, [2]]
```

知道这一点是非常重要的，因为在本游戏中需要一个新的二维列表(现在状态地图)，并且对这个新的二维列表进行操作，同时不想影响原来的二维列表(原始地图)。

11.4　程序设计的步骤

视频讲解

1. 设计游戏地图

整个游戏在 7×7 区域中，使用 myArray 二维列表存储。其中方格状态值 0 代表墙，1 代表人，2 代表箱子，3 代表路，4 代表目的地，5 代表人在目的地，6 代表放到目的地的箱子。图 11-1 所示推箱子游戏界面的对应数据如下。

0	0	0	3	3	0	0
3	3	0	3	4	0	0
1	3	3	2	3	3	0
4	2	0	3	3	3	0
3	3	3	0	3	3	0
3	3	3	0	0	3	0
3	0	0	0	0	0	0

方格状态值采用 myArray1 存储(注意按列存储)：

```
#原始地图
myArray1 = [[0,3,1,4,3,3,3],
            [0,3,3,2,3,3,0],
            [0,0,3,0,3,3,0],
            [3,3,2,3,0,0,0],
            [3,4,3,3,3,0,0],
            [0,0,3,3,3,3,0],
            [0,0,0,0,0,0,0]]
```

为了明确表示方格状态信息，这里定义变量名(Python 没有枚举类型)来表示，使用 imgs 列表存储图像，并且按照图形代号的顺序储存图像。

```
Wall = 0
Worker = 1
Box = 2
Passageway = 3
Destination = 4
WorkerInDest = 5
RedBox = 6
#原始地图
myArray1 = [[0,3,1,4,3,3,3],
            [0,3,3,2,3,3,0],
            [0,0,3,0,3,3,0],
            [3,3,2,3,0,0,0],
            [3,4,3,3,3,0,0],
            [0,0,3,3,3,3,0],
            [0,0,0,0,0,0,0]]
imgs = [PhotoImage(file = 'bmp\\Wall.gif'),
        PhotoImage(file = 'bmp\\Worker.gif'),
        PhotoImage(file = 'bmp\\Box.gif'),
        PhotoImage(file = 'bmp\\Passageway.gif'),
        PhotoImage(file = 'bmp\\Destination.gif'),
        PhotoImage(file = 'bmp\\WorkerInDest.gif'),
        PhotoImage(file = 'bmp\\RedBox.gif') ]
```

2. 绘制整个游戏区域图形

绘制整个游戏区域图形就是按照地图 myArray 储存图形代号，从 imgs 列表获取对应图像，显示到 Canvas 上。全局变量 x、y 代表工人当前位置(x,y)，从地图 myArray 读取时如果是 1(Worker 值为 1)，则记录当前位置。

```
def drawGameImage():
    global x,y
    for i in range(0,7) :#0 -- 6
        for j in range(0,7) :#0 -- 6
            if myArray[i][j] == Worker :
                x = i                                                  #工人当前位置(x,y)
                y = j
                print("工人当前位置:",x,y)
            img1 = imgs[myArray[i][j]]                                 #从 imgs 列表获取对应图像
            cv.create_image((i * 32 + 20,j * 32 + 20),image = img1)    #显示到 Canvas 上
            cv.pack()
```

3. 按键事件处理

游戏中对用户按键操作，采用 Canvas 对象的 KeyPress 按键事件处理。KeyPress 按键处理函数 callback()根据用户的按键消息，计算出工人移动趋势方向前两个方格位置坐标(x1, y1)、(x2, y2)，将所有位置作为参数调用 MoveTo(x1, y1, x2, y2)判断并做地图更新。如果用户按空格键则恢复游戏界面到原始地图状态，实现"重玩"功能。

```
def callback(event) :                                  #按键处理
    #(x1, y1),(x2, y2)分别代表工人移动趋势方向前两个方格
    global x,y,myArray
    print ("按下键: " )
    print ("按下键: ", event.char)
    KeyCode = event.keysym
    #工人当前位置(x,y)
    if KeyCode == "Up":                                #分析按键消息
    #向上
            x1 = x
            y1 = y - 1
            x2 = x
            y2 = y - 2
            #将所有位置输入以判断并做地图更新
            MoveTo(x1, y1, x2, y2)
    #向下
    elif KeyCode == "Down":
            x1 = x
            y1 = y + 1
            x2 = x
            y2 = y + 2
            MoveTo(x1, y1, x2, y2)
    #向左
    elif KeyCode == "Left":
            x1 = x - 1
            y1 = y
            x2 = x - 2
            y2 = y
            MoveTo(x1, y1, x2, y2)
    #向右
    elif KeyCode == "Right":
            x1 = x + 1
            y1 = y
            x2 = x + 2
            y2 = y
            MoveTo(x1, y1, x2, y2)
    elif KeyCode == "Space":                           #空格键
        print ("按下键: ", event.char)
        myArray = copy.deepcopy(myArray1)              #恢复原始地图
        drawGameImage()
```

IsInGameArea(row, col)判断是否在游戏区域中。

```
def IsInGameArea(row, col) :
    return (row >= 0 and row < 7 and col >= 0 and col < 7)
```

MoveTo(x1,y1,x2,y2)方法是最复杂的部分,实现前面所分析的所有的规则和对应算法。

```
def MoveTo(x1, y1, x2, y2) :
    global x,y
    P1 = None                                    #P1,P2是移动趋势方向前两个格子
    P2 = None
    if IsInGameArea(x1, y1) :                    #判断是否在游戏区域
        P1 = myArray[x1][y1]
    if IsInGameArea(x2, y2) :
        P2 = myArray[x2][y2]
    if P1 == Passageway :                        #P1处为通道
        MoveMan(x,y)
        x = x1; y = y1
        myArray[x1][y1] = Worker
    if P1 == Destination :                       #P1处为目的地
        MoveMan(x, y)
        x = x1; y = y1
        myArray[x1][y1] = WorkerInDest
    if P1 == Wall or not IsInGameArea(x1, y1) :
        #P1处为墙或出界
        return
    if P1 == Box :                               #P1处为箱子
      if P2 == Wall or not IsInGameArea(x1, y1) or P2 == Box :     #P2处为墙或出界
        return
    #以下P1处为箱子
    #P1处为箱子,P2处为通道
    if P1 == Box and P2 == Passageway :
        MoveMan(x, y)
        x = x1; y = y1
        myArray[x2][y2] = Box
        myArray[x1][y1] = Worker
    if P1 == Box and P2 == Destination :
        MoveMan(x, y)
        x = x1; y = y1
        myArray[x2][y2] = RedBox
        myArray[x1][y1] = Worker
    #P1处为放到目的地的箱子,P2处为通道
    if P1 == RedBox and P2 == Passageway :
        MoveMan(x, y)
        x = x1; y = y1
        myArray[x2][y2] = Box
        myArray[x1][y1] = WorkerInDest
    #P1处为放到目的地的箱子,P2处为目的地
    if P1 == RedBox and P2 == Destination :
        MoveMan(x, y)
        x = x1; y = y1
        myArray[x2][y2] = RedBox
        myArray[x1][y1] = WorkerInDest
    drawGameImage()
    #这里要验证是否过关
    if IsFinish() :
```

```
        showinfo(title = "提示",message = " 恭喜你顺利过关" )
        print("下一关")
```

MoveMan(x, y)移走(x, y)工人,修改格子状态值。

```
def MoveMan(x, y) :
    if myArray[x][y] == Worker :
        myArray[x][y] = Passageway
    elif myArray[x][y] == WorkerInDest :
        myArray[x][y] = Destination
```

IsFinish()验证是否过关。只要方格状态存在目的地(Destination)或人在目的地上(WorkerInDest)则表明有没放好的箱子,游戏还未成功,否则成功。

```
def IsFinish():# 验证是否过关
    bFinish = True;
    for i in range(0,7) :# 0 -- 6
       for j in range(0,7) :# 0 -- 6
            if (myArray[i][j] == Destination
                    or myArray[i][j] == WorkerInDest) :
                bFinish = False
    return bFinish
```

4. 主程序

```
root = Tk()
root.title("推箱子 -- 夏敏捷")
cv = Canvas(root, bg = 'green', width = 226, height = 226)
myArray = copy.deepcopy(myArray1)
drawGameImage()
cv.bind("<KeyPress>", callback)
cv.pack()
cv.focus_set() # 将焦点设置到 cv 上
root.mainloop()
```

至此完成推箱子游戏。读者可以考虑一下多关推箱子游戏如何开发,例如把 10 关游戏地图信息实现存储在 map.txt 文件里,需要时从文件中读取下一关数据即可。

参考文献

[1] 刘浪. Python 基础教程[M]. 北京：人民邮电出版社，2015.

[2] 江红，余青松. Python 程序设计教程[M]. 北京：北京交通大学出版社，2014.

[3] 陈锐，李欣，夏敏捷. Visual C# 经典游戏编程开发[M]. 北京：科学出版社，2011.

[4] 郑秋生，夏敏捷. Java 游戏编程开发教程[M]. 北京：清华大学出版社，2016.

[5] 嵩天，礼欣，黄天羽. Python 语言程序设计基础[M]. 2 版. 北京：高等教育出版社，2017.

[6] 余本国. Python 数据分析基础[M]. 北京：清华大学出版社，2017.